普通高等院校机械类专业"十四五"规划教材

有限元法

程序设计及应用

主编 ◎ 高希光 于国强 张盛 宋迎东

U0172459

华中科技大学出版社
http://press.hust.edu.cn
中国·武汉

图书在版编目(CIP)数据

有限元法程序设计及应用/高希光等主编. —武汉:华中科技大学出版社,2023.5
ISBN 978-7-5680-9329-3

Ⅰ.①有…　Ⅱ.①高…　Ⅲ.①有限元法-程序设计-高等学校-教材　Ⅳ.①O241.82-39

中国国家版本馆 CIP 数据核字(2023)第 064976 号

有限元法程序设计及应用
Youxianyuanfa Chengxu Sheji ji Yingyong

高希光　于国强　张　盛　宋迎东　主编

策划编辑:张　毅
责任编辑:刘　静
封面设计:孢　子
责任监印:朱　玢
出版发行:华中科技大学出版社(中国·武汉)　　电话:(027)81321913
　　　　　武汉市东湖新技术开发区华工科技园　　邮编:430223
录　　排:华中科技大学惠友文印中心
印　　刷:武汉市洪林印务有限公司
开　　本:787mm×1092mm　1/16
印　　张:13.75
字　　数:344 千字
版　　次:2023 年 5 月第 1 版第 1 次印刷
定　　价:48.00 元

▶ 前 言

　　有限元法作为最为常用的数值计算方法之一,在工程结构设计中得到了广泛的应用。随着计算机技术和软件技术的发展,有限元法显示出越来越强大的生命力。经过几十年的发展,有限元法的理论日趋成熟,也涌现出了许多优秀的教材,但是涉及程序实现的教材数量较少。作为一种数值计算方法,有限元法只有与计算机程序结合在一起才更加有工程价值,因此理解并熟练掌握相关的程序设计是极为重要的。基于这个出发点,本书在介绍有限元基本理论的基础上,将计算机程序设计与有限元理论结合,系统阐述桁架结构、平面问题、材料非线性问题、动力学问题的有限元计算流程和编程技巧。最后,通过一个实际结构优化的算例,详细描述了结构优化设计的有限元实现方法及其在发动机涡轮回转盘设计中的应用。

　　本书共分为 8 章,第 1 章通过桁架结构系统介绍了有限元法的基本概念和计算流程;第 2 章以常应变三角形单元为基础,重点介绍了有限元法的基本原理和数值方法;第 3 章介绍了轴对称问题的有限元求解;第 4 章介绍了平面等参单元的基本概念,进而联系实际问题,叙述平面四节点等参单元的编程实现;第 5 章详细叙述了三维等参单元与高阶单元;第 6 章介绍了材料损伤非线性有限元问题,包括有限变形问题,介绍了相关 USERMAT 子程序,以针刺 CMCs 为例介绍了损伤本构模型以及 USERMAT 子程序的具体使用方法,并通过实例进行了验证;第 7 章介绍了动力学问题的有限元法,包括其基本方程、方程解法、弹性杆振动的程序实现、模态分析以及叶片模态分析的程序实现;第 8 章叙述了结构优化的有限元实现,以遗传算法为例,介绍了优化的程序实现。本书可作为本科生有限元法的入门教材,也可以作为研究生学习有限元程序设计的参考书。

　　本书由江苏省研究生教育教学改革研究与实践项目"研究生机械强度课程体系研究型教学模式的改革与实践"(项目编号:JGZZ13_011)与南京航空航天大学本科专业建设项目"有限元基础研究性课程"(项目编号:1402ZJ01XX05)资助出版。

　　由于水平限制,本书肯定存在不足和不妥之处,热忱地希望读者和同行专家批评和指正。

▶ 目录

第1章 绪 论

1.1 引 言

结构或者材料在受到外载荷作用时,会发生变形,材料内部也会产生应力。当应力达到一定数值后,结构或者材料将产生破坏或者损伤。判断结构是否发生破坏的理论称为强度理论,常用的破坏理论有:最大拉应力理论(第一强度理论),最大伸长线应变理论(第二强度理论),最大剪应力理论(第三强度理论),形状改变比能理论(第四强度理论)。

从强度理论的表达式可以看出,判断结构是否破坏,主要基于结构的应力或者应变的大小和应力分布情况。因此,应变和应力的大小及应力分布情况是进行结构强度分析时的重要参数。

力学类的许多课程均讲述如何获得结构的位移、应变和应力的大小及应力分布情况。例如,理论力学主要讨论刚体的力平衡以及刚体之间的相互运动,材料力学主要研究杆和梁等简单结构的变形问题(见图1.1),弹性力学则重点研究弹性体在外载荷作用下的变形以及应力应变场的求解。然而,弹性力学也仅能给出几何结构和外载荷极为简单的一小类问题的应力应变场的解析解。为了解决复杂结构在外载荷作用下的变形和应力应变场问题,人们在工程实践中提出采用有限元法进行数值求解。

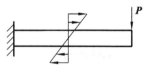

(a) 悬臂梁的弯曲问题

(b) 无限大带孔板的拉伸问题

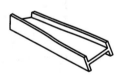

(c) 真实梁的扭转问题

图1.1 简单结构的变形问题

如图1.2所示,对于复杂的结构,我们可以将其分割为一系列小的简单形状区域。通过简单形状区域之间的变形协调建立方程组,求解方程组即可获得每个简单形状区域内的应力分布。有限元法数值求解就是基于上述基本思想进行的。

如图1.3(a)所示,单元、节点和自由度是有限元法中的三个基本要素。其中:单元是分割连续体的小区域,有线、面、实体等种类;节点是连接单元的空间点,具有一定的自由度;自由度是描述物理场响应特性的参量,随单元类型变化。

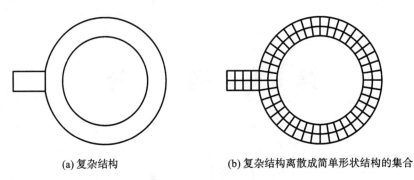

(a) 复杂结构　　　　　　　　　(b) 复杂结构离散成简单形状结构的集合

图 1.2　复杂结构及其分割

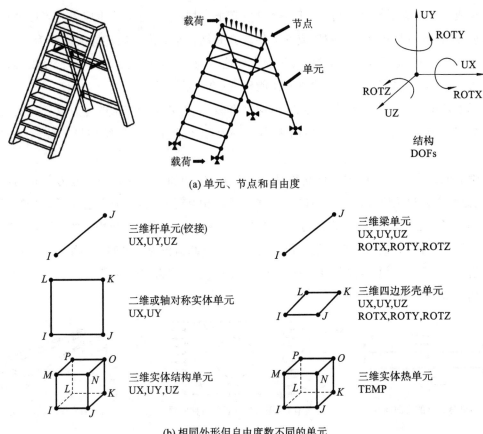

(a) 单元、节点和自由度

三维杆单元(铰接)
UX,UY,UZ

三维梁单元
UX,UY,UZ
ROTX,ROTY,ROTZ

二维或轴对称实体单元
UX,UY

三维四边形壳单元
UX,UY,UZ
ROTX,ROTY,ROTZ

三维实体结构单元
UX,UY,UZ

三维实体热单元
TEMP

(b) 相同外形但自由度数不同的单元

图 1.3　有限元法中的三个基本要素及相同外形但自由度数不同的单元

　　需要注意的是,相同外形的单元因针对的问题不同,故自由度也可能不同,如图 1.3(b)所示。例如三维杆单元,每个节点的未知量有 UX、UY 和 UZ 三个,因此自由度有三个。当处理由梁构成的桁架结构时,单元每个节点的未知量变成了三个位移(UX、UY 和 UZ)和三个转动(ROTX、ROTY 和 ROTZ),一共有六个自由度。类似的例子还有二维实体单元和三维四边形壳单元、三维实体结构单元和三维实体热单元等。

1.2　以杆单元为例介绍有限元法的计算流程

1.2.1　一般流程

本节以简单的桁架结构为例来介绍有限元的基本思想和计算过程。

图 1.4(a)所示为一桁架结构,左端两节点约束 x 和 y 方向位移,右端受到沿 y 轴反方向、大小为 P 的力的作用。杆为圆形截面,截面积为 A,弹性模量为 E,刚度为 k。我们通过如下步骤进行桁架结构的变形计算:

(1)假设杆的位移模式;

(2)列出每根杆的刚度方程;

(3)根据节点的力平衡建立总体平衡方程;

(4)求解线性方程组,获得节点位移;

(5)根据节点位移计算出每根杆的应力。

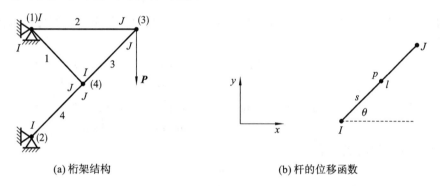

(a)桁架结构　　　　　　　　　　(b)杆的位移函数

图 1.4　桁架结构及杆的位移函数

第一步:假设杆的位移模式。

如图 1.4(b)所示,假设杆的长度为 l,两个端点分别用 I 和 J 来表示。杆上任意一点 p 的位置用该点到 I 点的距离 s 来表示。如果用 u 和 v 分别表示 p 点沿 x 方向和 y 方向的位移,那么

$$\begin{cases} u = u_I \left(1 - \dfrac{s}{l}\right) + u_J \dfrac{s}{l} \\ v = v_I \left(1 - \dfrac{s}{l}\right) + v_J \dfrac{s}{l} \end{cases} \tag{1.1}$$

式中,u_I、u_J 和 v_I、v_J 分别是节点 I 和 J 的 x 方向位移、y 方向位移。

第二步:列出每根杆的刚度方程。

由于杆只能发生沿着杆轴向的变形,因此杆上任意一点沿轴向的位移为

$$u_{\mathrm{a}} = u\cos\theta + v\sin\theta \tag{1.2}$$

轴向的应变为

$$\varepsilon_{\mathrm{a}} = \frac{\partial u_{\mathrm{a}}}{\partial s} = \frac{\partial u}{\partial s}\cos\theta + \frac{\partial v}{\partial s}\sin\theta \tag{1.3}$$

将式(1.1)代入式(1.3)后得

$$\varepsilon_{\mathrm{a}} = \frac{\partial u_{\mathrm{a}}}{\partial s} = \frac{(u_J - u_I)}{l}\cos\theta + \frac{(v_J - v_I)}{l}\sin\theta \tag{1.4}$$

杆的内应力等于

$$\sigma_{\mathrm{a}} = E \cdot \varepsilon_{\mathrm{a}} = E\frac{(u_J - u_I)}{l}\cos\theta + E\frac{(v_J - v_I)}{l}\sin\theta \tag{1.5}$$

J 节点处受到的外力沿坐标轴正方向，符号为正；I 节点处受到的外力沿坐标轴反方向，符号为负，即

$$F_{Ix} = -EA\frac{(u_J - u_I)}{l}\cos\theta\cos\theta - EA\frac{(v_J - v_I)}{l}\sin\theta\cos\theta \tag{1.6a}$$

$$F_{Iy} = -EA\frac{(u_J - u_I)}{l}\cos\theta\sin\theta - EA\frac{(v_J - v_I)}{l}\sin\theta\sin\theta \tag{1.6b}$$

$$F_{Jx} = EA\frac{(u_J - u_I)}{l}\cos\theta\cos\theta + EA\frac{(v_J - v_I)}{l}\sin\theta\cos\theta \tag{1.6c}$$

$$F_{Jy} = EA\frac{(u_J - u_I)}{l}\cos\theta\sin\theta + EA\frac{(v_J - v_I)}{l}\sin\theta\sin\theta \tag{1.6d}$$

可以看出，方程(1.6)建立了节点位移和节点所受外力之间的关系。我们可以将式(1.6)改写为矩阵形式：

$$\begin{bmatrix} F_{Ix} \\ F_{Iy} \\ F_{Jx} \\ F_{Jy} \end{bmatrix} = \frac{EA}{l}\begin{bmatrix} \cos^2\theta & \sin\theta\cos\theta & -\cos^2\theta & -\sin\theta\cos\theta \\ \sin\theta\cos\theta & \sin^2\theta & -\cos\theta\sin\theta & -\sin^2\theta \\ -\cos^2\theta & -\sin\theta\cos\theta & \cos^2\theta & \sin\theta\cos\theta \\ -\sin\theta\cos\theta & -\sin^2\theta & \sin\theta\cos\theta & \sin^2\theta \end{bmatrix} \cdot \begin{bmatrix} u_I \\ v_I \\ u_J \\ v_J \end{bmatrix} \tag{1.7}$$

方程(1.7)也可以写成如下形式：

$$\boldsymbol{F}^e = \boldsymbol{K}^e \cdot \boldsymbol{u}^e \tag{1.8}$$

式中，上标 e 表示"单元"的意思，每个向量和矩阵的含义如下：

$$\boldsymbol{F}^e = \begin{bmatrix} F_{Ix} \\ F_{Iy} \\ F_{Jx} \\ F_{Jy} \end{bmatrix}, \quad \boldsymbol{K}^e = \frac{EA}{l}\begin{bmatrix} \cos^2\theta & \sin\theta\cos\theta & -\cos^2\theta & -\sin\theta\cos\theta \\ \sin\theta\cos\theta & \sin^2\theta & -\cos\theta\sin\theta & -\sin^2\theta \\ -\cos^2\theta & -\sin\theta\cos\theta & \cos^2\theta & \sin\theta\cos\theta \\ -\sin\theta\cos\theta & -\sin^2\theta & \sin\theta\cos\theta & \sin^2\theta \end{bmatrix}, \quad \boldsymbol{u}^e = \begin{bmatrix} u_I \\ v_I \\ u_J \\ v_J \end{bmatrix}$$

$$\tag{1.9}$$

方程(1.9)就称为杆单元的单元刚度方程，$\boldsymbol{K}^e$ 是单元刚度矩阵，$\boldsymbol{u}^e$ 是单元节点位移向量，$\boldsymbol{F}^e$ 是单元载荷向量。

需要注意的是，$\boldsymbol{K}^e$ 是不可逆矩阵。因为，如果 $\boldsymbol{K}^e$ 可逆，根据方程(1.9)，就可以用 $\boldsymbol{F}^e$ 表示 $\boldsymbol{u}^e$，这意味着由任意一组节点力都可以确定一组节点位移。但我们知道，由于存在刚体位移，即使这组力满足平衡条件，节点的位移也不能完全确定。因此，$\boldsymbol{K}^e$ 是不可逆的。

为了方便表示和编写程序，$\boldsymbol{K}^e$ 矩阵还可以表示为如下形式：

$$\boldsymbol{K}^e = \begin{bmatrix} k_{11}^e & k_{12}^e & k_{13}^e & k_{14}^e \\ k_{21}^e & k_{22}^e & k_{23}^e & k_{24}^e \\ k_{31}^e & k_{32}^e & k_{33}^e & k_{34}^e \\ k_{41}^e & k_{42}^e & k_{43}^e & k_{44}^e \end{bmatrix} \tag{1.10}$$

第三步：根据节点的力平衡建立总体平衡方程。

首先要介绍一下节点的两套编号。第一套编号是全局编号，即是图 1.4(a)所示的(1)(2)(3)(4)，每个数字确定唯一一个点。另一套编号是局部编号，需要用单元编号和局部编号来确定一个节点。表 1.1 列出了每个杆单元局部节点 I、J 对应的全局编号。

表 1.1　每个杆单元局部节点 I、J 对应的全局编号

杆　号	I	J
1	(1)	(4)
2	(1)	(3)
3	(4)	(3)
4	(2)	(4)

下面针对每个节点建立力平衡方程。

①节点(1)的力平衡方程。

用 $\boldsymbol{F}_{(1)} = [F_{(1)x}\quad F_{(1)y}]^{\mathrm{T}}$ 表示节点(1)的外力。因为节点(1)在 x 和 y 方向分别受到约束反力 $\boldsymbol{R}_{(1)x}$ 和 $\boldsymbol{R}_{(1)y}$ 的作用，所以 $\boldsymbol{F}_{(1)} = [R_{(1)x}\quad R_{(1)y}]^{\mathrm{T}}$。又因为节点(1)还受到 1 号和 2 号单元的作用，所以 $\boldsymbol{F}_{(1)}$ 应该等于 1 号单元对节点(1)产生的外力 $\boldsymbol{F}_{(1)}^1$ 和 2 号单元对节点(1)产生的外力 $\boldsymbol{F}_{(1)}^2$ 之和。

$$\boldsymbol{F}_{(1)} = [R_{(1)x}\quad R_{(1)y}]^{\mathrm{T}} = \boldsymbol{F}_{(1)}^1 + \boldsymbol{F}_{(1)}^2 = \boldsymbol{F}_I^1 + \boldsymbol{F}_I^2 \tag{1.11}$$

将方程(1.7)代入式(1.11)后得

$$R_{(1)x} = F_{Ix}^1 + F_{Ix}^2$$
$$= k_{11}^1 u_I^1 + k_{12}^1 v_I^1 + k_{13}^1 u_J^1 + k_{14}^1 v_J^1 + k_{11}^2 u_I^2 + k_{12}^2 v_I^2 + k_{13}^2 u_J^2 + k_{14}^2 v_J^2 \tag{1.12a}$$

$$R_{(1)y} = F_{Iy}^1 + F_{Iy}^2$$
$$= k_{21}^1 u_I^1 + k_{22}^1 v_I^1 + k_{23}^1 u_J^1 + k_{24}^1 v_J^1 + k_{21}^2 u_I^2 + k_{22}^2 v_I^2 + k_{23}^2 u_J^2 + k_{24}^2 v_J^2 \tag{1.12b}$$

将方程(1.12)中的位移修改为总体节点编号后得

$$R_{(1)x} = F_{Ix}^1 + F_{Ix}^2$$
$$= k_{11}^1 u_{(1)} + k_{12}^1 v_{(1)} + k_{13}^1 u_{(4)} + k_{14}^1 v_{(4)} + k_{11}^2 u_{(1)} + k_{12}^2 v_{(1)} + k_{13}^2 u_{(3)} + k_{14}^2 v_{(3)}$$
$$\tag{1.13a}$$

$$R_{(1)y} = F_{Iy}^1 + F_{Iy}^2$$
$$= k_{21}^1 u_{(1)} + k_{22}^1 v_{(1)} + k_{23}^1 u_{(4)} + k_{24}^1 v_{(4)} + k_{21}^2 u_{(1)} + k_{22}^2 v_{(1)} + k_{23}^2 u_{(3)} + k_{24}^2 v_{(3)}$$
$$\tag{1.13b}$$

合并同类项后得

$$R_{(1)x} = F_{Ix}^1 + F_{Ix}^2$$
$$= (k_{11}^1 + k_{11}^2)u_{(1)} + (k_{12}^1 + k_{12}^2)v_{(1)} + k_{13}^2 u_{(3)} + k_{14}^2 v_{(3)} + k_{13}^1 u_{(4)} + k_{14}^1 v_{(4)}$$
$$\tag{1.14a}$$

$$R_{(1)y} = F_{Iy}^1 + F_{Iy}^2$$

$$= (k_{21}^1 + k_{21}^2)u_{(1)} + (k_{22}^1 + k_{22}^2)v_{(1)} + k_{23}^2 u_{(3)} + k_{24}^2 v_{(3)} + k_{23}^1 u_{(4)} + k_{24}^1 v_{(4)}$$

$$\tag{1.14b}$$

②节点(2)的力平衡方程。

$$\boldsymbol{F}_{(2)} = [R_{(2)x} \quad R_{(2)y}]^{\mathrm{T}} = \boldsymbol{F}_{(2)}^4 = \boldsymbol{F}_I^4 \tag{1.15}$$

将方程(1.7)代入式(1.15)后得

$$R_{(2)x} = F_{Ix}^4 = k_{11}^4 u_I^4 + k_{12}^4 v_I^4 + k_{13}^4 u_J^4 + k_{14}^4 v_J^4 \tag{1.16a}$$

$$R_{(2)y} = F_{Iy}^4 = k_{21}^4 u_I^4 + k_{22}^4 v_I^4 + k_{23}^4 u_J^4 + k_{24}^4 v_J^4 \tag{1.16b}$$

将方程(1.16)中的位移修改为总体节点编号后得

$$R_{(2)x} = F_{Ix}^4 = k_{11}^4 u_{(2)} + k_{12}^4 v_{(2)} + k_{13}^4 u_{(4)} + k_{14}^4 v_{(4)} \tag{1.17a}$$

$$R_{(2)y} = F_{Iy}^4 = k_{21}^4 u_{(2)} + k_{22}^4 v_{(2)} + k_{23}^4 u_{(4)} + k_{24}^4 v_{(4)} \tag{1.17b}$$

③节点(3)的力平衡方程。

$$\boldsymbol{F}_{(3)} = [0 \quad -P]^{\mathrm{T}} = \boldsymbol{F}_{(3)}^2 + \boldsymbol{F}_{(3)}^3 = \boldsymbol{F}_J^2 + \boldsymbol{F}_J^3 \tag{1.18}$$

将方程(1.7)代入式(1.18)后得

$$0 = F_{Jx}^2 + F_{Jx}^3$$

$$= k_{31}^2 u_I^2 + k_{32}^2 v_I^2 + k_{33}^2 u_J^2 + k_{34}^2 v_J^2 + k_{31}^3 u_I^3 + k_{32}^3 v_I^3 + k_{33}^3 u_J^3 + k_{34}^3 v_J^3 \tag{1.19a}$$

$$-P = F_{Jy}^2 + F_{Jy}^3$$

$$= k_{41}^2 u_I^2 + k_{42}^2 v_I^2 + k_{43}^2 u_J^2 + k_{44}^2 v_J^2 + k_{41}^3 u_I^3 + k_{42}^3 v_I^3 + k_{43}^3 u_J^3 + k_{44}^3 v_J^3 \tag{1.19b}$$

将方程(1.19)中的位移修改为总体节点编号后得

$$0 = F_{Jx}^2 + F_{Jx}^3$$

$$= k_{31}^2 u_{(1)} + k_{32}^2 v_{(1)} + k_{33}^2 u_{(3)} + k_{34}^2 v_{(3)} + k_{31}^3 u_{(4)} + k_{32}^3 v_{(4)} + k_{33}^3 u_{(3)} + k_{34}^3 v_{(3)}$$

$$\tag{1.20a}$$

$$-P = F_{Jy}^2 + F_{Jy}^3$$

$$= k_{41}^2 u_{(1)} + k_{42}^2 v_{(1)} + k_{43}^2 u_{(3)} + k_{44}^2 v_{(3)} + k_{41}^3 u_{(4)} + k_{42}^3 v_{(4)} + k_{43}^3 u_{(3)} + k_{44}^3 v_{(3)}$$

$$\tag{1.20b}$$

合并同类项后得

$$0 = F_{Jx}^2 + F_{Jx}^3$$

$$= k_{31}^2 u_{(1)} + k_{32}^2 v_{(1)} + (k_{33}^2 + k_{33}^3)u_{(3)} + (k_{34}^2 + k_{34}^3)v_{(3)} + k_{31}^3 u_{(4)} + k_{32}^3 v_{(4)}$$

$$\tag{1.21a}$$

$$-P = F_{Jy}^2 + F_{Jy}^3$$

$$= k_{41}^2 u_{(1)} + k_{42}^2 v_{(1)} + (k_{43}^2 + k_{43}^3)u_{(3)} + (k_{44}^2 + k_{44}^3)v_{(3)} + k_{41}^3 u_{(4)} + k_{42}^3 v_{(4)}$$

$$\tag{1.21b}$$

④节点(4)的力平衡方程。

$$\boldsymbol{F}_{(4)} = [0 \quad 0]^{\mathrm{T}} = \boldsymbol{F}_{(4)}^1 + \boldsymbol{F}_{(4)}^2 + \boldsymbol{F}_{(4)}^3 = \boldsymbol{F}_J^1 + \boldsymbol{F}_I^3 + \boldsymbol{F}_J^4 \tag{1.22}$$

将方程(1.7)代入式(1.22)后得

$$0 = F_{Jx}^1 + F_{Ix}^3 + F_{Jx}^4$$

$$= k_{31}^1 u_I^1 + k_{32}^1 v_I^1 + k_{33}^1 u_J^1 + k_{34}^1 v_J^1 + k_{11}^3 u_I^3 + k_{12}^3 v_I^3 + k_{13}^3 u_J^3 + k_{14}^3 v_J^3$$

$$+ k_{31}^4 u_I^4 + k_{32}^4 v_I^4 + k_{33}^4 u_J^4 + k_{34}^4 v_J^4 \tag{1.23a}$$

$$0 = F_{Jy}^1 + F_{Iy}^3 + F_{Jy}^4$$
$$= k_{41}^1 u_I^1 + k_{42}^1 v_I^1 + k_{43}^1 u_J^1 + k_{44}^1 v_J^1 + k_{21}^3 u_I^3 + k_{22}^3 v_I^3 + k_{23}^3 u_J^3 + k_{24}^3 v_J^3$$
$$+ k_{41}^4 u_I^4 + k_{42}^4 v_I^4 + k_{43}^4 u_J^4 + k_{44}^4 v_J^4 \tag{1.23b}$$

将方程(1.23)中的位移修改为总体节点编号后得

$$0 = F_{Jx}^1 + F_{Ix}^3 + F_{Jx}^4$$
$$= k_{31}^1 u_{(1)} + k_{32}^1 v_{(1)} + k_{33}^1 u_{(4)} + k_{34}^1 v_{(4)} + k_{11}^3 u_{(4)} + k_{12}^3 v_{(4)} + k_{13}^3 u_{(3)} + k_{14}^3 v_{(3)}$$
$$+ k_{31}^4 u_{(2)} + k_{32}^4 v_{(2)} + k_{33}^4 u_{(4)} + k_{34}^4 v_{(4)} \tag{1.24a}$$

$$0 = F_{Jy}^1 + F_{Iy}^3 + F_{Jy}^4$$
$$= k_{41}^1 u_{(1)} + k_{42}^1 v_{(1)} + k_{43}^1 u_{(4)} + k_{44}^1 v_{(4)} + k_{21}^3 u_{(4)} + k_{22}^3 v_{(4)} + k_{23}^3 u_{(3)} + k_{24}^3 v_{(3)}$$
$$+ k_{41}^4 u_{(2)} + k_{42}^4 v_{(2)} + k_{43}^4 u_{(4)} + k_{44}^4 v_{(4)} \tag{1.24b}$$

合并同类项后得

$$0 = F_{Jx}^1 + F_{Ix}^3 + F_{Jx}^4$$
$$= k_{31}^1 u_{(1)} + k_{32}^1 v_{(1)} + k_{31}^4 u_{(2)} + k_{32}^4 v_{(2)} + k_{13}^3 u_{(3)} + k_{14}^3 v_{(3)}$$
$$+ (k_{33}^1 + k_{11}^3 + k_{33}^4) u_{(4)} + (k_{34}^1 + k_{12}^3 + k_{34}^4) v_{(4)} \tag{1.25a}$$
$$0 = F_{Jy}^1 + F_{Iy}^3 + F_{Jy}^4$$
$$= k_{41}^1 u_{(1)} + k_{42}^1 v_{(1)} + k_{41}^4 u_{(2)} + k_{42}^4 v_{(2)} + k_{23}^3 u_{(3)} + k_{24}^3 v_{(3)}$$
$$+ (k_{43}^1 + k_{21}^3 + k_{43}^4) u_{(4)} + (k_{44}^1 + k_{22}^3 + k_{44}^4) v_{(4)} \tag{1.25b}$$

这样,式(1.14)、式(1.17)、式(1.21)和式(1.25)建立了整个结构的节点位移和节点力之间的关系。可以将其写成矩阵形式:

$$
\begin{bmatrix} R_{(1)x} \\ R_{(1)y} \\ R_{(2)x} \\ R_{(2)y} \\ 0 \\ -P \\ 0 \\ 0 \end{bmatrix} =
\begin{bmatrix}
k_{11}^1 + k_{11}^2 & k_{12}^1 + k_{12}^2 & 0 & 0 & k_{13}^2 & k_{14}^2 & k_{13}^1 & k_{14}^1 \\
k_{21}^1 + k_{21}^2 & k_{22}^1 + k_{22}^2 & 0 & 0 & k_{23}^2 & k_{24}^2 & k_{23}^1 & k_{24}^1 \\
0 & 0 & k_{11}^4 & k_{12}^4 & 0 & 0 & k_{13}^4 & k_{14}^4 \\
0 & 0 & k_{21}^4 & k_{22}^4 & 0 & 0 & k_{23}^4 & k_{24}^4 \\
k_{31}^2 & k_{32}^2 & 0 & 0 & k_{33}^2 + k_{33}^3 & k_{34}^2 + k_{34}^3 & k_{31}^3 & k_{32}^3 \\
k_{41}^2 & k_{42}^2 & 0 & 0 & k_{43}^2 + k_{43}^3 & k_{44}^2 + k_{44}^3 & k_{41}^3 & k_{42}^3 \\
k_{31}^1 & k_{32}^1 & k_{31}^4 & k_{32}^4 & k_{13}^3 & k_{14}^3 & k_{33}^1 + k_{11}^3 + k_{33}^4 & k_{34}^1 + k_{12}^3 + k_{34}^4 \\
k_{41}^1 & k_{42}^1 & k_{41}^4 & k_{42}^4 & k_{23}^3 & k_{24}^3 & k_{43}^1 + k_{21}^3 + k_{43}^4 & k_{44}^1 + k_{22}^3 + k_{44}^4
\end{bmatrix}
$$
$$
\cdot \begin{bmatrix} u_{(1)} \\ v_{(1)} \\ u_{(2)} \\ v_{(2)} \\ u_{(3)} \\ v_{(3)} \\ u_{(4)} \\ v_{(4)} \end{bmatrix} \tag{1.26}
$$

第四步:求解线性方程组,获得节点位移。

方程(1.26)也不能直接求解,因为系数矩阵不可逆。原因和单元刚度矩阵不可逆相同,因此要求解方程(1.26),必须加入约束条件,消除系统的刚体位移。

根据图 1.4 可知,由于存在约束,$u_{(1)}$、$v_{(1)}$、$u_{(2)}$、$v_{(2)}$ 等于 0,因此方程(1.26)可以写成如下形式:

$$\begin{bmatrix} R_{(1)x} \\ R_{(1)y} \\ R_{(2)x} \\ R_{(2)y} \\ 0 \\ -P \\ 0 \\ 0 \end{bmatrix} = \begin{bmatrix} k_{11}^1+k_{11}^2 & k_{12}^1+k_{12}^2 & 0 & 0 & k_{13}^2 & k_{14}^2 & k_{13}^1 & k_{14}^1 \\ k_{21}^1+k_{21}^2 & k_{22}^1+k_{22}^2 & 0 & 0 & k_{23}^2 & k_{24}^2 & k_{23}^1 & k_{24}^1 \\ 0 & 0 & k_{11}^4 & k_{12}^4 & 0 & 0 & k_{13}^4 & k_{14}^4 \\ 0 & 0 & k_{21}^4 & k_{22}^4 & 0 & 0 & k_{23}^4 & k_{24}^4 \\ k_{31}^2 & k_{32}^2 & 0 & 0 & k_{33}^2+k_{33}^3 & k_{34}^2+k_{34}^3 & k_{31}^3 & k_{32}^3 \\ k_{41}^2 & k_{42}^2 & 0 & 0 & k_{43}^2+k_{43}^3 & k_{44}^2+k_{44}^3 & k_{41}^3 & k_{42}^3 \\ k_{31}^1 & k_{32}^1 & k_{31}^4 & k_{32}^4 & k_{13}^3 & k_{14}^3 & k_{33}^1+k_{11}^3+k_{33}^4 & k_{34}^1+k_{12}^3+k_{34}^4 \\ k_{41}^1 & k_{42}^1 & k_{41}^4 & k_{42}^4 & k_{23}^3 & k_{24}^3 & k_{43}^1+k_{21}^3+k_{43}^4 & k_{44}^1+k_{22}^3+k_{44}^4 \end{bmatrix} \cdot \begin{bmatrix} 0 \\ 0 \\ 0 \\ 0 \\ u_{(3)} \\ v_{(3)} \\ u_{(4)} \\ v_{(4)} \end{bmatrix}$$

$$(1.27)$$

上述方程组的未知量将为 4 个,理论上只需要 4 个方程即可求解。上述方程组中,由于 $R_{(1)x}$、$R_{(1)y}$、$R_{(2)x}$、$R_{(2)y}$ 未知,因此我们并不需要这几个方程参与求解。将上述方程组化简为如下方程组:

$$\begin{bmatrix} 0 \\ -P \\ 0 \\ 0 \end{bmatrix} = \begin{bmatrix} k_{33}^2+k_{33}^3 & k_{34}^2+k_{34}^3 & k_{31}^3 & k_{32}^3 \\ k_{43}^2+k_{43}^3 & k_{44}^2+k_{44}^3 & k_{41}^3 & k_{42}^3 \\ k_{13}^3 & k_{14}^3 & k_{33}^1+k_{11}^3+k_{33}^4 & k_{34}^1+k_{12}^3+k_{34}^4 \\ k_{23}^3 & k_{24}^3 & k_{43}^1+k_{21}^3+k_{43}^4 & k_{44}^1+k_{22}^3+k_{44}^4 \end{bmatrix} \cdot \begin{bmatrix} u_{(3)} \\ v_{(3)} \\ u_{(4)} \\ v_{(4)} \end{bmatrix} \quad (1.28)$$

对方程(1.28)求解即可获得节点位移 $u_{(3)}$、$v_{(3)}$、$u_{(4)}$、$v_{(4)}$。

第五步:根据节点位移计算出每根杆的应力。

计算出节点位移 $u_{(3)}$、$v_{(3)}$、$u_{(4)}$、$v_{(4)}$ 后,由于 $u_{(1)}$、$v_{(1)}$、$u_{(2)}$、$v_{(2)}$ 已知,因此所有节点位移分量均已知。可以应用方程(1.4)计算出每根杆的轴向应变,最后根据本构方程 $\sigma=E\cdot\varepsilon$ 计算出所有杆的应力。

1.2.2 直接叠加法合成总体刚度矩阵

上述建立方程组的方法物理意义十分明确,但是不利于程序设计。如果我们将单元刚度矩阵的脚标转换成节点的总体编号,那么可以采用直接叠加法来合成总体刚度矩阵(简称"总刚"),最后施加位移约束即可进行求解。下式是一个杆单元的单元刚度矩阵,其中每个元素 k_{ij}^e 代表单元 e 中第 j 个自由度的位移对第 i 个自由度节点载荷的作用。这实际上采用的是局部编号。

$$
\begin{array}{c}
\quad\quad u_I \quad\ v_I \quad\ u_J \quad\ v_J \\
\begin{array}{c} F_{Ix} \\ F_{Iy} \\ F_{Jx} \\ F_{Jy} \end{array}
\left[\begin{array}{cccc}
k_{11}^e & k_{12}^e & k_{13}^e & k_{14}^e \\
k_{21}^e & k_{22}^e & k_{23}^e & k_{24}^e \\
k_{31}^e & k_{32}^e & k_{33}^e & k_{34}^e \\
k_{41}^e & k_{42}^e & k_{43}^e & k_{44}^e
\end{array}\right]
\end{array}
\tag{1.29}
$$

我们对图 1.4(a) 中所有自由度进行统一编号。按照先节点后方向的方式排序,即按照 u_1、v_1、u_2、v_2、u_3、v_3、u_4、v_4 的顺序编号。第一个单元(即单元 1)的 I、J 两个节点的全局编号分别是 1 和 4,所以第一个单元的四个自由度 u_I、v_I、u_J、v_J 的全局编号分别是 1、2、7、8。标注编号后的单元刚度矩阵是

$$
\begin{array}{c}
\quad\quad u_1 \quad\ v_2 \quad\ u_7 \quad\ v_8 \\
\begin{array}{c} F_1 \\ F_2 \\ F_7 \\ F_8 \end{array}
\left[\begin{array}{cccc}
k_{11}^1 & k_{12}^1 & k_{13}^1 & k_{14}^1 \\
k_{21}^1 & k_{22}^1 & k_{23}^1 & k_{24}^1 \\
k_{31}^1 & k_{32}^1 & k_{33}^1 & k_{34}^1 \\
k_{41}^1 & k_{42}^1 & k_{43}^1 & k_{44}^1
\end{array}\right]
\end{array}
\tag{1.30}
$$

合成总刚时,可能涉及不同单元刚度矩阵的叠加。为了区分是哪个单元的元素,我们保留表示单元编号的右上标。第二个单元(即单元 2)的 I、J 两个节点的全局编号分别是 1 和 3,所以第二个单元的四个自由度 u_I、v_I、u_J、v_J 的全局编号分别是 1、2、5、6。标注编号后的单元刚度矩阵是

$$
\begin{array}{c}
\quad\quad u_1 \quad\ v_2 \quad\ u_5 \quad\ v_6 \\
\begin{array}{c} F_1 \\ F_2 \\ F_5 \\ F_6 \end{array}
\left[\begin{array}{cccc}
k_{11}^2 & k_{12}^2 & k_{13}^2 & k_{14}^2 \\
k_{21}^2 & k_{22}^2 & k_{23}^2 & k_{24}^2 \\
k_{31}^2 & k_{32}^2 & k_{33}^2 & k_{34}^2 \\
k_{41}^2 & k_{42}^2 & k_{43}^2 & k_{44}^2
\end{array}\right]
\end{array}
\tag{1.31}
$$

第三个单元(即单元 3)和第四个单元(即单元 4)的 I、J 两个节点的全局编号分别是 4、3 和 2、4,所以二者的单元刚度矩阵分别为

$$
\begin{array}{cc}
\begin{array}{c}
\quad\quad u_7 \quad\ v_8 \quad\ u_5 \quad\ v_6 \\
\begin{array}{c} F_7 \\ F_8 \\ F_5 \\ F_6 \end{array}
\left[\begin{array}{cccc}
k_{11}^3 & k_{12}^3 & k_{13}^3 & k_{14}^3 \\
k_{21}^3 & k_{22}^3 & k_{23}^3 & k_{24}^3 \\
k_{31}^3 & k_{32}^3 & k_{33}^3 & k_{34}^3 \\
k_{41}^3 & k_{42}^3 & k_{43}^3 & k_{44}^3
\end{array}\right]
\end{array}
&
\begin{array}{c}
\quad\quad u_3 \quad\ v_4 \quad\ u_7 \quad\ v_8 \\
\begin{array}{c} F_3 \\ F_4 \\ F_7 \\ F_8 \end{array}
\left[\begin{array}{cccc}
k_{11}^4 & k_{12}^4 & k_{13}^4 & k_{14}^4 \\
k_{21}^4 & k_{22}^4 & k_{23}^4 & k_{24}^4 \\
k_{31}^4 & k_{32}^4 & k_{33}^4 & k_{34}^4 \\
k_{41}^4 & k_{42}^4 & k_{43}^4 & k_{44}^4
\end{array}\right]
\end{array}
\end{array}
\tag{1.32}
$$

总刚元素 k_{ij} 表示第 j 个自由度位移对第 i 个自由度节点力总的作用。如果 j 对 i 的作用不止通过一个单元实现,则需要将所有相关单元对应元素叠加起来。下面采用叠加法构造总刚。首先对总刚清零:

$$F_{1\sim8} \begin{bmatrix} u_1 & u_2 & u_3 & u_4 & u_5 & u_6 & u_7 & u_8 \\ 0 & 0 & 0 & 0 & 0 & 0 & 0 & 0 \\ 0 & 0 & 0 & 0 & 0 & 0 & 0 & 0 \\ 0 & 0 & 0 & 0 & 0 & 0 & 0 & 0 \\ 0 & 0 & 0 & 0 & 0 & 0 & 0 & 0 \\ 0 & 0 & 0 & 0 & 0 & 0 & 0 & 0 \\ 0 & 0 & 0 & 0 & 0 & 0 & 0 & 0 \\ 0 & 0 & 0 & 0 & 0 & 0 & 0 & 0 \\ 0 & 0 & 0 & 0 & 0 & 0 & 0 & 0 \end{bmatrix} \tag{1.33}$$

然后遍历每个单元的单元刚度矩阵，将每一个元素根据其脚标填到总刚对应的位置。单元 e 的单元刚度矩阵元素 k_{ij}^e 填到总刚的第 i 行第 j 列。例如，单元 1 的元素填到总刚后得

$$
\begin{array}{c}
\begin{array}{cccc} u_1 & v_2 & u_7 & v_8 \end{array} \\
\begin{matrix} F_1 \\ F_2 \\ F_7 \\ F_8 \end{matrix}
\begin{bmatrix} k_{11}^1 & k_{12}^1 & k_{13}^1 & k_{14}^1 \\ k_{21}^1 & k_{22}^1 & k_{23}^1 & k_{24}^1 \\ k_{31}^1 & k_{32}^1 & k_{33}^1 & k_{34}^1 \\ k_{41}^1 & k_{42}^1 & k_{43}^1 & k_{44}^1 \end{bmatrix}
\Rightarrow
\begin{matrix} F_1 \\ F_2 \\ F_3 \\ F_4 \\ F_5 \\ F_6 \\ F_7 \\ F_8 \end{matrix}
\begin{bmatrix} k_{11}^1 & k_{12}^1 & 0 & 0 & 0 & 0 & k_{13}^1 & k_{14}^1 \\ k_{21}^1 & k_{22}^1 & 0 & 0 & 0 & 0 & k_{23}^1 & k_{24}^1 \\ 0 & 0 & 0 & 0 & 0 & 0 & 0 & 0 \\ 0 & 0 & 0 & 0 & 0 & 0 & 0 & 0 \\ 0 & 0 & 0 & 0 & 0 & 0 & 0 & 0 \\ 0 & 0 & 0 & 0 & 0 & 0 & 0 & 0 \\ k_{31}^1 & k_{32}^1 & 0 & 0 & 0 & 0 & k_{33}^1 & k_{34}^1 \\ k_{41}^1 & k_{42}^1 & 0 & 0 & 0 & 0 & k_{43}^1 & k_{44}^1 \end{bmatrix}
\end{array}
\tag{1.34}
$$

叠加单元 2 的元素后得

$$
\begin{array}{c}
\begin{array}{cccc} u_1 & v_2 & u_5 & v_6 \end{array} \\
\begin{matrix} F_1 \\ F_2 \\ F_5 \\ F_6 \end{matrix}
\begin{bmatrix} k_{11}^2 & k_{12}^2 & k_{13}^2 & k_{14}^2 \\ k_{21}^2 & k_{22}^2 & k_{23}^2 & k_{24}^2 \\ k_{31}^2 & k_{32}^2 & k_{33}^2 & k_{34}^2 \\ k_{41}^2 & k_{42}^2 & k_{43}^2 & k_{44}^2 \end{bmatrix}
\Rightarrow
\begin{matrix} F_1 \\ F_2 \\ F_3 \\ F_4 \\ F_5 \\ F_6 \\ F_7 \\ F_8 \end{matrix}
\begin{bmatrix}
k_{11}^1+k_{11}^2 & k_{12}^1+k_{12}^2 & 0 & 0 & k_{13}^2 & k_{14}^2 & k_{13}^1 & k_{14}^1 \\
k_{21}^1+k_{21}^2 & k_{22}^1+k_{22}^2 & 0 & 0 & k_{23}^2 & k_{24}^2 & k_{23}^1 & k_{24}^1 \\
0 & 0 & 0 & 0 & 0 & 0 & 0 & 0 \\
0 & 0 & 0 & 0 & 0 & 0 & 0 & 0 \\
k_{31}^2 & k_{32}^2 & 0 & 0 & k_{33}^2 & k_{34}^2 & 0 & 0 \\
k_{41}^2 & k_{42}^2 & 0 & 0 & k_{43}^2 & k_{44}^2 & 0 & 0 \\
k_{31}^1 & k_{32}^1 & 0 & 0 & 0 & 0 & k_{33}^1 & k_{34}^1 \\
k_{41}^1 & k_{42}^1 & 0 & 0 & 0 & 0 & k_{43}^1 & k_{44}^1
\end{bmatrix}
\end{array}
$$

$$\tag{1.35}$$

叠加单元 3 的元素后得

$$
\begin{array}{c}
\begin{array}{cccc} u_7 & v_8 & u_5 & v_6 \end{array} \\
\begin{matrix} F_7 \\ F_8 \\ F_5 \\ F_6 \end{matrix}
\begin{bmatrix} k_{11}^3 & k_{12}^3 & k_{13}^3 & k_{14}^3 \\ k_{21}^3 & k_{22}^3 & k_{23}^3 & k_{24}^3 \\ k_{31}^3 & k_{32}^3 & k_{33}^3 & k_{34}^3 \\ k_{41}^3 & k_{42}^3 & k_{43}^3 & k_{44}^3 \end{bmatrix}
\Rightarrow
\end{array}
$$

$$
\begin{array}{c}
\begin{array}{cccccccc}
u_1 & u_2 & u_3 & u_4 & u_5 & u_6 & u_7 & u_8
\end{array}\\
\begin{array}{c}
F_1\\ F_2\\ F_3\\ F_4\\ F_5\\ F_6\\ F_7\\ F_8
\end{array}
\begin{bmatrix}
k_{11}^1+k_{11}^2 & k_{12}^1+k_{12}^2 & 0 & 0 & k_{13}^2 & k_{14}^2 & k_{13}^1 & k_{14}^1\\
k_{21}^1+k_{21}^2 & k_{22}^1+k_{22}^2 & 0 & 0 & k_{23}^2 & k_{24}^2 & k_{23}^1 & k_{24}^1\\
0 & 0 & 0 & 0 & 0 & 0 & 0 & 0\\
0 & 0 & 0 & 0 & 0 & 0 & 0 & 0\\
k_{31}^2 & k_{32}^2 & 0 & 0 & k_{33}^2+k_{33}^3 & k_{34}^2+k_{34}^3 & k_{31}^3 & k_{32}^3\\
k_{41}^2 & k_{42}^2 & 0 & 0 & k_{43}^2+k_{43}^3 & k_{44}^2+k_{44}^3 & k_{41}^3 & k_{42}^3\\
k_{31}^1 & k_{32}^1 & 0 & 0 & k_{13}^3 & k_{14}^3 & k_{33}^1+k_{11}^3 & k_{34}^1+k_{12}^3\\
k_{41}^1 & k_{42}^1 & 0 & 0 & k_{23}^3 & k_{24}^3 & k_{43}^1+k_{21}^3 & k_{44}^1+k_{22}^3
\end{bmatrix}
\end{array}
$$

$$(1.36)$$

叠加单元 4 的元素后得

$$
\begin{array}{c}
\begin{array}{cccc}
u_3 & v_4 & u_7 & v_8
\end{array}\\
\begin{array}{c}
F_3\\ F_4\\ F_7\\ F_8
\end{array}
\begin{bmatrix}
k_{11}^4 & k_{12}^4 & k_{13}^4 & k_{14}^4\\
k_{21}^4 & k_{22}^4 & k_{23}^4 & k_{24}^4\\
k_{31}^4 & k_{32}^4 & k_{33}^4 & k_{34}^4\\
k_{41}^4 & k_{42}^4 & k_{43}^4 & k_{44}^4
\end{bmatrix}\Rightarrow
\end{array}
$$

$$
\begin{array}{c}
\begin{array}{cccccccc}
u_1 & u_2 & u_3 & u_4 & u_5 & u_6 & u_7 & u_8
\end{array}\\
\begin{array}{c}
F_1\\ F_2\\ F_3\\ F_4\\ F_5\\ F_6\\ F_7\\ F_8
\end{array}
\begin{bmatrix}
k_{11}^1+k_{11}^2 & k_{12}^1+k_{12}^2 & 0 & 0 & k_{13}^2 & k_{14}^2 & k_{13}^1 & k_{14}^1\\
k_{21}^1+k_{21}^2 & k_{22}^1+k_{22}^2 & 0 & 0 & k_{23}^2 & k_{24}^2 & k_{23}^1 & k_{24}^1\\
0 & 0 & k_{11}^4 & k_{12}^4 & 0 & 0 & k_{13}^4 & k_{14}^4\\
0 & 0 & k_{21}^4 & k_{22}^4 & 0 & 0 & k_{23}^4 & k_{24}^4\\
k_{31}^2 & k_{32}^2 & 0 & 0 & k_{33}^2+k_{33}^3 & k_{34}^2+k_{34}^3 & k_{31}^3 & k_{32}^3\\
k_{41}^2 & k_{42}^2 & 0 & 0 & k_{43}^2+k_{43}^3 & k_{44}^2+k_{44}^3 & k_{41}^3 & k_{42}^3\\
k_{31}^1 & k_{32}^1 & k_{31}^4 & k_{32}^4 & k_{13}^3 & k_{14}^3 & k_{33}^1+k_{11}^3+k_{33}^4 & k_{34}^1+k_{12}^3+k_{34}^4\\
k_{41}^1 & k_{42}^1 & k_{41}^4 & k_{42}^4 & k_{23}^3 & k_{24}^3 & k_{43}^1+k_{21}^3+k_{43}^4 & k_{44}^1+k_{22}^3+k_{44}^4
\end{bmatrix}
\end{array}
$$

$$(1.37)$$

将上式与式(1.26)对比发现二者相同,说明计算结果是正确的。

1.3　杆单元有限元法的 C 语言实现

1.3.1　数据准备

用有限元法计算结构的位移、变形和应力,需要涉及大量的数据,包括节点总数、节点坐标、单元总数、单元节点的总体编号、材料类型总数、每种材料的弹性模量 E 和泊松比 μ、节点位移约束总数、节点位移约束、节点载荷总数、节点载荷。

假设图 1.4(a)所示的 1、3、4 号杆单元长度均为 1 m,2 号杆单元长度是 1.414 m,杆半径均为 0.03 m(即截面积 A 为 0.002 83 m^2),弹性模量 $E=200$ GPa。

11

我们以国际单位制（N，m，s，kg）将上述所有数据写入一个 txt 文件中。该文件命名为 Data.txt。文件具体内容如下：

材料类型总数

1

材料弹性模量、泊松比以及杆的面积

200e9　0.3　0.00283

节点总数

4

节点坐标（这里以（1）点为坐标原点，假设 1 号杆的长度为 1）

0　　　　　0

0　　　　　−1.414

1.414　　　　0

0.7071　　　−0.7071

单元总数

4

单元节点的总体编号

1　　1　　4

1　　1　　3

1　　4　　3

1　　2　　4

位移约束总数

4

具体的位移约束（第一个数字表示节点编号，后面 x、y 表示约束方向，最后一个数字表示位移约束大小）

1　　x　　0

1　　y　　0

2　　x　　0

2　　y　　0

载荷总数

1

具体载荷（第一个数字表示节点编号，后面 x、y 表示载荷方向，最后一个数字表示载荷大小）

3　　y　　−1e5

1.3.2　数据读取和输出验证

首先定义四个结构体用以存储所有的数据。其中，Data_bound 结构体用于存储位移和力边界条件，Data_Link 结构体用于存储所有的数据，Data_Link_UID 结构体用于存储节点位移的编号，Data_Link_KgFg 结构体用于存储总体刚度矩阵和总体载荷向量。

```
struct Data_bound
{
    int id;//节点 id,从 0 开始
    char dir;//方向,'x','y'
    double v;//具体数值
};
struct Data_Link
{
    int Nn,Ne,Nm,Nb,Nf;//分别是节点总数、单元总数、材料类型总数、位移边界条件总
                         数、载荷条件总数
    double *pMat,*pNodxy;//分别用于存储材料常数、节点坐标、边界条件、载荷条件
    int *pEle;//用于存储单元节点编号
    Data_bound *p_displs,*p_force;//位移边界条件、力边界条件
} m_data_link;//这是一个全局变量
struct Data_Link_UID
{
    int ID;//在约化位移向量里的位置
    double v;//已知位移的具体数值,未知位移的具体数值
};
struct Data_Link_KgFg
{
    double *pKg;//用于存储总体刚度矩阵
    double *pFg;//用于存储总体载荷向量
    Data_Link_UID *p_uid;//存储的是一个向量
    int Nu;//约化后的未知位移总数
};
```

读取数据的函数如下：

```
int FEM_Link_Read(char *filename,Data_Link *p)
{
    int Nn,Ne,Nm,Nb,Nf;//分别是节点总数、单元总数、材料类型总数、位移边界条件总
                         数、载荷条件总数
    double *pMat,*pNodxy;//分别用于存储材料常数、节点坐标、边界条件、载荷条件
    int *pEle;//用于存储单元节点编号
    int i;//用于循环
    Data_bound *p_displs,*p_force;//位移边界条件、力边界条件
    FILE *pf=NULL;//指向文件的指针
    char temp[200];//用于临时存储数据
    ////打开数据文件
```

```
pf=fopen(filename,"r");
if(pf==NULL)
{
    printf("Read Data file error! \n");
    return 0;
}
fscanf(pf,"%s",temp);  fscanf(pf,"%d",&Nm);
pMat=(double *)malloc(3*Nm* sizeof(double));
if(pMat==NULL)
{
    printf("pMat malloc error! \n");
    return 0;
}
fscanf(pf,"%s",temp);
for(i=0;i<Nm;i++)
{
    fscanf(pf,"%lf %lf %lf",&pMat[3*i],&pMat[3*i+1],&pMat[3*i+2]);
}
//节点
fscanf(pf,"%s",temp);  fscanf(pf,"%d",&Nn);
pNodxy=(double *)malloc(2*Nn* sizeof(double));
if(pNodxy==NULL)
{
    printf("pNodxy malloc error! \n");
    return 0;
}
fscanf(pf,"%s",temp);
for(i=0;i<Nn;i++)
{
    fscanf(pf,"%lf %lf",&pNodxy[2*i],&pNodxy[2*i+1]);
}
///////单元
fscanf(pf,"%s",temp);  fscanf(pf,"%d",&Ne);
pEle=(int *)malloc(3*Ne* sizeof(int));
if(pEle==NULL)
{
    printf("pEle malloc error! \n");
    return 0;
```

```
        }
        fscanf(pf,"%s",temp);
        for(i=0;i<Ne;i++)
        {
            fscanf(pf,"%d%d%d",&pEle[3*i],&pEle[3*i+1],&pEle[3*i+2]);
            pEle[3*i]--;//用于存储材料类型编号,从 0 开始
            pEle[3*i+1]--;//保证节点编号从 0 开始,有利于后面编程
            pEle[3*i+2]--;//保证节点编号从 0 开始,有利于后面编程
        }
        ///////位移边界条件
        fscanf(pf,"%s",temp);   fscanf(pf,"%d",&Nb);
        p_displs=(Data_bound*)malloc(Nb*sizeof(Data_bound));
        if(p_displs==NULL)
        {
            printf("p_displs malloc error!\n");
            return 0;
        }
        fscanf(pf,"%s",temp);
        for(i=0;i<Nb;i++)
        {
            fscanf(pf,"%d",&p_displs[i].id);
            p_displs[i].id--;
            fscanf(pf,"%s",&p_displs[i].dir);
            fscanf(pf,"%lf",&p_displs[i].v);
        }
        ///////力边界条件
        fscanf(pf,"%s",temp);   fscanf(pf,"%d",&Nf);
        p_force=(Data_bound*)malloc(Nf*sizeof(Data_bound));
        if(p_force==NULL)
        {
            printf("p_force malloc error!\n");
            return 0;
        }
        fscanf(pf,"%s",temp);
        for(i=0;i<Nf;i++)
        {
            fscanf(pf,"%d",&p_force[i].id);  p_force[i].id--;
            fscanf(pf,"%s",&p_force[i].dir); fscanf(pf,"%lf",&p_force[i].v);
```

```
    }
    //////赋值
    p->Nb=Nb;p->Ne=Ne;p->Nf=Nf;p->Nm=Nm;p->Nn=Nn;p->pEle=pEle;
    p->pMat=pMat;p->pNodxy=pNodxy;p->p_displs=p_displs;
    p->p_force=p_force;
    return 1;
}
```

为了验证读取数据的正确性,采用如下函数将读取的数据输出到屏幕上。

```
int FEM_Link_Print(Data_Link m_p)
{
    int Nn,Ne,Nm,Nb,Nf;//分别是节点总数、单元总数、材料类型总数、位移边界条件总
                        数、载荷条件总数
    double *pMat,*pNodxy;//分别用于存储材料常数、节点坐标、边界条件、载荷条件
    int *pEle;//用于存储单元节点编号
    int i;//用于循环
    Data_bound *p_displs,*p_force;//位移边界条件、力边界条件
    ////赋值
    Nb=m_p.Nb;Ne=m_p.Ne;Nf=m_p.Nf;Nm=m_p.Nm;Nn=m_p.Nn;pEle=m_p.pEle;
    pMat=m_p.pMat;pNodxy=m_p.pNodxy;p_displs=m_p.p_displs;
    p_force=m_p.p_force;
    ///
    printf("材料类型总数\n");   printf("%d\n",Nm);
    if(pMat==NULL)
    {
        printf("pMat malloc error in Output! \n");
        return 0;
    }
    printf("材料弹性模量、泊松比以及杆的面积\n");
    for(i=0;i<Nm;i++)
    {
        printf("%e %e %e\n",pMat[3*i],pMat[3*i+1],pMat[3*i+2]);
    }
    //节点
    printf("节点总数\n");   printf("%d\n",Nn);
    if(pNodxy==NULL)
    {
        printf("pNodxy malloc error in Output! \n");
        return 0;
```

```
}
printf("节点坐标(这里以(1)点为坐标原点,假设 1 号杆的长度为 1)\n");
for(i=0;i<Nn;i++)
{
    printf("%e %e\n",pNodxy[2*i],pNodxy[2*i+1]);
}
///////单元
printf("单元总数\n");  printf("%d\n",Ne);
if(pEle==NULL)
{
    printf("pEle malloc error in Output! \n");
    return 0;
}
printf("单元节点的总体编号\n");
for(i=0;i<Ne;i++)
{
    printf("%d %d %d\n",pEle[3*i]+1,pEle[3*i+1]+1,pEle[3*i+2]+1);
}
///////位移边界条件
printf("位移约束总数\n");  printf("%d\n",Nb);
if(p_displs==NULL)
{
    printf("p_displs malloc error in Output! \n");
    return 0;
}
printf("具体的位移约束(第一个数字表示节点编号,后面 x、y 表示约束方向,最后
        一个数字表示位移约束大小)\n");
for(i=0;i<Nb;i++)
{
    printf("%d %c %e\n",p_displs[i].id,p_displs[i].dir,p_displs[i].v);
}
///////力边界条件
printf("载荷总数\n");  printf("%d\n",Nf);
if(p_force==NULL)
{
    printf("p_force malloc error in Output! \n");
    return 0;
}
```

```
        printf("具体载荷(第一个数字表示节点编号,后面 x、y 表示载荷方向,最后一个数
字表示载荷大小)\n");
        for(i=0;i<Nf;i++)
        {
            printf("%d %c %e\n",p_force[i].id,p_force[i].dir,p_force[i].v);
        }
        return 1;
    }
```

1.3.3　计算单元刚度矩阵并合成总体刚度矩阵

计算单元刚度矩阵的目的是计算出总体刚度矩阵。为了说明总体刚度矩阵每一个元素的含义,我们把方程(1.27)再次写在下面。

$$
\begin{bmatrix} R_{(1)x} \\ R_{(1)y} \\ R_{(2)x} \\ R_{(2)y} \\ 0 \\ -P \\ 0 \\ 0 \end{bmatrix} = \begin{bmatrix} k_{11}^1+k_{11}^2 & k_{12}^1+k_{12}^2 & 0 & 0 & k_{13}^2 & k_{14}^2 & k_{13}^1 & k_{14}^1 \\ k_{21}^1+k_{21}^2 & k_{22}^1+k_{22}^2 & 0 & 0 & k_{23}^2 & k_{24}^2 & k_{23}^1 & k_{24}^1 \\ 0 & 0 & k_{11}^4 & k_{12}^4 & 0 & 0 & k_{13}^4 & k_{14}^4 \\ 0 & 0 & k_{21}^4 & k_{22}^4 & 0 & 0 & k_{23}^4 & k_{24}^4 \\ k_{31}^2 & k_{32}^2 & 0 & 0 & k_{33}^2+k_{33}^3 & k_{34}^2+k_{34}^3 & k_{31}^3 & k_{32}^3 \\ k_{41}^2 & k_{42}^2 & 0 & 0 & k_{43}^2+k_{43}^3 & k_{44}^2+k_{44}^3 & k_{41}^3 & k_{42}^3 \\ k_{31}^1 & k_{32}^1 & k_{31}^4 & k_{32}^4 & k_{13}^3 & k_{14}^3 & k_{33}^1+k_{11}^3+k_{33}^4 & k_{34}^1+k_{12}^3+k_{34}^4 \\ k_{41}^1 & k_{42}^1 & k_{41}^4 & k_{42}^4 & k_{23}^3 & k_{24}^3 & k_{43}^1+k_{21}^3+k_{43}^4 & k_{44}^1+k_{22}^3+k_{44}^4 \end{bmatrix}
$$
$$
\cdot \begin{bmatrix} 0 \\ 0 \\ 0 \\ 0 \\ u_{(3)} \\ v_{(3)} \\ u_{(4)} \\ v_{(4)} \end{bmatrix}
\tag{1.38}
$$

仿照方程(1.8),我们可以将方程(1.27)写成如下的矩阵形式:

$$F = K \cdot u \tag{1.39}$$

其中 $F=\begin{bmatrix} F_1 & F_2 & F_3 & F_4 & F_5 & F_6 & F_7 & F_8 \end{bmatrix}^T$,这里 $F_i(i=1\sim8)$ 与方程(1.27)中等号左边的元素对应。同样地,$u=\begin{bmatrix} u_1 & u_2 & u_3 & u_4 & u_5 & u_6 & u_7 & u_8 \end{bmatrix}^T$,这里 $u_i(i=1\sim8)$ 与方程(1.27)中等号右边节点位移向量的元素对应。总体刚度矩阵 K 的元素定义为 k_{ij},$i,j=1\sim8$。k_{ij} 中第一个脚标 i 表示 F 中第 i 个元素,j 表示 u 中第 j 个元素。因此,k_{ij} 可以理解为是第 j 个位移元素对 F 中第 i 个元素的作用系数。如果 i 和 j 之间没有单元直接连接,则 $k_{ij}=0$。如果 i 和 j 之间通过多个单元直接连接,则 k_{ij} 应等于所有这些单元的单元刚度矩阵对应元素之和。我们可以根据 k_{ij} 的这个含义来构造总体刚度矩阵。

根据图 1.4(a)，u_1 为节点(1)的 x 方向位移，F_1 为节点(1)的 x 方向作用力。由于节点(1)连接了两个单元(单元 1 和单元 2)，因此 u_1 通过单元 1 和 2 作用于 F_1。单元 1 中反映 u_1 对 F_1 作用的单元刚度系数为 k_{11}^1，单元 2 中反映 u_1 对 F_1 作用的单元刚度系数为 k_{11}^2，因此 $k_{11}=k_{11}^1+k_{11}^2$。

同理，u_2 通过单元 1 和 2 作用于 F_1。单元 1 中反映 u_2 对 F_1 作用的单元刚度系数为 k_{12}^1，单元 2 中反映 u_2 对 F_1 作用的单元刚度系数为 k_{12}^2，因此 $k_{12}=k_{12}^1+k_{12}^2$。

节点(2)与节点(1)之间没有单元直接连接，因此 u_3、u_4 对 F_1 的作用均为 0，$k_{13}=k_{14}=0$。

节点(3)与节点(1)之间通过单元 2 直接连接，因此 u_5 和 u_6 对 F_1 的作用系数分别等于 k_{13}^2 和 k_{14}^2，也就是 $k_{15}=k_{13}^2$，$k_{16}=k_{14}^2$。

节点(4)与节点(1)之间通过单元 1 直接连接，因此 u_7 和 u_8 对 F_1 的作用系数分别等于 k_{13}^1 和 k_{14}^1，也就是 $k_{17}=k_{13}^1$，$k_{18}=k_{14}^1$。

K 中第二行反映的是各节点对 F_2 的作用。F_2 是节点(1)沿 y 方向的作用力，u_1、u_2 均通过单元 1 和单元 2 作用于 F_2，因此 $k_{21}=k_{21}^1+k_{21}^2$，$k_{22}=k_{22}^1+k_{22}^2$。

节点(2)与节点(1)之间没有单元直接连接，因此 u_3、u_4 对 F_2 的作用均为 0，$k_{23}=k_{24}=0$。

节点(3)与节点(1)之间通过单元 2 直接连接，因此 u_5 和 u_6 对 F_2 的作用系数分别等于 k_{23}^2 和 k_{24}^2，也就是 $k_{25}=k_{23}^2$，$k_{26}=k_{24}^2$。

节点(4)与节点(1)之间通过单元 1 直接连接，因此 u_7 和 u_8 对 F_2 的作用系数分别等于 k_{23}^1 和 k_{24}^1，也就是 $k_{27}=k_{23}^1$，$k_{28}=k_{24}^1$。

同理，可以写出 K 中其他所有元素的表达式。

总体刚度矩阵 K 中元素的这种性质可以用来构造 K 矩阵。

首先根据节点数和维数申请 K 的内存空间，对 K 清零。然后遍历所有单元，将每个单元刚度矩阵的元素 k_{ij}^e 叠加到 K 中对应位置上。所有单元遍历完，总体刚度矩阵也完成赋值。

```
int FEM_Link_Kg(Data_Link m_p,Data_Link_KgFg*p_KF)
{
    int Nn,Ne,Nm,Nb,Nf;//分别是节点总数、单元总数、材料类型总数、位移边界条件总
                        数、载荷条件总数
    double *pMat,*pNodxy;//分别存储材料常数、节点坐标、边界条件、载荷条件
    int *pEle;//存储单元节点编号
    int i,j,n;//用于循环
    Data_bound *p_displs,*p_force;//位移边界条件、力边界条件
    double *pKg=NULL,*pFg=NULL;//分别用于存储总体刚度矩阵和总体载荷向量
    double l,csxt,sinxt;//分别用于存储杆单元的长度、cos(xt)和 sin(xt)
    double x1,y1,x2,y2;//分别用于存储杆单元的两端点坐标
    double E,mu,A;//Young's modulus,Poison's ratio and cross area of beam
    int id[2],idm,id1,id2;//单元节点 I 和 J 的总体编号,以及单元的材料编号;均从
                          0 开始
    double Ke[4][4];//用于存储单元刚度矩阵
```

```c
////赋值
Nb=m_p.Nb;Ne=m_p.Ne;Nf=m_p.Nf;Nm=m_p.Nm;Nn=m_p.Nn;pEle=m_p.pEle;
pMat=m_p.pMat;pNodxy=m_p.pNodxy;p_displs=m_p.p_displs;
p_force=m_p.p_force;
////给总体刚度矩阵 pKg 和总体载荷向量 pFg 赋值
pKg=(double *)malloc(2*Nn*2*Nn*sizeof(double));
pFg=(double *)malloc(2*Nn*sizeof(double));
if(pKg==NULL||pFg==NULL)
{
    printf("FEM_Link_Kg error!Not enough memory for pKg or pFg!\n");
    return 0;
}
////清零
for(i=0;i<2*Nn*2*Nn;i++)
{
    pKg[i]=0;
}
for(i=0;i<2*Nn;i++)
{
    pFg[i]=0;
}
//开始遍历单元,同时装配总体刚度矩阵
for(n=0;n<Ne;n++)
{
    //先计算单元 n 的刚度矩阵
    id[0]=pEle[3*n+1];id[1]=pEle[3*n+2];x1=pNodxy[2*id[0]];
    y1=pNodxy[2*id[0]+1];x2=pNodxy[2*id[1]];y2=pNodxy[2*id[1]+1];
    idm=pEle[3*n];
    //
    E=pMat[3*idm];mu=pMat[3*idm+1];A=pMat[3*idm+2];
    l=sqrt((x2-x1)*(x2-x1)+(y2-y1)*(y2-y1));
    if(l<1e-6)
    {
        printf("l is small than 1e-6,may be equal to 0!error\n");
        return 0;
    }
    csxt=(x2-x1)/l;                    sinxt=(y2-y1)/l;
    //计算总体刚度矩阵
```

```
Ke[0][0]=E*A/1*csxt*csxt;      Ke[0][1]=E*A/1*sinxt*csxt;
Ke[0][2]=-E*A/1*csxt*csxt;     Ke[0][3]=-E*A/1*sinxt*csxt;
//
Ke[1][0]=E*A/1*sinxt*csxt;     Ke[1][1]=E*A/1*sinxt*sinxt;
Ke[1][2]=-E*A/1*sinxt*csxt;    Ke[1][3]=-E*A/1*sinxt*sinxt;
//
Ke[2][0]=-E*A/1*csxt*csxt;     Ke[2][1]=-E*A/1*sinxt*csxt;
Ke[2][2]=E*A/1*csxt*csxt;      Ke[2][3]=E*A/1*sinxt*csxt;
//
Ke[3][0]=-E*A/1*sinxt*csxt;    Ke[3][1]=-E*A/1*sinxt*sinxt;
Ke[3][2]=E*A/1*sinxt*csxt;     Ke[3][3]=E*A/1*sinxt*sinxt;
//开始装配总体刚度矩阵pKg,按列排,即先排第一列,排满后再排第二列
for(i=0;i<2;i++)
{
    for(j=0;j<2;j++)
    { id1=id[i];id2=id[j];
        pKg[2*id1+2*Nn*(2*id2)]=pKg[2*id1+2*Nn*(2*id2)]+Ke[2*
                                i][2*j];
        pKg[2*id1+1+2*Nn*(2*id2)]=pKg[2*id1+1+2*Nn*(2*id2)]+Ke
                                [2*i+1][2*j];
        pKg[2*id1+2*Nn*(2*id2+1)]=pKg[2*id1+2*Nn*(2*id2+1)]+Ke
                                [2*i][2*j+1];
        pKg[2*id1+1+2*Nn*(2*id2+1)]=pKg[2*id1+1+2*Nn*(2*id2+
                                1)]+Ke[2*i+1][2*j+1];
    }
}
}
//开始计算总体载荷矩阵
for(i=0;i<Nf;i++)
{
    id1=p_force[i].id;
    if(p_force[i].dir=='x')
    {
        pFg[2*id1]=p_force[i].v;
    }
    else
    {
        pFg[2*id1+1]=p_force[i].v;
```

```
        }
    }
    p_KF->pFg=pFg;   p_KF->pKg=pKg;
    return 1;
}
```

1.3.4　考虑位移约束的总体刚度矩阵

前文提到,由于存在刚体位移,刚度矩阵是不可逆的,必须加入位移约束条件才能使得总体刚度矩阵可逆,也就是由方程(1.27)变到方程(1.28)后方程才是可以求解的。施加位移约束条件的方法有很多种,最常用的有划去法、对角元置一法和乘大数法。后两种方法属于近似方法,但很方便实用。第一种方法实际上就是由方程(1.27)变到方程(1.28)的直接体现。后两种方法将在后续章节介绍,本章先介绍划去法。

如果某个位移 u_j 已知,我们可以先将 $k_{ij} \cdot u_j$ 叠加到 F_i 上。假设一共有 N_b 个位移已知,并且编号为 $i_1, i_2, \cdots, i_a, \cdots, i_{N_b}$,那么经过上述步骤后,方程(1.39)变为如下方程形式:

$$
\begin{bmatrix}
F_1 - \sum\limits_{a=1}^{N_b} k_{1i_a} u_{i_a} \\
F_2 - \sum\limits_{a=1}^{N_b} k_{1i_a} u_{i_a} \\
F_3 - \sum\limits_{a=1}^{N_b} k_{1i_a} u_{i_a} \\
F_4 - \sum\limits_{a=1}^{N_b} k_{1i_a} u_{i_a} \\
F_5 - \sum\limits_{a=1}^{N_b} k_{1i_a} u_{i_a} \\
F_6 - \sum\limits_{a=1}^{N_b} k_{1i_a} u_{i_a} \\
F_7 - \sum\limits_{a=1}^{N_b} k_{1i_a} u_{i_a} \\
F_8 - \sum\limits_{a=1}^{N_b} k_{1i_a} u_{i_a}
\end{bmatrix}_{8 \times 1}
=
\begin{bmatrix}
k_{11} & \cdots & k_{1j} & \cdots & k_{18} \\
k_{21} & \cdots & k_{2j} & \cdots & k_{28} \\
k_{31} & \cdots & k_{3j} & \cdots & k_{38} \\
k_{41} & \cdots & k_{4j} & \cdots & k_{48} \\
k_{51} & \cdots & k_{5j} & \cdots & k_{58} \\
k_{61} & \cdots & k_{6j} & \cdots & k_{68} \\
k_{71} & \cdots & k_{7j} & \cdots & k_{78} \\
k_{81} & \cdots & k_{8j} & \cdots & k_{88}
\end{bmatrix}_{8 \times (8-N_b)}
\cdot
\begin{bmatrix}
u_1 \\
\vdots \\
u_j \\
\vdots \\
u_8
\end{bmatrix}_{(8-N_b) \times 1}
\tag{1.40}
$$

此时总体刚度矩阵成为 $8 \times (8-N_b)$ 的非方阵,不能求逆运算。我们注意到,如果某个位移 u_j 已知,那么 F_j 必然是约束反力。由于约束反力需要将所有位移求解出来后才能计算得到,因此我们可以将与约束反力有关的方程从方程(1.40)移除,即

$$
\begin{bmatrix}
F_1 - \sum\limits_{\alpha=1}^{N_b} k_{1 i_\alpha} u_{i_\alpha} \\
\vdots \\
F_i - \sum\limits_{\alpha=1}^{N_b} k_{i i_\alpha} u_{i_\alpha} \\
\vdots \\
F_8 - \sum\limits_{\alpha=1}^{N_b} k_{8 i_\alpha} u_{i_\alpha}
\end{bmatrix}_{(8-N_b)\times 1}
=
\begin{bmatrix}
k_{11} & \cdots & k_{1j} & \cdots & k_{18} \\
\vdots & \ddots & \vdots & \ddots & \vdots \\
k_{i1} & \cdots & k_{ij} & \cdots & k_{i8} \\
\vdots & \ddots & \vdots & \ddots & \vdots \\
k_{81} & \cdots & k_{8j} & \cdots & k_{88}
\end{bmatrix}_{(8-N_b)\times(8-N_b)}
\cdot
\begin{bmatrix}
u_1 \\
\vdots \\
u_j \\
\vdots \\
u_8
\end{bmatrix}_{(8-N_b)\times 1}
\tag{1.41}
$$

这样方程(1.41)就能够求解了。由方程(1.41)计算出所有位移后,将位移代入方程(1.40)后即可计算出所有的约束反力。需要注意的是,方程(1.40)和方程(1.41)等号右边的刚度矩阵以及位移向量,如果正好约束的是第 1 个位移或者第 8 个位移,则相应的行和列也要划去。

在进行本部分程序设计时,目的就是要构造方程(1.41)中的刚度矩阵和载荷向量。构造之前需要创建一个结构体数组 p_ub,结构体包含一个整数和一个浮点数。整数变量名为 ID,存储删除已知位移变量后,该变量在方程(1.41)位移向量中的位置。如果该位移就是被删除的位移,那么 ID=-1。浮点数变量名为 value,存储已知位移变量的位移值。如果该位移是未知位移,则 value=0。

对于任意一个单元刚度矩阵的元素 k_{mn}^e,先查到其在未划去已知位移的总体刚度矩阵中的位置 k_{ij},然后查到第 i 个位移的 ID(即 m_ub[i].ID)和第 j 个位移的 ID(即 m_ub[j].ID)。如果 m_ub[i].ID<0,那么这个位移对应的方程不进入方程(1.41),因此不做任何处理。如果 m_ub[i].ID>0,且 m_ub[j].ID<0,则计算出 $k_{ij} u_j$ 并叠加到方程(1.41)等号左边力向量的 m_ub[i].ID 位置上。如果 m_ub[i].ID>0,且 m_ub[j].ID>0,则将 k_{ij} 叠加到方程(1.41)中刚度矩阵的第 m_ub[i].ID 行和第 m_ub[j].ID 列位置。

```
int FEM_Link_KgYH(Data_Link m_p,Data_Link_KgFg* p_KF)//计算约化后的刚度矩
                                        阵和载荷向量
{
    int Nn,Ne,Nm,Nb,Nf;//分别是节点总数、单元总数、材料类型总数、位移边界条件总
                        数、载荷条件总数
    double *pMat,*pNodxy;//分别用于存储材料常数、节点坐标、边界条件、载荷条件
    int *pEle;//用于存储单元节点编号
    int i,j,n;//用于循环
    Data_bound *p_displs,*p_force;//位移边界条件、力边界条件
    double *pKg=NULL,*pFg=NULL;//分别用于存储总体刚度矩阵和总体载荷向量
    double l,csxt,sinxt;//分别用于存储杆单元的长度、cos(xt)和 sin(xt)
    double x1,y1,x2,y2;//分别用于存储杆单元的两端点坐标
    double E,mu,A;//Young's modulus,Poison's ratio and cross area of beam
    int id[2],idm,idu[4],id1;//单元节点 I 和 J 的总体编号,以及单元的材料编号;
                            均从 0 开始
```

```
double Ke[4][4],idv[4];//用于存储单元刚度矩阵
Data_Link_UID* p_uid=NULL;//约化位移 id
int Nu;//约化后未知位移的总数
////赋值
Nb=m_p.Nb;  Ne=m_p.Ne;  Nf=m_p.Nf;
Nm=m_p.Nm;  Nn=m_p.Nn;  pEle=m_p.pEle;
pMat=m_p.pMat;  pNodxy=m_p.pNodxy;
p_displs=m_p.p_displs;  p_force=m_p.p_force;
////先构造 p_uid,大小 2×Nn
p_uid=(Data_Link_UID *)malloc(2*Nn*sizeof(Data_Link_UID));
if(p_uid==NULL)
{
    printf("FEM_Link_KgYH error:No enough memory for p_uid! \n");
    return 0;
}
///初始化 p_uid
for(i=0;i<2*Nn;i++)
{
    p_uid[i].ID=0;    p_uid[i].v=0;
}
//
for(i=0;i<Nb;i++)
{
    if(p_displs[i].dir=='x')
    {
        p_uid[2*p_displs[i].id].ID=-1;
        p_uid[2*p_displs[i].id].v=p_displs[i].v;
    }
    else
    {
        p_uid[2*p_displs[i].id+1].ID=-1;
        p_uid[2*p_displs[i].id+1].v=p_displs[i].v;
    }
}
//计算 Nu 的大小,注意不区分 x 和 y
Nu=0;
for(i=0;i<2*Nn;i++)
{
```

```
        if(p_uid[i].ID==0)
        {
            p_uid[i].ID=Nu;
            Nu++;
        }
    }
////给总体刚度矩阵 pKg 和总体载荷向量 pFg 赋值====================
pKg=(double *)malloc(Nu*Nu*sizeof(double));
pFg=(double *)malloc(Nu*sizeof(double));
if(pKg==NULL||pFg==NULL)
{
    printf("FEM_Link_Kg error!Not enough memory for pKg or pFg!\n");
    return 0;
}
////清零
for(i=0;i<Nu*Nu;i++)
{
    pKg[i]=0;
}
for(i=0;i<Nu;i++)
{
    pFg[i]=0;
}
//开始遍历单元,同时装配总体刚度矩阵
for(n=0;n<Ne;n++)
{
    //先计算单元 n 的刚度矩阵
    id[0]=pEle[3*n+1];id[1]=pEle[3*n+2];x1=pNodxy[2*id[0]];
    y1=pNodxy[2*id[0]+1];x2=pNodxy[2*id[1]];y2=pNodxy[2*id[1]+1];
    idm=pEle[3*n];
    //
    E=pMat[3*idm];mu=pMat[3*idm+1];A=pMat[3*idm+2];
    l=sqrt((x2-x1)*(x2-x1)+(y2-y1)*(y2-y1));
    if(l<1e-6)
    {
        printf("l is small than 1e-6,may be equal to 0! error\n");
        return 0;
```

```
    }
    csxt=(x2-x1)/l;                sinxt=(y2-y1)/l;
    //计算总体刚度矩阵
    Ke[0][0]=E*A/l*csxt*csxt;      Ke[0][1]=E*A/l*sinxt*csxt;
    Ke[0][2]=-E*A/l*csxt*csxt;     Ke[0][3]=-E*A/l*sinxt*csxt;
    //
    Ke[1][0]=E*A/l*sinxt*csxt;     Ke[1][1]=E*A/l*sinxt*sinxt;
    Ke[1][2]=-E*A/l*sinxt*csxt;    Ke[1][3]=-E*A/l*sinxt*sinxt;
    //
    Ke[2][0]=-E*A/l*csxt*csxt;     Ke[2][1]=-E*A/l*sinxt*csxt;
    Ke[2][2]=E*A/l*csxt*csxt;      Ke[2][3]=E*A/l*sinxt*csxt;
    //
    Ke[3][0]=-E*A/l*sinxt*csxt;    Ke[3][1]=-E*A/l*sinxt*sinxt;
    Ke[3][2]=E*A/l*sinxt*csxt;     Ke[3][3]=E*A/l*sinxt*sinxt;
    ///////////////输出单元刚度矩阵
    printf("-----------ele%d---------------\n",n+1);
    for(i=0;i<4;i++)
    {
        for(j=0;j<4;j++)
        {
            printf("%lf",Ke[i][j]);
        }
        printf("\n");
    }
    //开始装配总体刚度矩阵pKg,按列排,即先排第一列,排满后再排第二列
    idu[0]=p_uid[2*id[0]].ID;      idu[1]=p_uid[2*id[0]+1].ID;
    idu[2]=p_uid[2*id[1]].ID;      idu[3]=p_uid[2*id[1]+1].ID;
    idv[0]=p_uid[2*id[0]].v;       idv[1]=p_uid[2*id[0]+1].v;
    idv[2]=p_uid[2*id[1]].v;       idv[3]=p_uid[2*id[1]+1].v;
    for(i=0;i<4;i++)
    {
        if(idu[i]!=-1)
        {
            for(j=0;j<4;j++)
            {
                if(idu[j]==-1)//已知位移,应该把它叠加到载荷向量上
                {
                    pFg[idu[i]]=pFg[idu[i]]-Ke[i][j]*idv[j];
```

```
            }
                else//说明是未知位移,应该叠加刚度矩阵
                {
                    pKg[idu[i]+Nu*idu[j]]=pKg[idu[i]+Nu*idu[j]]+Ke
                                            [i][j];
                }
            }
        }
    }
//开始计算总体载荷矩阵
for(i=0;i<Nf;i++)
{
    if(p_force[i].dir=='x')
    {
        id1=2*p_force[i].id;
    }
    else
    {
        id1=2*p_force[i].id+1;
    }
    pFg[p_uid[id1].ID]=pFg[p_uid[id1].ID]+p_force[i].v;
}
//赋值
p_KF->pFg=pFg;p_KF->pKg=pKg;p_KF->Nu=Nu;p_KF->p_uid=p_uid;
return 1;
}
```

1.3.5 求解及计算结果

首先定义一个输出向量的函数,用于将总体刚度矩阵和总体载荷向量输出到文件。函数参数 p 是指向矩阵的指针,N_i 是矩阵的行数,N_j 是矩阵的列数,filename 是文件名。

```
int MATH_OutMatrixD(double*p,int Ni,int Nj,char* filename)
{  int i,j;
   FILE *pf=NULL;
   if(p==NULL)
   {  printf("OutMatixD error:p==NULL\n");
      return 0;  }
   pf=fopen(filename,"w");
```

```
    if(pf==NULL)
    {  printf("OutMatixD error:pf==NULL\n");
        return 0;  }
    for(i=0;i<Ni;i++)
    {  for(j=0;j<Nj;j++)
        {fprintf(pf,"%15.2lf",p[i+Ni*j]);}
        fprintf(pf,"\n");}
    fclose(pf);
    return 1;
}
```

下面定义两个函数 mx_inver 和 mx_multipG,用于矩阵的求逆运算和乘法运算。

```
//全选主元求逆
int mx_inver(double*mx_a,int N)//mx_a 是指向方阵的指针,N 是方阵的阶数,求逆
                                后存于 mx_a
{  int i,j,m,k,Maxm,flag;
    int *p_i,*p_j;
    double D,S;
    p_i=(int *)malloc(2*N*sizeof(int));
    p_j=(int *)malloc(2*N*sizeof(int));
    if(p_i==NULL||p_j==NULL)
    {  printf("mx_inver malloc p_i or p_j fail! \n");
        return 1;
    }
    m=0;   flag=0;
    for(k=0;k<N;k++)
    {  //全选主元
        D=mx_a[k+N*k]*mx_a[k+N*k];
        for(i=k;i<N;i++)
        {  for(j=k;j<N;j++)
            {  if(mx_a[i+N*j]*mx_a[i+N*j]>D)
                {  D=mx_a[i+N*j]*mx_a[i+N*j];
                    p_i[2*m]=k;p_i[2*m+1]=i;p_j[2*m]=k;p_j[2*m+1]=j;flag=1;
                }
            }
        }
        //如果 D 接近 0,则矩阵奇异
        if(D<1e-40)
        {  printf("Matirx is sigular! \n");
```

```
        return 2;   }
    if(flag)
    {   //交换
        for(i=0;i<N;i++)
        {   S=mx_a[i+N*p_j[2*m+1]];
            mx_a[i+N*p_j[2*m+1]]=mx_a[i+N*k];
            mx_a[i+N*k]=S;   }
        for(j=0;j<N;j++)
        {   S=mx_a[p_i[2*m+1]+N*j];
            mx_a[p_i[2*m+1]+N*j]=mx_a[k+N*j];
            mx_a[k+N*j]=S;
        }
        m++;   flag=0;
    }
    //bianhuan
    mx_a[k+N*k]=1/mx_a[k+N*k];
    //第 k 行
    for(j=0;j<k;j++)
    {   mx_a[k+N*j]=mx_a[k+N*k]*mx_a[k+N*j];   }
    for(j=k+1;j<N;j++)
    {   mx_a[k+N*j]=mx_a[k+N*k]*mx_a[k+N*j];   }
    //行列 11
    for(i=0;i<k;i++)
    {   for(j=0;j<k;j++)
        {mx_a[i+N*j]=mx_a[i+N*j]-mx_a[i+N*k]*mx_a[k+N*j];   }
    }
    //行列 12
    for(i=0;i<k;i++)
    {   for(j=k+1;j<N;j++)
        {   mx_a[i+N*j]=mx_a[i+N*j]-mx_a[i+N*k]*mx_a[k+N*j];   }
    }
    //行列 21
    for(i=k+1;i<N;i++)
    {   for(j=0;j<k;j++)
        {   mx_a[i+N*j]=mx_a[i+N*j]-mx_a[i+N*k]*mx_a[k+N*j];   }
    }
    //行列 22
    for(i=k+1;i<N;i++)
    {   for(j=k+1;j<N;j++)
```

```
        {  mx_a[i+N*j]=mx_a[i+N*j]-mx_a[i+N*k]*mx_a[k+N*j];  }
        }
        //第 k 列
        for(i=0;i<k;i++)
        {  mx_a[i+N*k]=-mx_a[i+N*k]*mx_a[k+N*k];  }
        for(i=k+1;i<N;i++)
        {  mx_a[i+N*k]=-mx_a[i+N*k]*mx_a[k+N*k];  }
    }
    Maxm=m;
    //还原
    for(m=Maxm-1;m>=0;m--)
    {  //行变换
        for(j=0;j<N;j++)
        {  S=mx_a[p_j[2*m]+N*j];
           mx_a[p_j[2*m]+N*j]=mx_a[p_j[2*m+1]+N*j];
           mx_a[p_j[2*m+1]+N*j]=S;
        }
        //列交换
        for(i=0;i<N;i++)
        {  S=mx_a[i+N*p_i[2*m]];
           mx_a[i+N*p_i[2*m]]=mx_a[i+N*p_i[2*m+1]];
           mx_a[i+N*p_i[2*m+1]]=S;
        }
    }
    return 0;
}
//矩阵乘法
int mx_multipG(double * mx_a,double * mx_b,double * mx_c,int Nai,int Naj,
int Nbi,int Nbj)//普通乘法实现 mx_a*mx_b=mx_c 的运算。Nai、Naj 及 Nbi、Nbj 分
              别是 mx_a 矩阵的行数和列数及 mx_b 矩阵的行数和列数
{  int i,j,k;
   //如果两相乘矩阵不满足相乘条件,则返回 1
   if(Naj!=Nbi)
        return 1;
   for(i=0;i<Nai;i++)
   {  for(j=0;j<Nbj;j++)
      {  mx_c[i+Nai*j]=0;
         for(k=0;k<Naj;k++)
```

```c
        { mx_c[i+Nai*j]=mx_c[i+Nai*j]+mx_a[i+Nai*k]*mx_b[k+Nbi*j];
}
        }
    }
    return 0;
}
int FEM_Link_Solve(Data_Link m_data,Data_Link_KgFg *p,char *filename)
//将计算的位移输出到 filename 文件中
{
    double *p_u=NULL;  int N,i;   FILE *pf=NULL;
    p_u=(double *)malloc(p->Nu*sizeof(double));
    if(p_u==NULL)
    { printf("FEM_Link_Solve error:p_u==NULL\n");
        return 0;
    }
    mx_inver(p->pKg,p->Nu);
    mx_multipG(p->pKg,p->pFg,p_u,p->Nu,p->Nu,p->Nu,1);
    N=0;
    for(i=0;i<2*m_data.Nn;i++)
    { if(p->p_uid[i].ID>-1)
        { p->p_uid[i].v=p_u[p->p_uid[i].ID];  }
    }
    pf=fopen(filename,"w");
    for(i=0;i<m_data.Nn;i++)
    { fprintf(pf,"%5d %12.5e %12.5e\n",i+1,p->p_uid[2*i].v,p->p_uid[2*i
            +1].v);  }
    fclose(pf);
    return 1;
}
int main()
{
    Data_Link_KgFg m_KF;
    FEM_Link_Read("Data.txt",&m_data_link);//读取 Data.txt 中的数据,存入 m_
                            data_link 中
    FEM_Link_Print(m_data_link);//输出 m_data_link 的数据到屏幕,验证读取的正
                        确性
    FEM_Link_KgYH(m_data_link,&m_KF);//根据读取的数据计算单元刚度矩阵、总体刚
                        度矩阵和总体载荷向量;在合成总体刚度矩
                        阵和总体载荷向量的时候就考虑了位移约
                        束的作用
```

31

```
    MATH_OutMatrixD(m_KF.pKg,m_KF.Nu,m_KF.Nu,"KgYH.txt");//将考虑约束条件的
                                                          总体刚度矩阵输出
                                                          到 KgYH.txt 中
    MATH_OutMatrixD(m_KF.pFg,m_KF.Nu,1,"FgYH.txt");//将考虑约束条件的总体
                                                    载荷向量输出到 FgYH.
                                                    txt 中
    FEM_Link_Solve(m_data_link,&m_KF,"U.txt");//求解方程,将节点位移解输出到
                                              U.txt 文件中

    return 0;
}
```

将上述函数写成 FEM_Link.cpp 文件,运行后打开 U.txt 得到节点位移,输入计算后输出节点位移:

$$\boldsymbol{u}=1\times10^{-3}\begin{bmatrix} 0 & 0 & 0 & 0 & 0.249\,8 & -0.956\,1 & -0.176\,6 & -0.176\,7 \end{bmatrix}^{\mathrm{T}}$$

计算结果与 ANSYS 计算结果一致,表明计算结果是正确的。

1.4 弹性力学基本方程

1.2 节和 1.3 节介绍了有限元法的基本概念和计算过程,事实上,可以应用前文介绍的方法来计算桁架的应力和变形,但是工程中大多数结构都属于连续体。对于连续体,怎么采用有限元法来进行计算呢? 为了解决这一问题,我们先要学习弹性力学的相关知识。

1.4.1 应力状态

应力定义为单位面积受到的力,如图 1.5 及式(1.42)所示:

$$\vec{p} = \frac{\vec{F}}{A} \tag{1.42}$$

式中,$\vec{p}$ 是应力,$\vec{F}$ 是面积 A 上的载荷,A 是面积。因为力是一个矢量,面积是一个标量,根据式(1.42),应力 $\vec{p}$ 也是矢量。

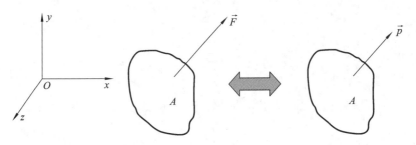

图 1.5 应力的定义

以平面问题为例,对于一个连续体,内部一点的应力不仅与外载荷及连续体的形状有关,还和该点所取的参考平面有关。例如,图 1.6 所示为一个矩形平板,两端受均布拉伸载荷的作用。

假设均布载荷的大小为 q,根据常识,在平板内任取一点 B,并取一个法向为 x 的平面,如图 1.6 所示。在这个平面上,沿 x 方向的应力 $\sigma=q$,沿 y 方向的应力 $\tau=0$。同样是 B 点,取一个法向与 y 轴反向的平面。在这个平面上,沿着 y 方向的应力 $\sigma=0$,平行于该平面的应力 $\tau=0$。实际上,在同一个点存在无穷多个方向的面,在这些面上的正应力(垂直于面的方向)和剪应力(平行于面的应力)数值都可能不同。

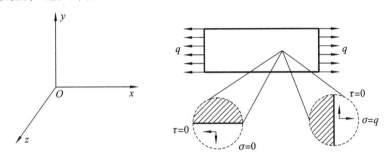

图 1.6　任意一点的应力

人们不禁要问,既然一点处的应力可以有无穷多个数值,那么用什么量来标定这个面所受应力的大小呢？人们发现,不管所取的面的法向是什么方向,该面的应力与另外两个面上的应力之间存在着一定的关系。图 1.7 所示为一点处的三角形微元体。假设法向与 x 轴夹角为 θ 的斜面面积为 S,正应力和剪应力分别为 σ 和 τ。另外两个平面的法向分别与 x 轴和 y 轴反向。定义应力的两个脚标,其中第一个脚标表示该应力方向与脚标所示坐标轴平行,第二个脚标表示该平面的法向与脚标所示坐标轴平行。如果应力所在平面的法向与坐标轴相同,该应力的正方向为坐标轴正方向。如果应力所在平面的法向与坐标轴相反,该应力的正方向为坐标轴反方向。例如,σ_{xx} 的第一个脚标 x 表示该应力方向为 x 方向,第二个脚标表示该应力所在平面的法向与 x 轴平行。图中所示的 σ_{xx} 落在法向与 x 轴相反的平面上,因此图中 σ_{xx} 的正方向与 x 轴方向相反。τ_{yx} 的第一个脚标表示该应力与 y 轴平行,第二个脚标 x 表示该应力落在法向与 x 轴平行的面上。由于图中该平面的法向与 x 轴相反,因此图中 τ_{yx} 的正方向为 y 轴的负方向。

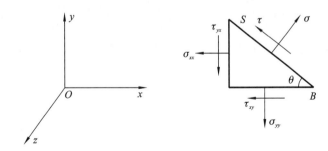

图 1.7　三角形微元体

根据三角形微元体的力平衡方程,可得

$$\begin{cases} \sigma \cdot S \cdot \cos\theta - \tau \cdot S \cdot \sin\theta = \sigma_{xx} \cdot S \cdot \sin\theta + \tau_{xy} \cdot S \cdot \cos\theta \\ \sigma \cdot S \cdot \sin\theta + \tau \cdot S \cdot \cos\theta = \sigma_{yy} \cdot S \cdot \cos\theta + \tau_{yx} \cdot S \cdot \sin\theta \end{cases} \tag{1.43}$$

通过求解上式,可以将任意截面上的应力写成 σ_{xx}、σ_{yy}、τ_{xy} 和 τ_{yx} 的表达式。

$$\begin{cases} \sigma = (\sigma_{xx} + \sigma_{yy}) \cdot \cos\theta\sin\theta + \tau_{xy} \\ \tau = \sigma_{yy} \cdot \cos\theta\cos\theta - \sigma_{xx} \cdot \sin\theta\sin\theta \end{cases} \tag{1.44}$$

因此,可以用 σ_{xx}、σ_{yy}、τ_{xy} 和 τ_{yx} 来表征一个点的应力状态。也就是说如果一个点的 σ_{xx}、σ_{yy}、τ_{xy} 和 τ_{yx} 已知了,这个点的应力状态就确定了。根据剪应力互等定理,$\tau_{xy} = \tau_{xy}$。因此,对于平面问题,一点的应力状态由 σ_{xx}、σ_{yy} 和 τ_{xy} 确定。对于三维问题,一点的应力状态由六个应力分量,即 σ_{xx}、σ_{yy}、σ_{zz}、τ_{xy}、τ_{xz}、τ_{yz} 确定。

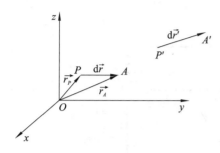

图 1.8 线应变

1.4.2 应变状态和几何方程

一点的应变可以由线应变和角应变来表示。假设空间一个矢量 $\mathrm{d}\vec{r}$,变形后变为 $\mathrm{d}\vec{r'}$,如图 1.8 所示。

令 $|\mathrm{d}\vec{r}| = \mathrm{d}r$,$|\mathrm{d}\vec{r'}| = \mathrm{d}r'$,则有

$$\varepsilon_n = \frac{\mathrm{d}r'}{\mathrm{d}r} - 1 \tag{1.45}$$

由于应变是由位移引起的,因此设法将 $\mathrm{d}r'$ 和 $\mathrm{d}r$ 表示成位移的表达式:

$$\mathrm{d}r' = \sqrt{(x_{A'} - x_{P'})^2 + (y_{A'} - y_{P'})^2 + (z_{A'} - z_{P'})^2} \tag{1.46}$$

$$\mathrm{d}r' = \sqrt{(x_A + u_A - x_P - u_P)^2 + (y_A + v_A - y_P - v_P)^2 + (z_A + w_A - z_P - w_P)^2} \tag{1.47}$$

$$\frac{\mathrm{d}r'}{\mathrm{d}r} = \sqrt{1 + 2\frac{\mathrm{d}x\mathrm{d}u}{\mathrm{d}r\mathrm{d}r} + \frac{\mathrm{d}u^2}{\mathrm{d}r^2} + 2\frac{\mathrm{d}y\mathrm{d}v}{\mathrm{d}r\mathrm{d}r} + \frac{\mathrm{d}v^2}{\mathrm{d}r^2} + 2\frac{\mathrm{d}z\mathrm{d}w}{\mathrm{d}r\mathrm{d}r} + \frac{\mathrm{d}w^2}{\mathrm{d}r^2}} \tag{1.48}$$

式中,u、v、w 分别表示参考点沿着 x、y、z 方向的位移。

因为变形很小,$\frac{\mathrm{d}r'}{\mathrm{d}r}$ 接近 1,所以 $2\frac{\mathrm{d}x\mathrm{d}u}{\mathrm{d}r\mathrm{d}r} + \frac{\mathrm{d}u^2}{\mathrm{d}r^2} + 2\frac{\mathrm{d}y\mathrm{d}v}{\mathrm{d}r\mathrm{d}r} + \frac{\mathrm{d}v^2}{\mathrm{d}r^2} + 2\frac{\mathrm{d}z\mathrm{d}w}{\mathrm{d}r\mathrm{d}r} + \frac{\mathrm{d}w^2}{\mathrm{d}r^2}$ 是一小量,可以应用近似公式 $\sqrt{1+x} = 1 + \frac{1}{2}x$ 将式(1.48)化简:

$$\frac{\mathrm{d}r'}{\mathrm{d}r} = \sqrt{1 + 2\frac{\mathrm{d}x\mathrm{d}u}{\mathrm{d}r\mathrm{d}r} + \frac{\mathrm{d}u^2}{\mathrm{d}r^2} + 2\frac{\mathrm{d}y\mathrm{d}v}{\mathrm{d}r\mathrm{d}r} + \frac{\mathrm{d}v^2}{\mathrm{d}r^2} + 2\frac{\mathrm{d}z\mathrm{d}w}{\mathrm{d}r\mathrm{d}r} + \frac{\mathrm{d}w^2}{\mathrm{d}r^2}} \tag{1.49}$$

$$\frac{\mathrm{d}r'}{\mathrm{d}r} = 1 + l_1\frac{\mathrm{d}u}{\mathrm{d}r} + \frac{\mathrm{d}u^2}{2\mathrm{d}r^2} + m_1\frac{\mathrm{d}v}{\mathrm{d}r} + \frac{\mathrm{d}v^2}{2\mathrm{d}r^2} + n_1\frac{\mathrm{d}w}{\mathrm{d}r} + \frac{\mathrm{d}w^2}{2\mathrm{d}r^2} \tag{1.50}$$

忽略二次项得

$$\frac{\mathrm{d}r'}{\mathrm{d}r} = 1 + l_1\frac{\mathrm{d}u}{\mathrm{d}r} + m_1\frac{\mathrm{d}v}{\mathrm{d}r} + n_1\frac{\mathrm{d}w}{\mathrm{d}r} \tag{1.51}$$

将上式中的 $\frac{\mathrm{d}u}{\mathrm{d}r}$、$\frac{\mathrm{d}v}{\mathrm{d}r}$、$\frac{\mathrm{d}w}{\mathrm{d}r}$ 展开:

$$\begin{cases} \dfrac{\mathrm{d}u}{\mathrm{d}r} = \dfrac{\partial u}{\partial x}\dfrac{\partial x}{\partial r} + \dfrac{\partial u}{\partial y}\dfrac{\partial y}{\partial r} + \dfrac{\partial u}{\partial z}\dfrac{\partial z}{\partial r} = \dfrac{\partial u}{\partial x}l_1 + \dfrac{\partial u}{\partial y}m_1 + \dfrac{\partial u}{\partial z}n_1 \\[2mm] \dfrac{\mathrm{d}v}{\mathrm{d}r} = \dfrac{\partial v}{\partial x}\dfrac{\partial x}{\partial r} + \dfrac{\partial v}{\partial y}\dfrac{\partial y}{\partial r} + \dfrac{\partial v}{\partial z}\dfrac{\partial z}{\partial r} = \dfrac{\partial v}{\partial x}l_1 + \dfrac{\partial v}{\partial y}m_1 + \dfrac{\partial v}{\partial z}n_1 \\[2mm] \dfrac{\mathrm{d}w}{\mathrm{d}r} = \dfrac{\partial w}{\partial x}\dfrac{\partial x}{\partial r} + \dfrac{\partial w}{\partial y}\dfrac{\partial y}{\partial r} + \dfrac{\partial w}{\partial z}\dfrac{\partial z}{\partial r} = \dfrac{\partial w}{\partial x}l_1 + \dfrac{\partial w}{\partial y}m_1 + \dfrac{\partial w}{\partial z}n_1 \end{cases} \tag{1.52}$$

从而得

$$\frac{\mathrm{d}r'}{\mathrm{d}r} = 1 + \frac{\partial u}{\partial x}l_1^2 + \frac{\partial u}{\partial y}l_1 m_1 + \frac{\partial u}{\partial z}l_1 n_1 + \frac{\partial v}{\partial x}m_1 l_1 + \frac{\partial v}{\partial y}m_1^2 + \frac{\partial v}{\partial z}m_1 n_1 + \frac{\partial w}{\partial x}n_1 l_1 + \frac{\partial w}{\partial y}n_1 m_1 + \frac{\partial w}{\partial z}n_1^2$$

$$(1.53)$$

最后导出正应变的表达式：

$$\varepsilon_n = \frac{\partial u}{\partial x}l_1^2 + \frac{\partial v}{\partial y}m_1^2 + \frac{\partial w}{\partial z}n_1^2 + \left(\frac{\partial u}{\partial y} + \frac{\partial v}{\partial x}\right)m_1 l_1 + \left(\frac{\partial u}{\partial z} + \frac{\partial w}{\partial x}\right)n_1 l_1 + \left(\frac{\partial v}{\partial z} + \frac{\partial w}{\partial y}\right)n_1 m_1$$

$$(1.54)$$

角应变可由图 1.9 来计算。假设两个向量 $\vec{r_1}$ 和 $\vec{r_2}$ 的夹角为 θ，变形后两向量变为 $\vec{r_1'}$ 和 $\vec{r_2'}$，夹角变为 θ'。

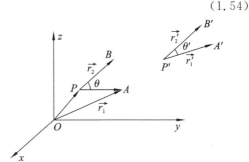

图 1.9 角应变

令矢量 $\overrightarrow{PA}$、$\overrightarrow{PB}$ 的方向矢量分别为 $[l_1, m_1, n_1]$ 和 $[l_2, m_2, n_2]$，矢量 $\overrightarrow{P'A'}$、$\overrightarrow{P'B'}$ 的方向矢量分别为 $[l_1', m_1', n_1']$ 和 $[l_2', m_2', n_2']$。因为

$$\cos\theta' = l_1' l_2' + m_1' m_2' + n_1' n_2' \qquad (1.55)$$

$$l_1' = \frac{\mathrm{d}x_1'}{\mathrm{d}r_1'}, \quad l_2' = \frac{\mathrm{d}x_2'}{\mathrm{d}r_2'}, \quad m_1' = \frac{\mathrm{d}y_1'}{\mathrm{d}r_1'}, \quad m_2' = \frac{\mathrm{d}y_2'}{\mathrm{d}r_2'}, \quad n_1' = \frac{\mathrm{d}z_1'}{\mathrm{d}r_1'}, \quad n_2' = \frac{\mathrm{d}z_2'}{\mathrm{d}r_2'} \qquad (1.56)$$

所以

$$\cos\theta' = \frac{\mathrm{d}x_1' \mathrm{d}x_2' + \mathrm{d}y_1' \mathrm{d}y_2' + \mathrm{d}z_1' \mathrm{d}z_2'}{\mathrm{d}r_1' \mathrm{d}r_2'} \qquad (1.57)$$

因为

$$\begin{cases} \mathrm{d}x_1' = \mathrm{d}x_1 + \mathrm{d}u_1, \quad \mathrm{d}x_2' = \mathrm{d}x_2 + \mathrm{d}u_2, \quad \mathrm{d}y_1' = \mathrm{d}y_1 + \mathrm{d}v_1 \\ \mathrm{d}y_2' = \mathrm{d}y_2 + \mathrm{d}v_2, \quad \mathrm{d}z_1' = \mathrm{d}z_1 + \mathrm{d}w_1, \quad \mathrm{d}z_2' = \mathrm{d}z_2 + \mathrm{d}w_2 \end{cases} \qquad (1.58)$$

所以

$$\mathrm{d}x_1' \mathrm{d}x_2' = (\mathrm{d}x_1 + \mathrm{d}u_1)(\mathrm{d}x_2 + \mathrm{d}u_2) = \mathrm{d}x_1 \mathrm{d}x_2 + \mathrm{d}u_1 \mathrm{d}x_2 + \mathrm{d}x_1 \mathrm{d}u_2 + \mathrm{d}u_1 \mathrm{d}u_2 \qquad (1.59)$$

忽略高阶位移增量 $\mathrm{d}u_1 \mathrm{d}u_2$，并且

$$\mathrm{d}r_1' = (1 + \varepsilon_{nA})\mathrm{d}r_1, \quad \mathrm{d}r_2' = (1 + \varepsilon_{nB})\mathrm{d}r_2$$

故有

$$\cos\theta' = \frac{\mathrm{d}x_1' \mathrm{d}x_2' + \mathrm{d}y_1' \mathrm{d}y_2' + \mathrm{d}z_1' \mathrm{d}z_2'}{\mathrm{d}r_1' \mathrm{d}r_2'}$$

$$= \frac{\cos\theta}{(1 + \varepsilon_{nA})(1 + \varepsilon_{nB})} + \frac{\mathrm{d}u_1 \mathrm{d}x_2 + \mathrm{d}x_1 \mathrm{d}u_2 + \mathrm{d}v_1 \mathrm{d}y_2 + \mathrm{d}y_1 \mathrm{d}v_2 + \mathrm{d}w_1 \mathrm{d}z_2 + \mathrm{d}z_1 \mathrm{d}w_2}{(1 + \varepsilon_{nA})(1 + \varepsilon_{nB})\mathrm{d}r_1 \mathrm{d}r_2}$$

$$(1.60)$$

因为

$$\frac{\cos\theta}{(1 + \varepsilon_{nA})(1 + \varepsilon_{nB})} + \frac{(1 - \varepsilon_{nA})(1 - \varepsilon_{nB})\cos\theta}{(1 - \varepsilon_{nA}^2)(1 - \varepsilon_{nB}^2)} = \frac{1 - \varepsilon_{nA} - \varepsilon_{nB} + \varepsilon_{nA}\varepsilon_{nB}}{1 - \varepsilon_{nA}^2 - \varepsilon_{nB}^2 + \varepsilon_{nA}^2\varepsilon_{nB}^2}\cos\theta \qquad (1.61)$$

所以忽略 2 次以上的应变项，得

$$\frac{\cos\theta}{(1 + \varepsilon_{nA})(1 + \varepsilon_{nB})} = (1 - \varepsilon_{nA} - \varepsilon_{nB})\cos\theta \qquad (1.62)$$

因为

$$\frac{\mathrm{d}u_1}{\mathrm{d}r_1}\frac{\mathrm{d}x_2}{\mathrm{d}r_2} = \frac{\mathrm{d}u_1}{\mathrm{d}r_1}l_2 = \left(\frac{\partial u_1}{\partial x}\frac{\partial x}{\partial r_1} + \frac{\partial u_1}{\partial y}\frac{\partial y}{\partial r_1} + \frac{\partial u_1}{\partial z}\frac{\partial z}{\partial r_1}\right)l_2 \tag{1.63a}$$

$$\frac{\mathrm{d}u_1}{\mathrm{d}r_1}\frac{\mathrm{d}x_2}{\mathrm{d}r_2} = \frac{\partial u_1}{\partial x}l_1 l_2 + \frac{\partial u_1}{\partial y}m_1 l_2 + \frac{\partial u_1}{\partial z}n_1 l_2 \tag{1.63b}$$

$$\frac{\mathrm{d}x_1}{\mathrm{d}r_1}\frac{\mathrm{d}u_2}{\mathrm{d}r_2} = \frac{\partial u_2}{\partial x}l_1 l_2 + \frac{\partial u_2}{\partial y}m_2 l_1 + \frac{\partial u_2}{\partial z}n_2 l_1 \tag{1.63c}$$

$$\frac{\mathrm{d}v_1}{\mathrm{d}r_1}\frac{\mathrm{d}y_2}{\mathrm{d}r_2} = \frac{\partial v_1}{\partial x}m_2 l_1 + \frac{\partial v_1}{\partial y}m_2 m_1 + \frac{\partial v_1}{\partial z}m_2 n_1 \tag{1.63d}$$

$$\frac{\mathrm{d}y_1}{\mathrm{d}r_1}\frac{\mathrm{d}v_2}{\mathrm{d}r_2} = \frac{\partial v_2}{\partial x}m_1 l_2 + \frac{\partial v_2}{\partial y}m_1 m_2 + \frac{\partial v_2}{\partial z}m_1 n_2 \tag{1.63e}$$

$$\frac{\mathrm{d}w_1}{\mathrm{d}r_1}\frac{\mathrm{d}z_2}{\mathrm{d}r_2} = \frac{\partial w_1}{\partial x}n_2 l_1 + \frac{\partial w_1}{\partial y}n_2 m_1 + \frac{\partial w_1}{\partial z}n_2 n_1 \tag{1.63f}$$

$$\frac{\mathrm{d}z_1}{\mathrm{d}r_1}\frac{\mathrm{d}w_2}{\mathrm{d}r_2} = \frac{\partial w_2}{\partial x}n_1 l_2 + \frac{\partial w_2}{\partial y}n_1 m_2 + \frac{\partial w_2}{\partial z}n_1 n_2 \tag{1.63g}$$

且近似有

$$\frac{\partial u_1}{\partial x} = \frac{\partial u_2}{\partial x} = \frac{\partial u}{\partial x}, \quad \frac{\partial v_1}{\partial x} = \frac{\partial v_2}{\partial x} = \frac{\partial v}{\partial x}, \quad \frac{\partial w_1}{\partial x} = \frac{\partial w_2}{\partial x} = \frac{\partial w}{\partial x} \tag{1.64a}$$

$$\frac{\partial u_1}{\partial y} = \frac{\partial u_2}{\partial y} = \frac{\partial u}{\partial y}, \quad \frac{\partial v_1}{\partial y} = \frac{\partial v_2}{\partial y} = \frac{\partial v}{\partial y}, \quad \frac{\partial w_1}{\partial y} = \frac{\partial w_2}{\partial y} = \frac{\partial w}{\partial y} \tag{1.64b}$$

$$\frac{\partial u_1}{\partial z} = \frac{\partial u_2}{\partial z} = \frac{\partial u}{\partial z}, \quad \frac{\partial v_1}{\partial z} = \frac{\partial v_2}{\partial z} = \frac{\partial v}{\partial z}, \quad \frac{\partial w_1}{\partial z} = \frac{\partial w_2}{\partial z} = \frac{\partial w}{\partial z} \tag{1.64c}$$

所以

$$\cos\theta' = (1 - \varepsilon_{nA} - \varepsilon_{nB})\left[\cos\theta + 2\left(\frac{\partial u}{\partial x}l_1 l_2 + \frac{\partial v}{\partial y}m_1 m_2 + \frac{\partial w}{\partial z}n_1 n_2\right) + \left(\frac{\partial w}{\partial y} + \frac{\partial v}{\partial z}\right)(m_1 n_2 + n_1 m_2)\right.$$
$$\left. + \left(\frac{\partial u}{\partial z} + \frac{\partial w}{\partial x}\right)(n_1 l_2 + l_1 n_2) + \left(\frac{\partial v}{\partial x} + \frac{\partial u}{\partial y}\right)(l_1 m_2 + m_1 l_2)\right]$$

$$\tag{1.65}$$

综合方程(1.54)和方程(1.65)不难看出,以下六个量决定了空间一点的线应变和角应变:

$$\frac{\partial u}{\partial x}, \quad \frac{\partial v}{\partial y}, \quad \frac{\partial w}{\partial z}, \quad \frac{\partial w}{\partial y} + \frac{\partial v}{\partial z}, \quad \frac{\partial u}{\partial z} + \frac{\partial w}{\partial x}, \quad \frac{\partial v}{\partial x} + \frac{\partial u}{\partial y}$$

所以,我们定义应变 ε_x、ε_y、ε_z 为一点的正应变,γ_{xy}、γ_{xz}、γ_{yz} 为一点的剪切应变。表达式为:

$$\begin{cases} \varepsilon_x = \dfrac{\partial u}{\partial x}, \quad \varepsilon_y = \dfrac{\partial v}{\partial y}, \quad \varepsilon_z = \dfrac{\partial w}{\partial z} \\ \gamma_{xy} = \dfrac{\partial v}{\partial x} + \dfrac{\partial u}{\partial y}, \quad \gamma_{xz} = \dfrac{\partial u}{\partial z} + \dfrac{\partial w}{\partial x}, \quad \gamma_{yz} = \dfrac{\partial w}{\partial y} + \dfrac{\partial v}{\partial z} \end{cases} \tag{1.66}$$

方程(1.66)描述了位移与应变之间的关系,称为几何方程。对于平面问题,方程(1.66)简化为

$$\varepsilon_x = \frac{\partial u}{\partial x}, \quad \varepsilon_y = \frac{\partial v}{\partial y}, \quad \gamma_{xy} = \frac{\partial v}{\partial x} + \frac{\partial u}{\partial y} \tag{1.67}$$

1.4.3 平衡方程

当物体受力平衡时,物体内部不同点的应力之间需要满足平衡方程。三维问题的平衡方程为

$$\begin{cases} \dfrac{\partial \sigma_{xx}}{\partial x} + \dfrac{\partial \tau_{xy}}{\partial y} + \dfrac{\partial \tau_{xz}}{\partial z} + f_x = 0 \\[2mm] \dfrac{\partial \tau_{xy}}{\partial x} + \dfrac{\partial \sigma_{yy}}{\partial y} + \dfrac{\partial \tau_{yz}}{\partial z} + f_y = 0 \\[2mm] \dfrac{\partial \tau_{xz}}{\partial x} + \dfrac{\partial \tau_{yz}}{\partial y} + \dfrac{\partial \sigma_{zz}}{\partial z} + f_z = 0 \end{cases} \tag{1.68}$$

式中，f_x、f_y 和 f_z 分别是沿 x、y、z 方向的体积力。

二维问题的平衡方程缩减为

$$\begin{cases} \dfrac{\partial \sigma_{xx}}{\partial x} + \dfrac{\partial \tau_{xy}}{\partial y} + f_x = 0 \\[2mm] \dfrac{\partial \tau_{xy}}{\partial x} + \dfrac{\partial \sigma_{yy}}{\partial y} + f_y = 0 \end{cases} \tag{1.69}$$

1.4.4　弹性物理方程

应力和应变之间还需要满足物理方程。对于各向同性材料，在弹性范围内，应力与应变之间还需要满足胡克定律：

$$\begin{cases} \varepsilon_x = \dfrac{1}{E}\big[\sigma_x - \nu(\sigma_y + \sigma_z)\big], \quad \gamma_{yz} = \dfrac{2(1+\nu)}{E}\tau_{yz} = \dfrac{1}{G}\tau_{yz} \\[2mm] \varepsilon_y = \dfrac{1}{E}\big[\sigma_y - \nu(\sigma_z + \sigma_x)\big], \quad \gamma_{zx} = \dfrac{2(1+\nu)}{E}\tau_{zx} = \dfrac{1}{G}\tau_{zx} \\[2mm] \varepsilon_z = \dfrac{1}{E}\big[\sigma_z - \nu(\sigma_x + \sigma_y)\big], \quad \gamma_{xy} = \dfrac{2(1+\nu)}{E}\tau_{xy} = \dfrac{1}{G}\tau_{xy} \end{cases} \tag{1.70}$$

式中，E、G 和 ν 分别是材料的杨氏模量、剪切模量和泊松比。三者之间满足如下关系式：

$$G = \frac{E}{2(1+\nu)} \tag{1.71}$$

对于平面应力问题，物理方程缩减为

$$\varepsilon_x = \frac{1}{E}(\sigma_x - \nu\sigma_y), \quad \varepsilon_y = \frac{1}{E}(\sigma_y - \nu\sigma_x), \quad \gamma_{xy} = \frac{2(1+\nu)}{E}\tau_{xy} \tag{1.72}$$

对于平面应变问题，物理方程缩减为

$$\varepsilon_x = \frac{1-\nu^2}{E}\left(\sigma_x - \frac{\nu}{1-\nu}\sigma_y\right), \quad \varepsilon_y = \frac{1-\nu^2}{E}\left(\sigma_y - \frac{\nu}{1-\nu}\sigma_x\right), \quad \gamma_{xy} = \frac{2(1+\nu)}{E}\tau_{xy} \tag{1.73}$$

1.4.5　边界条件

平衡方程、几何方程和物理方程构成了弹性力学的三大基本方程。基本方程描述了位移、应变和应力在物体内部的传递规律。为了获得具体的表达式，还需要边界条件。弹性力学中的边界条件主要有位移边界条件和应力边界条件。我们用 Γ_1 表示位移边界条件作用的区域，用 Γ_2 表示应力边界条件作用的区域，那么应该满足如下边界条件方程：

在 Γ_1 上，

$$\boldsymbol{u} = \bar{\boldsymbol{u}}, \quad \boldsymbol{v} = \bar{\boldsymbol{v}}, \quad \boldsymbol{w} = \bar{\boldsymbol{w}} \tag{1.74}$$

在 Γ_2 上，

$$\begin{cases} \sigma_x l + \tau_{yx} m + \tau_{zx} n = q_x \\ \tau_{xy} l + \sigma_y m + \tau_{zy} n = q_y \\ \tau_{xz} l + \tau_{yz} m + \sigma_z n = q_z \end{cases} \tag{1.75}$$

对于二维问题,边界条件简化为

在 Γ_1 上,

$$\boldsymbol{u} = \overline{\boldsymbol{u}}, \quad \boldsymbol{v} = \overline{\boldsymbol{v}} \tag{1.76}$$

在 Γ_2 上,

$$\begin{cases} \sigma_x l + \tau_{yx} m = q_x \\ \tau_{xy} l + \sigma_y m = q_y \end{cases} \tag{1.77}$$

1.5　小结与习题

本章介绍了有限元法的基本概念和计算流程,以杆单元为例讲解了如何应用 C 语言实现有限元计算过程,同时介绍了弹性力学的基本方程。

请完成以下作业:

(1) 推导杆单元的刚度方程;

(2) 以本章介绍的方法为基础,编写桁架结构变形计算程序;

(3) 推导二维问题中任意斜面的应力计算公式;

(4) 推导平衡方程、几何方程和物理方程。

第 2 章　平面三节点三角形单元

假设图 2.1 所示的二维弹性体在边界 Γ_1 上受到约束,同时在边界 Γ_2 上受到力的作用,那么这个物体将发生变形。变形后物体内任意一点的 x 方向和 y 方向的位移分别用 u 和 v 来表示,应力和应变分量分别用 σ_{xx}、σ_{yy}、τ_{xy} 和 ε_{xx}、ε_{yy}、γ_{xy} 来表示。它们都是坐标的函数。

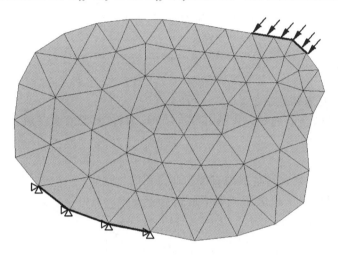

图 2.1　受力后发生变形的二维弹性体

根据几何方程,任意一点的应变可以表示为位移的函数;再根据物理方程,可以用应变来表示应力。只要知道了位移就可以求出所有的应变和应力,因此我们将位移作为基本未知量。由于很难通过求解基本方程得到位移的解析解,因此我们用分片函数来逼近精确解。

2.1　位 移 函 数

将连续体离散为有限个三角形单元,如图 2.1 所示。每个单元由三个节点构成,如图 2.2 所示。三个节点按逆时针方向排序为 i、j、m。三个节点的 x 方向和 y 方向的位移分别定义为 u_i、u_j、u_m 和 v_i、v_j、v_m。

如果能够将单元内的位移表示成节点位移的函数,那么只要节点位移确定了,单元内的位移也就确定了。为了达到这个目的,我们首先将位移表示成多项式的形式。

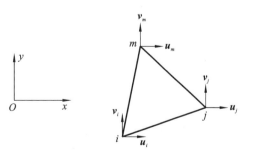

图 2.2　三角形单元

$$\begin{cases} u(x,y) = \alpha_1 + \alpha_2 x + \alpha_3 y \\ v(x,y) = \alpha_4 + \alpha_5 x + \alpha_6 y \end{cases} \tag{2.1}$$

式中，$\alpha_1 \sim \alpha_6$ 是待定系数。

只要将 $\alpha_1 \sim \alpha_6$ 表示成节点位移的形式，就可以实现"将单元内的位移表示成节点位移的函数"的目的。因此，将 $\alpha_1 \sim \alpha_6$ 当作未知数，然后把节点位移和节点坐标代入方程(2.1)，得

$$\begin{cases} u_i = \alpha_1 + \alpha_2 x_i + \alpha_3 y_i \\ v_i = \alpha_4 + \alpha_5 x_i + \alpha_6 y_i \end{cases} \quad (i,j,m) \text{ 轮换} \tag{2.2}$$

方程(2.2)中 x_i 和 y_i 是节点的坐标，脚标 i、j、m 可轮换，从而可形成六个方程。这个方程组可以采用克拉默法则来求解。假设有一个线性方程组：

$$\begin{cases} a_{11} x_1 + a_{12} x_2 + \cdots + a_{1n} x_n = b_1 \\ a_{21} x_1 + a_{22} x_2 + \cdots + a_{2n} x_n = b_2 \\ \cdots\cdots\cdots\cdots\cdots\cdots\cdots\cdots\cdots\cdots \\ a_{n1} x_1 + a_{n2} x_2 + \cdots + a_{nn} x_n = b_n \end{cases} \tag{2.3}$$

式中，a_{ij} 是系数，x_i 是未知数。

根据克拉默法则，当系数行列式 A 不等于 0 时，方程(2.3)有唯一解。

$$x_i = \frac{A_i}{A} \tag{2.4}$$

式中，A_i 是将 A 中第 j 列元素替换为右端项而得到的行列式。

因此，我们可以将 $\alpha_1 \sim \alpha_6$ 表示成如下形式：

$$\begin{cases} \alpha_1 = \dfrac{\begin{vmatrix} u_i & x_i & y_i \\ u_j & x_j & y_j \\ u_m & x_m & y_m \end{vmatrix}}{2\Delta}, & \alpha_2 = \dfrac{\begin{vmatrix} 1 & u_i & y_i \\ 1 & u_j & y_j \\ 1 & u_m & y_m \end{vmatrix}}{2\Delta}, & \alpha_3 = \dfrac{\begin{vmatrix} 1 & x_i & u_i \\ 1 & x_j & u_j \\ 1 & x_m & u_m \end{vmatrix}}{2\Delta} \\[24pt] \alpha_4 = \dfrac{\begin{vmatrix} v_i & x_i & y_i \\ v_j & x_j & y_j \\ v_m & x_m & y_m \end{vmatrix}}{2\Delta}, & \alpha_5 = \dfrac{\begin{vmatrix} 1 & v_i & y_i \\ 1 & v_j & y_j \\ 1 & v_m & y_m \end{vmatrix}}{2\Delta}, & \alpha_6 = \dfrac{\begin{vmatrix} 1 & x_i & v_i \\ 1 & x_j & v_j \\ 1 & x_m & v_m \end{vmatrix}}{2\Delta} \end{cases} \tag{2.5}$$

式中，

$$2\Delta = \begin{vmatrix} 1 & x_i & y_i \\ 1 & x_j & y_j \\ 1 & x_m & y_m \end{vmatrix}$$

为了描述方便，引入系数

$$\begin{cases} a_i = x_j y_m - x_m y_j \\ a_j = x_m y_i - x_i y_m, \\ a_m = x_i y_j - x_j y_i \end{cases} \begin{cases} b_i = y_j - y_m \\ b_j = y_m - y_i, \\ b_m = y_i - y_j \end{cases} \begin{cases} c_i = -x_j + x_m \\ c_j = -x_m + x_i \\ c_m = -x_i + x_j \end{cases} \tag{2.6}$$

采用循环指标来表示，可以将 a、b、c 表示为

$$\begin{cases} a_i = x_j y_m - x_m y_j \\ b_i = y_j - y_m \\ c_i = -x_j + x_m \end{cases} \quad (i,j,m) \text{ 轮换} \tag{2.7}$$

根据式(2.4)和式(2.6),可以将 $\alpha_1 \sim \alpha_6$ 写成如下表达式:

$$\begin{cases} \alpha_1 = \dfrac{1}{2\Delta}\sum a_i u_i, & \alpha_2 = \dfrac{1}{2\Delta}\sum b_i u_i \\[2mm] \alpha_3 = \dfrac{1}{2\Delta}\sum c_i u_i, & \alpha_4 = \dfrac{1}{2\Delta}\sum a_i v_i \\[2mm] \alpha_5 = \dfrac{1}{2\Delta}\sum b_i v_i, & \alpha_6 = \dfrac{1}{2\Delta}\sum c_i v_i \end{cases} \tag{2.8}$$

这样,我们就完成了将单元内的位移表示为节点位移和坐标的函数。

需要注意的是,这一节我们采用多项式来构造位移函数。事实上,我们还可以采用其他形式的函数来构造位移函数。但是不论采用什么函数,都应该满足如下条件。

(1) 完备性:位移函数应该包含常应变项和刚体位移项。

如果在势能泛函中出现的位移函数的最高阶导数是 m 阶,则选取的位移函数至少是 m 阶完全多项式。

(2) 协调性:相邻单元公共边界保持位移连续。

如果在势能泛函中出现的位移函数的最高阶导数是 m 阶,则位移函数在单元交界面上必须具有直至 $m-1$ 阶连续导数,即具有 C_{m-1} 连续性。

根据有限元理论,弹性势能泛函中出现的位移函数的最高阶导数是 1 阶,所以选择的位移函数至少是 1 阶完全多项式。对比方程(2.1)我们知道,本节的位移函数满足完备性要求。我们来证明一下该位移模式包含了常应变项和刚体位移项目。

根据几何方程以及方程(2.1),三角形单元内部的应变如下:

$$\varepsilon_{xx} = \frac{\partial u}{\partial x} = \alpha_2, \quad \varepsilon_{yy} = \frac{\partial v}{\partial y} = \alpha_6, \quad \gamma_{xy} = \frac{\partial u}{\partial y} + \frac{\partial v}{\partial x} = \alpha_3 + \alpha_5 \tag{2.9}$$

可见,各应变均为常数项,满足"位移函数应该包含常应变项"的要求。我们再来看看位移函数是否包含刚体位移项。

如图 2.3 所示,一个线段 r 发生刚体位移,产生平动 (u_0,v_0) 和转动 θ。那么,r 点的 x 方向位移为 $u = u_0 - u_\theta\sin\alpha = u_0 - r\theta\sin\alpha = u_0 - y\theta$。

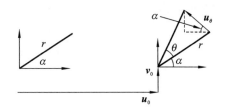

同理,r 点的 y 方向位移 $v = v_0 + u_\theta\cos\alpha = v_0 + r\theta\cos\alpha = v_0 + x\theta$,所以

$$\begin{cases} u = u_0 - y \cdot \theta \\ v = v_0 + x \cdot \theta \end{cases} \tag{2.10}$$

图 2.3　线段的刚体位移

这就是刚体位移的位移模式。当应变为 0 时,三节点三角形单元的位移模式如下:

$$\begin{cases} u = \alpha_1 - \dfrac{\alpha_5 - \alpha_3}{2}y = u_0 - \theta_0 y \\[2mm] v = \alpha_4 + \dfrac{\alpha_5 - \alpha_3}{2}x = v_0 + \theta_0 x \end{cases} \tag{2.11}$$

对比式(2.10)和式(2.11)可知,该位移模式包含刚体位移,因此本节的位移函数满足完备性要求。我们将在下节证明该位移函数也满足协调性要求。

2.2 形 函 数

将方程(2.8)代入方程(2.2)后,即可将位移表达为节点位移的函数。另外,我们发现,位移函数中节点位移的系数可写成如下表达式:

$$N_i = \frac{1}{2\Delta}(a_i + b_i x + c_i y) \tag{2.12}$$

因此,我们可以将位移函数写成如下表达式:

$$\begin{cases} u = N_i u_i + N_j u_j + N_m u_m \\ v = N_i v_i + N_j v_j + N_m v_m \end{cases} \tag{2.13}$$

式中,N_i、N_j、N_m 称为单元的形状函数,简称形函数或插值函数。

为了便于计算和表达,我们将方程(2.13)写成矩阵形式:

$$\boldsymbol{f} = \begin{bmatrix} u \\ v \end{bmatrix} = \begin{bmatrix} N_i & 0 & N_j & 0 & N_m & 0 \\ 0 & N_i & 0 & N_j & 0 & N_m \end{bmatrix} \begin{bmatrix} u_i \\ v_i \\ u_j \\ v_j \\ u_m \\ v_m \end{bmatrix} \tag{2.14}$$

简写为

$$\boldsymbol{f} = \boldsymbol{N}\boldsymbol{\delta}^e \tag{2.15}$$

式中,矩阵 $[N]$ 反映了单元的位移形态,是坐标的函数,称为形函数矩阵。

需要注意的是,N_i、N_j、N_m 三个形函数具有如下性质。

(1) 形函数 N_i 在节点 i 处的值为 1,而在其他两个节点 (j,m) 处的值为 0;其他两个形函数也有类似的性质,即

$$\begin{cases} N_i(x_i, y_i) = 1, & N_i(x_j, y_j) = N_i(x_m, y_m) = 0 \\ N_j(x_j, y_j) = 1, & N_j(x_i, y_i) = N_j(x_m, y_m) = 0 \\ N_m(x_m, y_m) = 1, & N_m(x_i, y_i) = N_m(x_j, y_j) = 0 \end{cases} \tag{2.16}$$

(2) 在单元任一点处,三个形函数之和等于 1,即

$$\begin{aligned} N_i(x, y) + N_j(x, y) + N_m(x, y) &= \frac{1}{2\Delta}(a_i + b_i x + c_i y + a_j + b_j x + c_j y + a_m + b_m x + c_m y) \\ &= \frac{1}{2\Delta}[(a_i + a_j + a_m) + (b_i + b_j + b_m)x + (c_i + c_j + c_m)y] \\ &= \frac{1}{2\Delta}(2\Delta + 0 + 0) \\ &= 1 \end{aligned} \tag{2.17}$$

现在我们证明位移函数的协调性。如图 2.4 所示,有两个相邻的单元 1 和 2。单元 1 的节点为 i、j、m,单元 2 的节点为 j、k、m。

根据方程(2.13),单元 1 和单元 2 的位移分别表示为

$$\begin{cases} u_1 = N_i u_i + N_j u_j + N_m u_m \\ v_1 = N_i v_i + N_j v_j + N_m v_m \end{cases} \quad (2.18)$$

$$\begin{cases} u_2 = N_k u_k + N_j u_j + N_m u_m \\ v_2 = N_k v_k + N_j v_j + N_m v_m \end{cases} \quad (2.19)$$

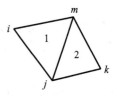

图 2.4　一对相邻单元

我们只要证明在边界 jm 上，$u_1 = u_2$ 且 $v_1 = v_2$，那么位移函数就是 C_0 连续的。根据式 (2.16) 所示的形函数性质，在边界 jm 上 $N_i = 0$，并且 $N_k = 0$，因此

$$\begin{cases} u_1 = N_j u_j + N_m u_m = u_2 \\ v_1 = N_j v_j + N_m v_m = v_2 \end{cases} \quad (2.20)$$

由此可见，位移函数在边界上是 C_0 连续的。

2.3　单元刚度矩阵

参照杆单元有限元法的计算步骤，建立单元刚度方程是有限元极为重要的一个环节。单元刚度矩阵定义了单元节点位移和节点力之间的关系。三角形单元刚度方程具有如下形式：

$$\boldsymbol{K}^e \boldsymbol{\delta}^e = \boldsymbol{F}^e \quad (2.21)$$

式中，$\boldsymbol{\delta}^e$ 和 $\boldsymbol{F}^e$ 分别是单元节点力及节点位移向量，$\boldsymbol{K}^e$ 是单元刚度矩阵。

$$\boldsymbol{F}^e = \begin{bmatrix} \boldsymbol{F}_i & \boldsymbol{F}_j & \boldsymbol{F}_m \end{bmatrix}^{\mathrm{T}} = \begin{bmatrix} F_{ix} & F_{iy} & F_{jx} & F_{jy} & F_{mx} & F_{my} \end{bmatrix}^{\mathrm{T}} \quad (2.22)$$

$$\boldsymbol{\delta}^e = \begin{bmatrix} \boldsymbol{\delta}_i & \boldsymbol{\delta}_j & \boldsymbol{\delta}_m \end{bmatrix}^{\mathrm{T}} = \begin{bmatrix} u_i & v_i & u_j & v_j & u_m & v_m \end{bmatrix}^{\mathrm{T}} \quad (2.23)$$

根据弹性力学知识，几何方程为

$$\boldsymbol{\varepsilon} = \begin{bmatrix} \varepsilon_x \\ \varepsilon_y \\ \gamma_{xy} \end{bmatrix} = \begin{bmatrix} \dfrac{\partial u}{\partial x} \\[2mm] \dfrac{\partial v}{\partial y} \\[2mm] \dfrac{\partial u}{\partial y} + \dfrac{\partial v}{\partial x} \end{bmatrix} \quad (2.24)$$

将插值函数形式的常应变三角形单元位移函数表达式（即式 (2.13)）代入式 (2.24) 后得

$$\boldsymbol{\varepsilon} = \frac{1}{2\Delta} \begin{bmatrix} b_i u_i + b_j u_j + b_m u_m \\ c_i v_i + c_j v_j + c_m v_m \\ c_i u_i + c_j u_j + c_m u_m + b_i v_i + b_j v_j + b_m v_m \end{bmatrix} \quad (2.25)$$

将节点位移提取出来后得

$$\boldsymbol{\varepsilon} = \frac{1}{2\Delta} \begin{bmatrix} b_i & 0 & b_j & 0 & b_m & 0 \\ 0 & c_i & 0 & c_j & 0 & c_m \\ c_i & b_i & c_j & b_j & c_m & b_m \end{bmatrix} \begin{bmatrix} u_i \\ v_i \\ u_j \\ v_j \\ u_m \\ v_m \end{bmatrix} \quad (2.26)$$

令 $\boldsymbol{B} = \begin{bmatrix} \boldsymbol{B}_i & \boldsymbol{B}_j & \boldsymbol{B}_m \end{bmatrix}$ 且 $\boldsymbol{B}_i = \dfrac{1}{2\Delta} \begin{bmatrix} b_i & 0 \\ 0 & c_i \\ c_i & b_i \end{bmatrix}$ $(i,j,m$ 轮换$)$,方程(2.26)可简化为

$$\boldsymbol{\varepsilon} = \boldsymbol{B}\boldsymbol{\delta}^e \tag{2.27}$$

式中,$\boldsymbol{B}$ 矩阵称为单元的几何矩阵,它反映了单元内任意一点的应变与单元节点之间的关系。

对于一个给定的单元,几何形状确定,节点的坐标也是一定的,系数 b_i、c_i 也随之确定,Δ 也为常数,所以几何矩阵是常量矩阵,表明三节点三角形单元是一种常应变单元。

根据方程(1.72)和方程(1.73),对于平面问题,不论是平面应力问题还是平面应变问题,都可以将应力应变关系写成如下矩阵形式:

$$\boldsymbol{\sigma} = \boldsymbol{D}\boldsymbol{\varepsilon} \tag{2.28}$$

式中,$\boldsymbol{\sigma} = \begin{bmatrix} \sigma_{xx} & \sigma_{yy} & \tau_{xy} \end{bmatrix}^{\mathrm{T}}$,$\boldsymbol{\varepsilon} = \begin{bmatrix} \varepsilon_{xx} & \varepsilon_{yy} & \gamma_{xy} \end{bmatrix}^{\mathrm{T}}$。

对于平面应力问题,有

$$\boldsymbol{D} = \frac{E}{1-\mu^2} \begin{bmatrix} 1 & \mu & 0 \\ \mu & 1 & 0 \\ 0 & 0 & \dfrac{1-\mu}{2} \end{bmatrix} \tag{2.29}$$

对于平面应变问题,有

$$\boldsymbol{D} = \frac{E(1-\mu)}{(1+\mu)(1-2\mu)} \begin{bmatrix} 1 & \dfrac{\mu}{1-\mu} & 0 \\ \dfrac{\mu}{1-\mu} & 1 & 0 \\ 0 & 0 & \dfrac{1-2\mu}{2(1-\mu)} \end{bmatrix} = \frac{E_1}{1-\mu_1^2} \begin{bmatrix} 1 & \mu_1 & 0 \\ \mu_1 & 1 & 0 \\ 0 & 0 & \dfrac{1-\mu_1}{2} \end{bmatrix} \tag{2.30}$$

式中,$E_1 = \dfrac{E}{1-\mu^2}$,$\mu_1 = \dfrac{\mu}{1-\mu}$。

将方程(2.27)代入方程(2.28)得

$$\boldsymbol{\sigma} = \boldsymbol{D}\boldsymbol{B}\boldsymbol{\delta}^e \tag{2.31}$$

定义

$$\boldsymbol{S} = \boldsymbol{D}\boldsymbol{B} \tag{2.32}$$

则

$$\boldsymbol{\sigma} = \boldsymbol{S}\boldsymbol{\delta}^e \tag{2.33}$$

式中,$\boldsymbol{S}$ 称为单元的应力矩阵。

$\boldsymbol{S}$ 矩阵反映了单元中任一点的应力与节点位移之间的关系。对于三节点三角形单元,$\boldsymbol{D}$、$\boldsymbol{B}$ 为常量矩阵,故 $\boldsymbol{S}$ 也为常量矩阵。这种常应变单元也是一种常应力单元。

建立刚度方程的常用方法有:①直接刚度法;②虚位移原理或最小势能原理(适用于位移型有限元);③余虚功原理或最小余能原理(适用于力型有限元);④变分法(非结构问题)。本节采用虚位移原理建立单元刚度矩阵。

设某单元发生一虚位移,且该单元各节点上的虚位移为 $\boldsymbol{\delta}^{*e}$,相应地,单元内任一点处的虚应变为 $\boldsymbol{\varepsilon}^*$,根据应变与节点位移间的关系有

$$\boldsymbol{\varepsilon}^* = \boldsymbol{B}\boldsymbol{\delta}^{*e} \tag{2.34}$$

这时单元体在节点力作用下处于平衡状态。根据虚位移原理,当虚位移发生时,节点力在虚位移上所做的虚功等于单元的虚应变能,即

$$\boldsymbol{\delta}^{*e\mathrm{T}} \boldsymbol{F}^e = \int_{V^e} \boldsymbol{\varepsilon}^{*\mathrm{T}} \boldsymbol{\sigma} \mathrm{d}V \tag{2.35}$$

式中,V^e 为单元的体积。式(2.35)称为单元的虚功方程。

将单元应力与节点位移之间的关系和虚应变与节点虚位移之间的关系代入,得到

$$\boldsymbol{\delta}^{*e\mathrm{T}} \boldsymbol{F}^e = \int_{V^e} (\boldsymbol{B}\boldsymbol{\delta}^{*e\mathrm{T}} (\boldsymbol{DB}\boldsymbol{\delta}^e) \mathrm{d}V \tag{2.36}$$

节点位移及节点虚位移均为常量,提到积分号外,有

$$\boldsymbol{\delta}^{*e\mathrm{T}} \boldsymbol{F}^e = \boldsymbol{\delta}^{*e} \int_{V^e} \boldsymbol{B}^{\mathrm{T}} \boldsymbol{DB} \mathrm{d}V \boldsymbol{\delta}^e \tag{2.37}$$

由于节点虚位移具有任意性,进一步可得

$$\boldsymbol{F}^e = \int_{V^e} \boldsymbol{B}^{\mathrm{T}} \boldsymbol{DB} \mathrm{d}V \boldsymbol{\delta}^e \tag{2.38}$$

令

$$\boldsymbol{K}^e = \int_{V^e} \boldsymbol{B}^{\mathrm{T}} \boldsymbol{DB} \mathrm{d}V \tag{2.39}$$

则式(2.38)可写为

$$\boldsymbol{F}^e = \boldsymbol{K}^e \boldsymbol{\delta}^e \tag{2.40}$$

这就求得了我们所需要形式的方程,称为单元刚度方程。式中 $\boldsymbol{K}^e$ 称为单元刚度矩阵,反映了节点力与节点位移之间的关系。

单元刚度矩阵具有如下性质:

(1) 单元刚度矩阵是对称矩阵;

(2) 单元刚度矩阵的主对角元素恒为正值;

(3) 单元刚度矩阵为奇异矩阵;

(4) 单元刚度仅与单元的几何特性(几何矩阵[B])及材料特性(弹性矩阵[D])有关,而与单元的受力状况无关。

上述四条性质,与杆系的单元刚度性质相同。

2.4　等效节点载荷

方程(2.35)左边的载荷向量实际上是节点上受到的外力,为集中载荷。但是我们通常会遇到其他类型的载荷,如面载荷、体积载荷以及热膨胀产生的热应力。这些载荷如何反映在有限元方程中呢? 本节要介绍的等效节点载荷的计算就是为了解决这一问题。

如图 2.5(a)所示,在三角形单元内任意一点 P 点作用一个集中载荷 $\boldsymbol{P}$,其 x 和 y 方向的分量分别是 $\boldsymbol{P}_x$ 和 $\boldsymbol{P}_y$。与 $\boldsymbol{P}$ 等效的节点载荷为 $\boldsymbol{R} = [R_{ix} \quad R_{iy} \quad R_{jx} \quad R_{jy} \quad R_{mx} \quad R_{my}]^{\mathrm{T}}$。

假设在三个节点处发生了虚位移 $\boldsymbol{\delta}^{*e} = [u_i^* \quad v_i^* \quad u_j^* \quad v_j^* \quad u_m^* \quad v_m^*]^{\mathrm{T}}$。由节点虚位移产生的在 P 点的虚位移可以用方程(2.14)计算:

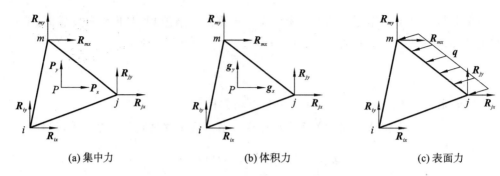

(a) 集中力   (b) 体积力   (c) 表面力

图 2.5 三角形单元的等效节点载荷

$$f^* = \begin{bmatrix} \delta u \\ \delta v \end{bmatrix} = \begin{bmatrix} N_i & 0 & N_j & 0 & N_m & 0 \\ 0 & N_i & 0 & N_j & 0 & N_m \end{bmatrix} \begin{bmatrix} u_i^* \\ v_i^* \\ u_j^* \\ v_j^* \\ u_m^* \\ v_m^* \end{bmatrix} \tag{2.41}$$

根据能量守恒定律,原集中力与单元的等效节点载荷在相应的虚位移上所做的虚功相等,因此有

$$\boldsymbol{\delta}^{*e\mathrm{T}}\boldsymbol{R}^e = \boldsymbol{f}^{*\mathrm{T}}\boldsymbol{P} \tag{2.42}$$

将方程(2.41)代入方程(2.42)后得

$$\begin{bmatrix} u_i^* & v_i^* & u_j^* & v_j^* & u_m^* & v_m^* \end{bmatrix} \cdot \begin{bmatrix} R_{ix} \\ R_{iy} \\ R_{jx} \\ R_{jy} \\ R_{mx} \\ R_{my} \end{bmatrix} = \begin{bmatrix} u_i^* & v_i^* & u_j^* & v_j^* & u_m^* & v_m^* \end{bmatrix}$$

$$\cdot \begin{bmatrix} N_i & 0 \\ 0 & N_i \\ N_j & 0 \\ 0 & N_j \\ N_m & 0 \\ 0 & N_m \end{bmatrix} \cdot \begin{bmatrix} P_x \\ P_y \end{bmatrix} \tag{2.43}$$

因为上述方程在任意虚位移下都必须成立,所以方程等号两边虚位移的系数必须相等,于是有

$$\begin{bmatrix} R_{ix} \\ R_{iy} \\ R_{jx} \\ R_{jy} \\ R_{mx} \\ R_{my} \end{bmatrix} = \begin{bmatrix} N_i & 0 \\ 0 & N_i \\ N_j & 0 \\ 0 & N_j \\ N_m & 0 \\ 0 & N_m \end{bmatrix} \cdot \begin{bmatrix} P_x \\ P_y \end{bmatrix} \tag{2.44}$$

方程(2.44)建立了单元内任意集中载荷与节点力之间的等效关系式。

　　体积力、表面力的等效节点载荷也可以通过虚功相等计算出来,步骤与集中载荷相同,留给读者自己推导,本书只给出最终结论。如图 2.5(b)所示,假设 $\boldsymbol{g} = \begin{bmatrix} g_x & g_y \end{bmatrix}^T$ 是三角形单元内单位体积受到的体积力,它的等效节点载荷可由方程(2.45)计算得出:

$$\boldsymbol{R}^e = t\iint_{\Delta} \boldsymbol{N}^T \cdot \boldsymbol{g}\,\mathrm{d}x\mathrm{d}y \tag{2.45}$$

式中,t 表示三角形单元的厚度。

　　如图 2.5(c)所示,三角形单元的 jm 边受到面载荷 $\boldsymbol{q} = \begin{bmatrix} q_x & q_y \end{bmatrix}^T$ 的作用。那么,它的等效节点载荷可由方程(2.46)计算得出:

$$\boldsymbol{R}^e = t\int_{l_{jm}} \boldsymbol{N}^T \cdot \boldsymbol{q}\,\mathrm{d}s \tag{2.46}$$

　　计算其他边界上分布载荷的等效节点载荷时,只要将式(2.46)中的积分区域换成 l_{ij}、l_{mi} 即可。

　　在高温环境下,温度的改变通常会引起巨大的热应力。因此,由温度改变而引起的载荷是不容忽视的。设弹性体的初始温度为 T_1,受热后温度升至 T_2,则弹性体的温度改变为 $T = T_2 - T_1$。在平面问题中,T_1 和 T_2 均为 x、y 的函数。因此,温度改变 T 亦为 x、y 的函数。

　　若弹性体内各点不受任何约束,则温度改变 T,将发生正应变 αT,其中 α 为线膨胀系数。对于各向同性体,温度改变产生的正应变在各个方向均相同,不产生剪应变。因此,在平面应力状态下,$\varepsilon_{x0} = \varepsilon_{y0} = \alpha T$,而 $\gamma_{xy0} = 0$,即由温度改变而产生的初应变列阵为

$$\boldsymbol{\varepsilon}_0 = \begin{bmatrix} \alpha T & \alpha T & 0 \end{bmatrix}^T = \alpha T \begin{bmatrix} 1 & 1 & 0 \end{bmatrix}^T \tag{2.47}$$

　　对于三角形常应变单元,如果令 3 个节点处的温度改变分别为 T_i、T_j、T_m,则单元的温度改变 T 可由 3 个节点处的温度改变插值求出,即

$$T = N_i T_i + N_j T_j + N_m T_m \tag{2.48}$$

　　当考虑温度变化时,平面问题的物理方程为

$$\boldsymbol{\sigma} = \boldsymbol{D}(\boldsymbol{\varepsilon} - \boldsymbol{\varepsilon}_0) = \boldsymbol{DB}\boldsymbol{\delta}^e - \boldsymbol{D}\boldsymbol{\varepsilon}_0 \tag{2.49}$$

式中,$\boldsymbol{\varepsilon}$ 为单元中任一点的总应变,$\boldsymbol{\varepsilon}_0$ 为该点的热应变。

　　根据虚功方程,

$$\boldsymbol{\delta}^{*eT} \boldsymbol{F}^e = \int_{V^e} \boldsymbol{\varepsilon}^{*T} \boldsymbol{\sigma}\,\mathrm{d}V \tag{2.50}$$

得

$$\boldsymbol{\delta}^{*eT} \boldsymbol{F}^e = \int_{V^e} \boldsymbol{\varepsilon}^{*T}(\boldsymbol{DB}\boldsymbol{\delta}^e - \boldsymbol{D}\boldsymbol{\varepsilon}_0)\,\mathrm{d}V \tag{2.51}$$

将方程(2.34)代入上式后得

$$\boldsymbol{\delta}^{*eT} \boldsymbol{F}^e = \int_{V^e} \boldsymbol{\delta}^{*eT} \boldsymbol{B}^T(\boldsymbol{DB}\boldsymbol{\delta}^e - \boldsymbol{D}\boldsymbol{\varepsilon}_0)\,\mathrm{d}V \tag{2.52}$$

由于上式在任一节点位移下都必须成立,因此系数必须相等:

$$\boldsymbol{F}^e = \boldsymbol{K}^e\boldsymbol{\delta}^e - \int_{V^e} \boldsymbol{B}^T \boldsymbol{D}\boldsymbol{\varepsilon}_0\,\mathrm{d}V \tag{2.53}$$

式中,

$$\boldsymbol{K}^e = \int_{V^e} \boldsymbol{B}^T \boldsymbol{DB}\,\mathrm{d}V$$

令

$$\boldsymbol{R}_t^e = \int_{V^e} \boldsymbol{B}^T \boldsymbol{D}\boldsymbol{\varepsilon}_0\,\mathrm{d}V \tag{2.54}$$

将式(2.54)代入式(2.53)即得到考虑了温度改变的单元刚度方程,式中 $\boldsymbol{R}_t{}^e$ 是单元温度改变的等效节点载荷。

2.5 导出有限元方程

有限元法本质上是求解弹性力学基本方程的一种近似方法。根据最小位能原理,在弹性范围内,平面问题中的弹性力学基本方程及边界条件与如下方程是等价的。

$$\Pi = \int_{\Omega} \frac{1}{2} \boldsymbol{\varepsilon}^{\mathrm{T}} \cdot \boldsymbol{D} \cdot \boldsymbol{\varepsilon} t \, \mathrm{d}x \mathrm{d}y - \int_{\Omega} \boldsymbol{f}^{\mathrm{T}} \cdot \boldsymbol{g} t \, \mathrm{d}x \mathrm{d}y - \int_{\Gamma_2} \boldsymbol{f}^{\mathrm{T}} \cdot \boldsymbol{q} t \, \mathrm{d}s \tag{2.55}$$

式中,Ω 是研究对象所占区域,Γ_2 是研究对象的力边界,t 是二维体厚度,$\boldsymbol{g}$ 是作用在二维体内的体积力,$\boldsymbol{q}$ 是作用在 Γ_2 上的面积力。

当结构离散化后,根据积分的性质,方程(2.55)中的积分可以表示为各个单元内的积分之和:

$$\Pi = \sum_{e=1}^{N_e} \int_{\Omega^e} \frac{1}{2} \boldsymbol{\varepsilon}^{\mathrm{T}} \cdot \boldsymbol{D} \cdot \boldsymbol{\varepsilon} t \, \mathrm{d}x \mathrm{d}y - \sum_{e=1}^{N_e} \int_{\Omega^e} \boldsymbol{f}^{\mathrm{T}} \cdot \boldsymbol{g} t \, \mathrm{d}x \mathrm{d}y - \sum_{e=1}^{N_e} \int_{\Gamma_2^e} \boldsymbol{f}^{\mathrm{T}} \cdot \boldsymbol{q} t \, \mathrm{d}s \tag{2.56}$$

式中,Ω^e 是第 e 个单元所占区域,Γ_2^e 是第 e 个单元的力边界。

将式(2.15)和式(2.27)代入式(2.56)后消去 $\boldsymbol{f}$ 和 $\boldsymbol{\varepsilon}$ 后得

$$\Pi = \sum_{e=1}^{N_e} \boldsymbol{\delta}^{e\mathrm{T}} \cdot \int_{\Omega^e} \frac{1}{2} \boldsymbol{B}^{\mathrm{T}} \cdot \boldsymbol{D} \cdot \boldsymbol{B} t \, \mathrm{d}x \mathrm{d}y \cdot \boldsymbol{\delta}^e$$
$$- \sum_{e=1}^{N_e} \boldsymbol{\delta}^{e\mathrm{T}} \cdot \int_{\Omega^e} \boldsymbol{N}^{\mathrm{T}} \cdot \boldsymbol{g} t \, \mathrm{d}x \mathrm{d}y - \sum_{e=1}^{N_e} \boldsymbol{\delta}^{e\mathrm{T}} \int_{\Gamma_2^e} \boldsymbol{N}^{\mathrm{T}} \cdot \boldsymbol{q} t \, \mathrm{d}s \tag{2.57}$$

为了便于计算,我们将所有的节点位移排列成一个向量:

$$\boldsymbol{\delta}^{\mathrm{T}} = \begin{bmatrix} u_1 & v_1 & u_2 & v_2 & \cdots & u_i & v_i & \cdots & u_{N_e} & v_{N_e} \end{bmatrix}^{\mathrm{T}} \tag{2.58}$$

单元节点位移 $\boldsymbol{\delta}^{e\mathrm{T}}$ 实际上是从 $\boldsymbol{\delta}^{\mathrm{T}}$ 抽取六个元素构成的一个向量。我们可以通过抽取矩阵 $\boldsymbol{G}^e_{6\times 2N_e}$ 建立 $\boldsymbol{\delta}^{\mathrm{T}}$ 与 $\boldsymbol{\delta}^{e\mathrm{T}}$ 之间的关系:

$$\boldsymbol{\delta}^e = \boldsymbol{G}^e_{6\times 2N_e} \cdot \boldsymbol{\delta} \tag{2.59}$$

将方程(2.59)代入式(2.57)消去 $\boldsymbol{\delta}^e$ 后得

$$\Pi = \sum_{e=1}^{N_e} \boldsymbol{\delta}^{\mathrm{T}} \cdot \boldsymbol{G}^{e\mathrm{T}} \cdot \int_{\Omega^e} \frac{1}{2} \boldsymbol{B}^{\mathrm{T}} \cdot \boldsymbol{D} \cdot \boldsymbol{B} t \, \mathrm{d}x \mathrm{d}y \cdot \boldsymbol{G}^e \cdot \boldsymbol{\delta}$$
$$- \sum_{e=1}^{N_e} \boldsymbol{\delta}^{\mathrm{T}} \cdot \boldsymbol{G}^{e\mathrm{T}} \cdot \int_{\Omega^e} \boldsymbol{N}^{\mathrm{T}} \cdot \boldsymbol{g} t \, \mathrm{d}x \mathrm{d}y - \sum_{e=1}^{N_e} \boldsymbol{\delta}^{\mathrm{T}} \cdot \boldsymbol{G}^{e\mathrm{T}} \cdot \int_{\Gamma_2^e} \boldsymbol{N}^{\mathrm{T}} \cdot \boldsymbol{q} t \, \mathrm{d}s \tag{2.60}$$

令

$$\begin{cases} \boldsymbol{K}^e = \int_{\Omega^e} \boldsymbol{B}^{\mathrm{T}} \cdot \boldsymbol{D} \cdot \boldsymbol{B} t \, \mathrm{d}x \mathrm{d}y \\ \boldsymbol{P}^e_g = \int_{\Omega^e} \boldsymbol{N}^{\mathrm{T}} \cdot \boldsymbol{g} t \, \mathrm{d}x \mathrm{d}y \\ \boldsymbol{P}^e_q = \int_{\Gamma_2^e} \boldsymbol{N}^{\mathrm{T}} \cdot \boldsymbol{q} t \, \mathrm{d}s \\ \boldsymbol{P}^e = \boldsymbol{P}_g{}^e + \boldsymbol{P}_q{}^e \end{cases} \tag{2.61}$$

式中, $\boldsymbol{K}^e$ 和 $\boldsymbol{P}^e$ 分别是单元刚度矩阵和单元等效节点载荷向量。

进一步地,令

$$K = \sum_{e=1}^{N_e} \boldsymbol{G}^{e\mathrm{T}} \cdot \boldsymbol{K}^e \cdot \boldsymbol{G}^e, \quad P = \sum_{e=1}^{N_e} \boldsymbol{G}^{e\mathrm{T}} \cdot \boldsymbol{P}^e \tag{2.62}$$

式中, $\boldsymbol{K}$ 是总体刚度矩阵, $\boldsymbol{P}$ 是整体载荷向量。方程(2.60)表示成如下形式:

$$\Pi = \frac{1}{2} \boldsymbol{\delta}^{\mathrm{T}} \cdot \boldsymbol{K} \cdot \boldsymbol{\delta} - \boldsymbol{\delta}^{\mathrm{T}} \cdot \boldsymbol{P} \tag{2.63}$$

根据最小位能原理,结构平衡时的位移应满足位移边界条件,并且能够使泛函 Π 取极小值。根据变分原理可知,泛函 Π 取极值的条件是它的一次变分等于 0,即

$$\frac{\partial \Pi}{\partial \boldsymbol{\delta}} = \boldsymbol{K} \cdot \boldsymbol{\delta} - \boldsymbol{P} = 0 \tag{2.64}$$

这样,我们就得到了有限元方程:

$$\boldsymbol{K} \cdot \boldsymbol{\delta} - \boldsymbol{P} = 0 \tag{2.65}$$

2.6　总体刚度矩阵和载荷向量的合成

实际上,有限元计算的主要过程都是围绕方程(2.65)展开的。为了求解方程(2.65),首先要构造 $\boldsymbol{K}$ 和 $\boldsymbol{P}$。根据方程(2.62)可知, $\boldsymbol{K}$ 和 $\boldsymbol{P}$ 分别由单元刚度矩阵和单元载荷向量合成而来。我们可以通过方程(2.62)来计算 $\boldsymbol{K}$ 和 $\boldsymbol{P}$,但这种方法需要构造大量的 $\boldsymbol{G}^e$ 矩阵,耗费大量内存。因此,比较合理的方法是采用本书 1.3.3 节中的方法直接合成 $\boldsymbol{K}$ 和 $\boldsymbol{P}$,即遍历所有单元的刚度矩阵和载荷向量,根据元素的脚标的含义,叠加到总体刚度矩阵和总体载荷向量的相应位置。程序实现可参阅本书 1.3.3 节、1.3.4 节和 2.8 节。

需要注意的是,方程(2.65)有无穷多组解。要获得唯一解,必须在方程中施加位移约束。常用的方法有划去法、对角元置一法和乘大数法。对角元置一法和乘大数法在许多有限元教材中都有讲述,本书不再介绍。

2.7　应　力　计　算

对式(2.65)施加边界条件后,求解计算得到所有的节点位移。由结构刚度方程解出节点位移 $\boldsymbol{\delta}$ 后,就得到了各单元的节点位移 $\boldsymbol{\delta}^e$。利用单元内任一点应变、应力与节点位移间的关系,就可计算出单元中任一点处的应变与应力。

当不考虑温度影响时,单元中任一点的应变为

$$\begin{cases} \varepsilon_x = \dfrac{1}{2\Delta}(b_i u_i + b_j u_j + b_m u_m) \\[2mm] \varepsilon_y = \dfrac{1}{2\Delta}(c_i v_i + c_j v_j + c_m v_m) \\[2mm] \gamma_{xy} = \dfrac{1}{2\Delta}(b_i v_i + b_j v_j + b_m v_m + c_i u_i + c_j u_j + c_m u_m) \end{cases} \tag{2.66}$$

由弹性力学可知,平面应力状态下单元中任一点的应力为

$$\begin{cases} \sigma_x = \dfrac{E}{1-\mu^2}(\varepsilon_x + \mu\varepsilon_y) \\[2mm] \sigma_y = \dfrac{E}{1-\mu^2}(\varepsilon_y + \mu\varepsilon_x) \\[2mm] \tau_{xy} = \dfrac{E}{2(1+\mu)}\gamma_{xy} \end{cases} \tag{2.67}$$

将式(2.66)代入式(2.67),得

$$\begin{cases} \sigma_x = \dfrac{E}{2\Delta(1-\mu^2)}\big[(b_iu_i + b_ju_j + b_mu_m) + \mu(c_iv_i + c_jv_j + c_mv_m)\big] \\[2mm] \sigma_y = \dfrac{E}{2\Delta(1-\mu^2)}\big[(c_iv_i + c_jv_j + c_mv_m) + \mu(b_iu_i + b_ju_j + b_mu_m)\big] \\[2mm] \tau_{xy} = \dfrac{E}{4\Delta(1+\mu)}(c_iu_i + c_ju_j + c_mu_m + b_iv_i + b_jv_j + b_mv_m) \end{cases} \tag{2.68}$$

根据上式就可由单元节点位移求出单元中任一点的应力。

2.8 平面三节点三角形单元的 C 语言实现

```c
#include "stdio.h"//该函数库包含了文件输入输出函数
#include "stdlib.h"//该函数库包含了动态内存分配函数
#ifndef MatMax//定义了最大材料数目
#define MatMax 100
#endif
struct Data//用于存储数据
{
    int Model;//0,RVE 分析;1,结构分析
    int Method;//0,有限元;1,GMC;2,边界元;3,混合法
    int Nm;//材料类型总数
    int Dime;//维数
    int nNode;//局部单元节点数
    char ElementName[50];
    double E[MatMax],Po[MatMax];//
};
//
int *p_ele2dt=NULL;//p_ele2dt[3*i+0,1,2],为四节点等参单元时为 p_ele2dt[4*
                   i+0,1,2,3]
double *p_node2d=NULL;//p_node2d[6*i+0,1,2,3,4,5],x,y,ux,uy,fx,fy
int *p_node2dplot=NULL,*p_nodeuvid=NULL;//p_node2d[2*i+0,1],x,y
int N_elemt,N_node,N_nodes;//分别是单元总数、节点总数、自由度总数
```

```
double X1,Y1,X2,Y2,l,h,a;//节点坐标范围
double m_E,m_mu;//杨氏模量和泊松比
Data *pdata=NULL;//指向 Data 的指针
bool isread_tri=false;//布尔变量,等于 false 表示还未读取数据,等于 ture 表示
                      已读取数据
double ux_max,ux_mid,ux_min,uy_max,uy_mid,uy_min,uz_max,uz_mid,uz_min;
//最大和最小位移,中间位移
double *pu=NULL;//存储位移的向量,在 solve 函数中分配空间
void mx_printf(void* p_mx,char p_name[],int Ni,int Nj,int tpye_mx,char*
              filename)//用于将向量 p_max 输出到文件 filename 中;p_name[]存
                       储字符串,用于说明矩阵的意义;Ni 和 Nj 分别表示矩阵 p
                       _mx 的行数和列数;tpye_mx 表示矩阵的类型,为 1 表示整
                       数矩阵,为 2 表示浮点矩阵。
{
    int i,j;
    int *p_mxint;
    double *p_mxdouble;
    FILE *pf;
    pf=fopen(filename,"w");
    fprintf(pf,"%s\n",p_name);
    switch(tpye_mx)
    {
    case 1:
        p_mxint=(int *)p_mx;
        for(i=0;i<Ni;i++)
        {
            for(j=0;j<Nj;j++)
            {
                fprintf(pf,"%d",p_mxint[i+Ni*j]);
            }
            fprintf(pf,"\n");
        }
    case 2:
        p_mxdouble=(double *)p_mx;
        for(i=0;i<Ni;i++)
        {
            for(j=0;j<Nj;j++)
            {
                fprintf(pf,"%e",p_mxdouble[i+Ni*j]);
```

```
            }
            fprintf(pf,"\n");
        }
    }
    fclose(pf);
    return;
}
int mx_multipG(double *mx_a,double *mx_b,double *mx_c,int Nai,int Naj,int
Nbi,int Nbj)//普通乘法,实现 mx_a*mx_b=mx_c,Nai、Naj 和 Nbi、Nbj 分别是矩阵 mx_
            a 和 mx_b 的行数和列数
{
    int i,j,k;
    //如果两相乘矩阵不满足相乘条件,则返回 1
    if(Naj!=Nbi)
        return 1;
    for(i=0;i<Nai;i++)
    {
        for(j=0;j<Nbj;j++)
        {
            mx_c[i+Nai*j]=0;
            for(k=0;k<Naj;k++)
            {
                mx_c[i+Nai*j]=mx_c[i+Nai*j]+mx_a[i+Nai*k]*mx_b[k+Nbi*j];
            }
        }
    }
    return 0;
}
int mx_inver(double *mx_a,int N)//对矩阵 mx_a 求逆,求逆后存于 mx_a 中,N 是矩
                阵的阶数
{
    int i,j,m,k,Maxm,flag;
    int *p_i,*p_j;
    double D,S;
    p_i=(int *)malloc(2*N*sizeof(int));
    p_j=(int *)malloc(2*N*sizeof(int));
    if(p_i==NULL||p_j==NULL)
    {
```

```
        printf("mx_inver malloc p_i or p_j fail! \n");
        return 1;
    }
    m=0;
    flag=0;
    for(k=0;k<N;k++)
    {
        //全选主元
        D=mx_a[k+N*k]*mx_a[k+N*k];
        for(i=k;i<N;i++)
        {
            for(j=k;j<N;j++)
            {
                if(mx_a[i+N*j]*mx_a[i+N*j]>D)
                {
                    D=mx_a[i+N*j]*mx_a[i+N*j];
                    p_i[2*m]=k;p_i[2*m+1]=i;p_j[2*m]=k;p_j[2*m+1]=j;
                    flag=1;
                }
            }
        }
        //如果 D 接近 0,则矩阵奇异
        if(D<1e-40)
        {
            printf("Matirx is sigular! \n");
            return 2;
        }
        if(flag)
        {
            //交换
            for(i=0;i<N;i++)
            {
                S=mx_a[i+N*p_j[2*m+1]];
                mx_a[i+N*p_j[2*m+1]]=mx_a[i+N*k];
                mx_a[i+N*k]=S;
            }
```

```
        for(j=0;j<N;j++)
        {
            S=mx_a[p_i[2*m+1]+N*j];
            mx_a[p_i[2*m+1]+N*j]=mx_a[k+N*j];
            mx_a[k+N*j]=S;
        }
        m++;flag=0;
    }
//bianhuan
mx_a[k+N*k]=1/mx_a[k+N*k];
//第 k 行
for(j=0;j<k;j++)
{
    mx_a[k+N*j]=mx_a[k+N*k]*mx_a[k+N*j];
}
for(j=k+1;j<N;j++)
{
    mx_a[k+N*j]=mx_a[k+N*k]*mx_a[k+N*j];
}
//行列 11
for(i=0;i<k;i++)
{
    for(j=0;j<k;j++)
    {
        mx_a[i+N*j]=mx_a[i+N*j]-mx_a[i+N*k]*mx_a[k+N*j];
    }
}
//行列 12
for(i=0;i<k;i++)
{
    for(j=k+1;j<N;j++)
    {
        mx_a[i+N*j]=mx_a[i+N*j]-mx_a[i+N*k]*mx_a[k+N*j];
    }
}
//行列 21
for(i=k+1;i<N;i++)
```

```
        {
            for(j=0;j<k;j++)
            {
                mx_a[i+N*j]=mx_a[i+N*j]-mx_a[i+N*k]*mx_a[k+N*j];
            }
        }
        //行列 22
        for(i=k+1;i<N;i++)
        {
            for(j=k+1;j<N;j++)
            {
                mx_a[i+N*j]=mx_a[i+N*j]-mx_a[i+N*k]*mx_a[k+N*j];
            }
        }
        //第 k 列
        for(i=0;i<k;i++)
        {
            mx_a[i+N*k]=-mx_a[i+N*k]*mx_a[k+N*k];
        }
        for(i=k+1;i<N;i++)
        {
            mx_a[i+N*k]=-mx_a[i+N*k]*mx_a[k+N*k];
        }
    }
    Maxm=m;
    //还原
    for(m=Maxm-1;m>=0;m--)
    {
        //行变换
        for(j=0;j<N;j++)
        {
            S=mx_a[p_j[2*m]+N*j];
            mx_a[p_j[2*m]+N*j]=mx_a[p_j[2*m+1]+N*j];
            mx_a[p_j[2*m+1]+N*j]=S;
        }
        //列交换
        for(i=0;i<N;i++)
        {
```

```
            S=mx_a[i+N*p_i[2*m]];
            mx_a[i+N*p_i[2*m]]=mx_a[i+N*p_i[2*m+1]];
            mx_a[i+N*p_i[2*m+1]]=S;
        }
    }
    return 0;
}
bool FEM_ReadData(char*szFile)//用于从文件 szFile 中读取数据,并将单元编号和
                             节点坐标分别存储到 p_ele2dt、p_node2d 中
{
    double temp;
    int i,j;
    FILE *pf=fopen(szFile,"r");
    fscanf(pf,"%lf",&m_E);fscanf(pf,"%lf",&m_mu);
    fscanf(pf,"%lf",&temp);N_elemt=(int)temp;
    fscanf(pf,"%lf",&temp);N_node=(int)temp;
    if(p_ele2dt!=NULL)
    {
        free(p_ele2dt);
    }
    if(p_node2d!=NULL)
    {
        free(p_node2d);
    }
    if(p_node2dplot!=NULL)
    {
        free(p_node2dplot);
    }
    p_ele2dt=(int*)malloc(sizeof(int)*3*N_elemt);
    p_node2d=(double*)malloc(sizeof(double)*6*N_node);
    p_node2dplot=(int*)malloc(sizeof(int)*2*N_node);
    //读取单元数据
    for(i=0;i<N_elemt;i++)
    {
        for(j=0;j<3;j++)
        {
            fscanf(pf,"%lf",&temp);
            p_ele2dt[3*i+j]=(int)temp-1;
```

```
        }
    }
    //读取节点数据
    X1=Y1=X2=Y2=0;
    bool isread=false;
    for(i=0;i<N_node;i++)
    {
        for(j=0;j<6;j++)
        {
            fscanf(pf,"%lf",&p_node2d[6*i+j]);
        }
        if(!isread)
        {
            X1=X2=p_node2d[6*i];Y1=Y2=p_node2d[6*i+1];
            isread=true;
        }
        if(X1>p_node2d[6*i])
        {
            X1=p_node2d[6*i];
        }
        if(X2<p_node2d[6*i])
        {
            X2=p_node2d[6*i];
        }
        if(Y1>p_node2d[6*i+1])
        {
            Y1=p_node2d[6*i+1];
        }
        if(Y2<p_node2d[6*i+1])
        {
            Y2=p_node2d[6*i+1];
        }
    }
    l=X2-X1;h=Y2-Y1;
    if(l==0||h==0)
    {
        printf("Node location ERROR!\n");
    }
```

```
        fclose(pf);
        //输出
        pf=fopen("Databack.txt","w");
        fprintf(pf,"%d %d\n",N_elemt,N_node);
        for(i=0;i<N_elemt;i++)
        {
            for(j=0;j<3;j++)
            {
                fprintf(pf,"%d",p_ele2dt[3*i+j]);
            }
            fprintf(pf,"\n");
        }
        //输出节点数据
        for(i=0;i<N_node;i++)
        {
            fprintf(pf,"%lf %lf %e %e %lf %lf\n",p_node2d[6*i+0],p_node2d[6*i
                +1],p_node2d[6*i+2],p_node2d[6*i+3],p_node2d[6*i+4],p_
                node2d[6*i+5]);
        }
        fclose(pf);
        return true;
}
bool FEM_ElementMatrix2dt(double*pelematrix,double*pload,int id)
//三节点三角形单元刚度矩阵和单元节点载荷向量,pelematrix是单元刚度矩阵的指
    针,外部分配空间,id是单元编号,从 0 开始
{
        //B'*D*B
        double B[18],D[9],Bt[18],DB[18];
        int i,j;
        double E,mu;
        double a[3],b[3],c[3],x[3],y[3],dlt;
        E=m_E;mu=m_mu;
        //清零
        for(i=0;i<18;i++)
        {
            B[i]=Bt[i]=0;
        }
        for(i=0;i<9;i++)
```

```
{
    D[i]=0;
}
//填写 D 矩阵,按列排
D[0]=D[4]=E/(1-mu*mu);
D[1]=D[3]=mu*E/(1-mu*mu);
D[8]=0.5*(1-mu)*E/(1-mu*mu);
//填写 B 矩阵
for(i=0;i<3;i++)
{
    x[i]=p_node2d[6*p_ele2dt[3*id+i]];
    y[i]=p_node2d[6*p_ele2dt[3*id+i]+1];
}
a[0]=x[1]*y[2]-x[2]*y[1];b[0]=y[1]-y[2];c[0]=-x[1]+x[2];
a[1]=x[2]*y[0]-x[0]*y[2];b[1]=y[2]-y[0];c[1]=-x[2]+x[0];
a[2]=x[0]*y[1]-x[1]*y[0];b[2]=y[0]-y[1];c[2]=-x[0]+x[1];
dlt=0.5*(x[1]*y[2]+x[0]*y[1]+x[2]*y[0]-y[0]*x[1]-x[0]*y[2]-y[1]*x
    [2]);
B[0]=b[0];B[2]=c[0];B[4]=c[0];B[5]=b[0];
B[6]=b[1];B[8]=c[1];B[10]=c[1];B[11]=b[1];
B[12]=b[2];B[14]=c[2];B[16]=c[2];B[17]=b[2];
for(i=0;i<3;i++)
{
    for(j=0;j<6;j++)
    {
        B[i+3*j]=B[i+3*j]/2/dlt;
        Bt[j+6*i]=B[i+3*j];
    }
}
mx_multipG(D,B,DB,3,3,3,6);
mx_multipG(Bt,DB,pelematrix,6,3,3,6);
for(i=0;i<36;i++)
{
    pelematrix[i]=dlt*pelematrix[i];
}
for(i=0;i<3;i++)
{
```

```
            pload[2*i]=p_node2d[6*p_ele2dt[3*id+i]+4];//fx
            pload[2*i+1]=p_node2d[6*p_ele2dt[3*id+i]+5];//fy
    }
    return true;
}
double *FEM_Solve2dt()//三节点三角形单元求解函数,返回节点位移向量
{
    double *pgm=NULL,*p=NULL,*pus=NULL;
    double K[36],L[6];
    int i,j,m,id[6];
    //先搜索没有约束的位移,计算自由度总数,形成新的索引编号
    N_nodes=0;
    for(i=0;i<N_node;i++)
    {
        if(p_node2d[6*i+2]!=0)
        {
            N_nodes++;
        }
        if(p_node2d[6*i+3]!=0)
        {
            N_nodes++;
        }
    }
    if(p_nodeuvid!=NULL)
        free(p_nodeuvid);
    p_nodeuvid=(int*)malloc(sizeof(int)*2*N_node);
    N_nodes=0;
    for(i=0;i<N_node;i++)
    {
        if(p_node2d[6*i+2]!=0)
        {
            p_nodeuvid[2*i]=N_nodes;
            N_nodes++;
        }
        else
        {
```

```
            p_nodeuvid[2*i]=-1;
        }
        if(p_node2d[6*i+3]!=0)
        {
            p_nodeuvid[2*i+1]=N_nodes;
            N_nodes++;
        }
        else
        {
            p_nodeuvid[2*i+1]=-1;
        }
    }
    pgm=(double *)malloc(sizeof(double)*N_nodes*N_nodes);
    p=(double *)malloc(sizeof(double)*N_nodes);
    if(pgm==NULL)
        return NULL;
    if(p==NULL)
        return NULL;
    for(i=0;i<N_nodes*N_nodes;i++)
    {
        pgm[i]=0;
    }
    for(m=0;m<N_elemt;m++)
    {
        FEM_ElementMatrix2dt(K,L,m);
        for(i=0;i<3;i++)
        {
            id[2*i]=p_nodeuvid[2*p_ele2dt[3*m+i]];
            id[2*i+1]=p_nodeuvid[2*p_ele2dt[3*m+i]+1];
        }
        for(i=0;i<6;i++)
        {
            for(j=0;j<6;j++)
            {
                if(id[i]>=0&&id[j]>=0)
                {
                    pgm[id[i]+N_nodes*id[j]]=pgm[id[i]+N_nodes*id[j]]+K
                                            [i+6*j];
```

```
                    }
               }
          if(id[i]>=0)
          {
               p[id[i]]=L[i];
          }
     }


}
pus=(double *)malloc(sizeof(double)*N_nodes);
pu=(double *)malloc(sizeof(double)*2*N_node);
mx_inver(pgm,N_nodes);
mx_multipG(pgm,p,pus,N_nodes,N_nodes,N_nodes,1);
N_nodes=0;
for(i=0;i<N_node;i++)
{
     if(p_node2d[6*i+2]!=0)
     {
          pu[2*i]=pus[N_nodes];
          N_nodes++;
     }
     else
     {
          pu[2*i]=0;
     }
     if(p_node2d[6*i+3]!=0)
     {
          pu[2*i+1]=pus[N_nodes];
          N_nodes++;
     }
     else
     {
          pu[2*i+1]=0;
     }
}
free(pgm);free(p);free(pus);
/////////计算 u_max,u_mid,u_min//////////////
ux_max=ux_mid=ux_min=pu[0];
```

```
        uy_max=uy_mid=uy_min=pu[1];
        for(i=0;i<N_node;i++)
        {
            if(pu[2*i]>ux_max)
            {
                ux_max=pu[2*i];
            }
            if(pu[2*i]<ux_min)
            {
                ux_min=pu[2*i];
            }
            if(pu[2*i+1]>uy_max)
            {
                uy_max=pu[2*i+1];
            }
            if(pu[2*i+1]<uy_min)
            {
                uy_min=pu[2*i+1];
            }
        }
        ux_mid=0.5*(ux_max+ux_min);
        uy_mid=0.5*(uy_max+uy_min);
        mx_printf(pu,"u",2*N_node,1,2,"u.txt");
        printf("Calculating Complete!\n");
        return pu;
}
int main()
{
        FEM_ReadData("MyFEMdata.fem");
        FEM_Solve2dt();
        return 1;
}
```

数据文件 MyFEMdata.fem 的内容如下：

	200e3	0.25		
		68.	48.	
		46.	37.	11.
		46.	36.	37.
		47.	36.	14.

47.	35.	36.
48.	28.	24.
48.	27.	28.
45.	44.	27.
45.	3.	44.
27.	48.	25.
48.	15.	25.
24.	15.	48.
35.	47.	16.
47.	12.	16.
14.	12.	47.
36.	46.	13.
46.	2.	13.
11.	2.	46.
26.	45.	27.
45.	1.	3.
26.	1.	45.
44.	43.	28.
43.	42.	29.
42.	41.	31.
41.	40.	32.
40.	39.	32.
39.	38.	33.
38.	37.	34.
36.	35.	37.
35.	34.	37.
34.	33.	38.
33.	32.	39.
32.	31.	41.
31.	30.	42.
30.	29.	42.
29.	28.	43.
28.	27.	44.
4.	43.	44.
5.	42.	43.
6.	41.	42.
7.	40.	41.
8.	39.	40.

9.	38.	39.
10.	37.	38.
17.	34.	35.
18.	33.	34.
19.	32.	33.
20.	31.	32.
21.	30.	31.
22.	29.	30.
23.	28.	29.
3.	4.	44.
4.	5.	43.
5.	6.	42.
6.	7.	41.
7.	8.	40.
8.	9.	39.
9.	10.	38.
10.	11.	37.
13.	14.	36.
16.	17.	35.
17.	18.	34.
18.	19.	33.
19.	20.	32.
20.	21.	31.
21.	22.	30.
22.	23.	29.
23.	24.	28.
25.	26.	27.

0.0	0.0	0.0	0.0	0.0	0.0
100.0	0.0	0.12677E+31	0.12677E+31	100.0	0.0
10.0	0.0	0.12677E+31	0.12677E+31	0.0	0.0
20.0	0.0	0.12677E+31	0.12677E+31	0.0	0.0
30.0	0.0	0.12677E+31	0.12677E+31	0.0	0.0
40.0	0.0	0.12677E+31	0.12677E+31	0.0	0.0
50.0	0.0	0.12677E+31	0.12677E+31	0.0	0.0
60.0	0.0	0.12677E+31	0.12677E+31	0.0	0.0
70.0	0.0	0.12677E+31	0.12677E+31	0.0	0.0
80.0	0.0	0.12677E+31	0.12677E+31	0.0	0.0
90.0	0.0	0.12677E+31	0.12677E+31	0.0	0.0

100.0	30.0	0.12677E+31	0.12677E+31	100.0	0.0
100.0	10.0	0.12677E+31	0.12677E+31	100.0	0.0
100.0	20.0	0.12677E+31	0.12677E+31	100.0	0.0
0.0	30.0	0.0E+00	0.0E+00	0.0	0.0
90.0	30.0	0.12677E+31	0.12677E+31	0.0	0.0
80.0	30.0	0.12677E+31	0.12677E+31	0.0	0.0
70.0	30.0	0.12677E+31	0.12677E+31	0.0	0.0
60.0	30.0	0.12677E+31	0.12677E+31	0.0	0.0
50.0	30.0	0.12677E+31	0.12677E+31	0.0	0.0
40.0	30.0	0.12677E+31	0.12677E+31	0.0	0.0
30.0	30.0	0.12677E+31	0.12677E+31	0.0	0.0
20.0	30.0	0.12677E+31	0.12677E+31	0.0	0.0
10.0	30.0	0.12677E+31	0.12677E+31	0.0	0.0
0.0	20.0	0.0E+00	0.0E+00	0.0	0.0
0.0	10.0	0.0E+00	0.0E+00	0.0	0.0
6.6666666667	15.0	0.12677E+31	0.12677E+31	0.0	0.0
15.2380952381	19.8086077197	0.12677E+31	0.12677E+31	0.0	0.0
26.7063492063	19.7448102929	0.12677E+31	0.12677E+31	0.0	0.0
35.0274632619	22.1941597928	0.12677E+31	0.12677E+31	0.0	0.0
43.3333333333	20.0	0.12677E+31	0.12677E+31	0.0	0.0
54.8030021606	17.8389205841	0.12677E+31	0.12677E+31	0.0	0.0
66.5103156648	19.4139480068	0.12677E+31	0.12677E+31	0.0	0.0
76.9378306878	19.6891783965	0.12677E+31	0.12677E+31	0.0	0.0
86.4960947342	21.3187874171	0.12677E+31	0.12677E+31	0.0	0.0
93.3333333333	15.0	0.12677E+31	0.12677E+31	0.0	0.0
85.0387377173	9.9555969138	0.12677E+31	0.12677E+31	0.0	0.0
73.6456699647	9.7307230160	0.12677E+31	0.12677E+31	0.0	0.0
63.3871357185	9.3256147786	0.12677E+31	0.12677E+31	0.0	0.0
54.7667783457	7.2003291532	0.12677E+31	0.12677E+31	0.0	0.0
46.3334579349	9.3775397347	0.12677E+31	0.12677E+31	0.0	0.0
35.0106119198	11.6033028487	0.12677E+31	0.12677E+31	0.0	0.0
23.3974661054	9.9070984169	0.12677E+31	0.12677E+31	0.0	0.0
13.4297402679	8.2858696400	0.12677E+31	0.12677E+31	0.0	0.0
6.0192813869	6.6571739280	0.12677E+31	0.12677E+31	0.0	0.0
93.6744142101	6.9911193828	0.12677E+31	0.12677E+31	0.0	0.0
93.6666666667	23.2679491924	0.12677E+31	0.12677E+31	0.0	0.0
6.3809523810	22.9617215439	0.12677E+31	0.12677E+31	0.0	0.0

2.9　小结与习题

　　本章介绍了平面三节点三角形单元的基本概念和计算流程,介绍了位移函数、形函数、单元刚度矩阵的概念,采用虚位移原理推导了等效节点载荷的计算公式,基于应变能最小原理推导了有限元方程,最后给出了用 C 语言实现的有限元计算过程。

　　请完成以下作业:

　　(1) 熟悉三节点三角形单元的位移函数表达式;

　　(2) 推导三节点三角形单元位移函数待定系数的表达式;

　　(3) 推导三节点三角形单元位移函数的形函数表达式;

　　(4) 推导三节点三角形单元的应变与节点位移、应力与节点位移的表达式;

　　(5) 采用虚位移原理推导三节点三角形单元的单元刚度矩阵表达式;

　　(6) 采用虚位移原理推导集中载荷、体积力、表面力和热膨胀产生的热应力的等效节点载荷;

　　(7) 采用能量泛函的变分建立有限元方程;

　　(8) 编写三角形单元的有限元计算程序。

第3章 轴对称的有限元法

工程实际中遇到的旋转机械中的盘、轴、机匣和承力环等,都有一个对称轴,整个物体是通过轴的一个平面上某个图形绕此轴旋转而形成的回转体,称为轴对称体。

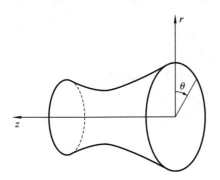

图 3.1 轴对称体模型

若轴对称体的载荷和约束都呈轴对称,则产生的位移、应变和应力必然呈轴对称,如高转速工作的轮盘等。这种结构的应力分析问题称为轴对称问题,本章详细介绍这一类问题。

在轴对称问题中,通常采用圆柱坐标(r,θ,z),对称轴为 z 轴,沿半径方向为 r 轴,正向如图 3.1 所示。以 z 轴为正向的右螺旋转动方向表示 θ 的正向。

虽然空间轴对称问题属于三维问题,但由于几何形状呈轴对称,在轴对称载荷作用下,所产生的位移、应变和应力与 θ 无关,只是 r 和 z 的函数。因此,轴对称问题是准二维问题,可以按平面问题处理,但与平面问题又有不同之处。

3.1 轴对称问题的基本方程

(1)应力分量。

轴对称问题的应力分量为

$$\boldsymbol{\sigma} = \begin{bmatrix} \sigma_r \\ \sigma_z \\ \sigma_\theta \\ \tau_{rz} \end{bmatrix} \tag{3.1}$$

(2)几何方程。

对应于应力分量的应变分量为

$$\boldsymbol{\varepsilon} = \begin{bmatrix} \varepsilon_r \\ \varepsilon_z \\ \varepsilon_\theta \\ \gamma_{rz} \end{bmatrix} \tag{3.2}$$

如果用 u、v 分别表示 r、z 方向的位移分量,那么应变分量与位移分量之间的关系,即几何方程为

$$\boldsymbol{\varepsilon} = \begin{bmatrix} \varepsilon_r \\ \varepsilon_z \\ \varepsilon_\theta \\ \gamma_{rz} \end{bmatrix} = \begin{bmatrix} \dfrac{\partial u}{\partial r} \\[2mm] \dfrac{\partial v}{\partial z} \\[2mm] \dfrac{u}{r} \\[2mm] \dfrac{\partial u}{\partial z} + \dfrac{\partial v}{\partial r} \end{bmatrix} \tag{3.3}$$

上式中周向(θ方向)应变ε_θ是由径向位移u而引起的,这是与平面问题的重要区别之一。

(3) 物理方程。

对于各向同性材料,不考虑温度变化时的轴对称问题的物理方程为

$$\begin{cases} \sigma_r = \dfrac{E(1-\mu)}{(1+\mu)(1-2\mu)}\left(\varepsilon_r + \dfrac{\mu}{1-\mu}\varepsilon_z + \dfrac{\mu}{1-\mu}\varepsilon_\theta\right) \\[3mm] \sigma_z = \dfrac{E(1-\mu)}{(1+\mu)(1-2\mu)}\left(\dfrac{\mu}{1-\mu}\varepsilon_r + \varepsilon_z + \dfrac{\mu}{1-\mu}\varepsilon_\theta\right) \\[3mm] \sigma_\theta = \dfrac{E(1-\mu)}{(1+\mu)(1-2\mu)}\left(\dfrac{\mu}{1-\mu}\varepsilon_r + \dfrac{\mu}{1-\mu}\varepsilon_z + \varepsilon_\theta\right) \\[3mm] \tau_{rz} = \dfrac{E}{2(1+\mu)}\gamma_{rz} = \dfrac{E(1-\mu)}{(1+\mu)(1-2\mu)} \cdot \dfrac{(1-2\mu)}{2(1-\mu)}\gamma_{rz} \end{cases} \tag{3.4}$$

写成矩阵形式为

$$\begin{bmatrix} \sigma_r \\ \sigma_z \\ \sigma_\theta \\ \tau_{rz} \end{bmatrix} = \dfrac{E(1-\mu)}{(1+\mu)(1-2\mu)} \begin{bmatrix} 1 & \Delta_1 & \Delta_1 & 0 \\ \Delta_1 & 1 & \Delta_1 & 0 \\ \Delta_1 & \Delta_1 & 1 & 0 \\ 0 & 0 & 0 & \Delta_2 \end{bmatrix} \begin{bmatrix} \varepsilon_r \\ \varepsilon_z \\ \varepsilon_\theta \\ \gamma_{rz} \end{bmatrix} \tag{3.5}$$

又可以简写成

$$\boldsymbol{\sigma} = \boldsymbol{D}\boldsymbol{\varepsilon} \tag{3.6}$$

其中,弹性矩阵为

$$\boldsymbol{D} = \dfrac{E(1-\mu)}{(1+\mu)(1-2\mu)} \begin{bmatrix} 1 & \Delta_1 & \Delta_1 & 0 \\ \Delta_1 & 1 & \Delta_1 & 0 \\ \Delta_1 & \Delta_1 & 1 & 0 \\ 0 & 0 & 0 & \Delta_2 \end{bmatrix} \tag{3.7}$$

式中,

$$\Delta_1 = \dfrac{\mu}{(1-\mu)}, \quad \Delta_2 = \dfrac{1-2\mu}{2(1-\mu)} \tag{3.8}$$

从式(3.7)和式(3.8)可以看出,弹性矩阵$\boldsymbol{D}$只与材料的弹性模量E和泊松比μ有关。

(4) 初应变。

若轴对称体还受到温度变化所引起的热负荷的作用,则要考虑由温度变化引起的初应变。对于各向同性体,令温度变化为T,线膨胀系数为α,则初应变为

$$\boldsymbol{\varepsilon}_0 = \begin{bmatrix} \varepsilon_{r_0} & \varepsilon_{z_0} & \varepsilon_{\theta_0} & \gamma_{rz_0} \end{bmatrix}^{\mathrm{T}} = \alpha T \begin{bmatrix} 1 & 1 & 1 & 0 \end{bmatrix}^{\mathrm{T}} \tag{3.9}$$

于是应力与应变之间的关系为

$$\boldsymbol{\sigma} = \boldsymbol{D}(\boldsymbol{\varepsilon} - \boldsymbol{\varepsilon}_0) \tag{3.10}$$

3.2　对称体的离散化

由于轴对称问题的位移和应力仅与坐标 r、z 有关,因此结构离散化只在子午面(rz 面)内进行。同平面问题一样,把 rz 面求解域划分成若干个互不重叠的三角形单元(见图 3.2(a))。

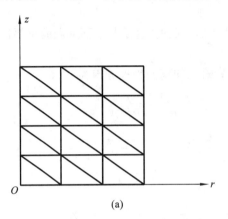

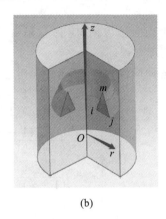

(a)　　　　　　　　　　　　　　(b)

图 3.2　轴对称单元

轴对称问题关于单元划分的要求与平面问题三角形单元一样。不过要注意的是由于轴对称问题的结构是旋转体,在 rz 面上划分的三角形单元,实际上代表一个"三棱环体"单元(见图 3.2(b)),称为三角形环单元。每一个三角形环单元都有三条棱边,这三条棱边是 3 个圆周,它们与 rz 面的交点是三角形的 3 个顶点 i、j、m,3 条棱边称为节点圆,i、j、m 称为节点。单元节点是圆环形的铰链,三角形单元之间用这些铰链相互连接和传力。

3.3　位 移 函 数

在轴对称问题的应力分析中,由于旋转体承受轴对称载荷,所产生的变形呈轴对称,因此周向位移 $w=0$,r、z 方向的位移分量 u、v 只与坐标位置有关。

因此,按照平面问题,取线性位移函数,即

$$\begin{cases} u = \alpha_1 + \alpha_2 r + \alpha_3 z \\ v = \alpha_4 + \alpha_5 r + \alpha_6 z \end{cases} \tag{3.11}$$

与平面问题类似,可以求出式中各待定系数 $\alpha_1 \sim \alpha_6$,即

$$\begin{cases} \alpha_1 = \dfrac{1}{2\Delta}(a_i u_i + a_j u_j + a_m u_m) \\[2mm] \alpha_2 = \dfrac{1}{2\Delta}(b_i u_i + b_j u_j + b_m u_m) \\[2mm] \alpha_3 = \dfrac{1}{2\Delta}(c_i u_i + c_j u_j + c_m u_m) \end{cases} \tag{3.12}$$

$$\begin{cases} \alpha_4 = \dfrac{1}{2\Delta}(a_i v_i + a_j v_j + a_m v_m) \\[2mm] \alpha_5 = \dfrac{1}{2\Delta}(b_i v_i + b_j v_j + b_m v_m) \\[2mm] \alpha_6 = \dfrac{1}{2\Delta}(c_i v_i + c_j v_j + c_m v_m) \end{cases} \tag{3.13}$$

式中，Δ 表示三角形环单元的横截面积，即

$$\Delta = \frac{1}{2} \begin{vmatrix} 1 & r_i & z_i \\ 1 & r_j & z_j \\ 1 & r_m & z_m \end{vmatrix} \tag{3.14}$$

这里应注意，节点编号 i、j、m 的排列顺序和平面问题一样，它们仍按逆时针转向排列。系数为

$$\begin{cases} a_i = r_j z_m - r_m z_j \\ b_i = z_j - z_m \\ c_i = -(r_j - r_m) \end{cases} \tag{3.15}$$

利用三角形环单元的 3 个节点 i、j、m 的位移值，可以得到与平面问题类似的位移函数表达式：

$$\begin{cases} u = N_i u_i + N_j u_j + N_m u_m \\ v = N_i v_i + N_j v_j + N_m v_m \end{cases} \tag{3.16}$$

上式写成矩阵形式为

$$\begin{bmatrix} u \\ v \end{bmatrix} = \begin{bmatrix} N_i & 0 & N_j & 0 & N_m & 0 \\ 0 & N_i & 0 & N_j & 0 & N_m \end{bmatrix} \begin{bmatrix} u_i \\ v_i \\ u_j \\ v_j \\ u_m \\ v_m \end{bmatrix} \tag{3.17}$$

或

$$\boldsymbol{f} = \boldsymbol{N}\boldsymbol{\delta}^e \tag{3.18}$$

式中，$\boldsymbol{f}$ 为单元中任意一点 $P(r,z)$ 的位移列阵：

$$\boldsymbol{f} = \begin{bmatrix} u \\ v \end{bmatrix} \tag{3.19}$$

$\boldsymbol{\delta}^e$ 表示单元 3 个节点（圆）的位移值：

$$\boldsymbol{\delta}^e = \begin{bmatrix} \boldsymbol{\delta}_i & \boldsymbol{\delta}_j & \boldsymbol{\delta}_m \end{bmatrix}^T = \begin{bmatrix} u_i & v_i & u_j & v_j & u_m & v_m \end{bmatrix}^T \tag{3.20}$$

$\boldsymbol{N}$ 为形函数矩阵：

$$\boldsymbol{N} = \begin{bmatrix} \boldsymbol{I}N_i & \boldsymbol{I}N_j & \boldsymbol{I}N_m \end{bmatrix} = \begin{bmatrix} N_i & 0 & N_j & 0 & N_m & 0 \\ 0 & N_i & 0 & N_j & 0 & N_m \end{bmatrix} \tag{3.21}$$

式中，$\boldsymbol{I}$ 是二阶单位矩阵。$\boldsymbol{N}$ 是单元节点坐标和单元内任意一点 $P(r,z)$ 坐标的函数，称为形函数矩阵，$N_i(i,j,m)$ 为形函数，即

$$N_i = \frac{1}{2\Delta}(a_i + b_i r + c_i z) \tag{3.22}$$

3.4 单元的应变和应力

（1）单元的应变。

利用式（3.11）、式（3.12）和式（3.13），则式（3.3）可表示为

$$
\begin{cases}
\varepsilon_r = \dfrac{1}{2\Delta}(b_i u_i + b_j u_j + b_m u_m) \\[2mm]
\varepsilon_z = \dfrac{1}{2\Delta}(c_i v_i + c_j v_j + c_m v_m) \\[2mm]
\varepsilon_\theta = \dfrac{1}{2\Delta}\left[\left(\dfrac{a_i}{r}+b_i+\dfrac{c_i z}{r}\right)u_i + \left(\dfrac{a_j}{r}+b_j+\dfrac{c_j z}{r}\right)u_j + \left(\dfrac{a_m}{r}+b_m+\dfrac{c_m z}{r}\right)u_m\right] \\[2mm]
\gamma_{rz} = \dfrac{1}{2\Delta}(c_i u_i + b_i v_i + c_j u_j + b_j v_j + c_m u_m + b_m v_m)
\end{cases}
\tag{3.23}
$$

写成矩阵形式为

$$
\begin{bmatrix}
\varepsilon_r \\ \varepsilon_z \\ \varepsilon_\theta \\ \gamma_{rz}
\end{bmatrix}
= \frac{1}{2\Delta}
\begin{bmatrix}
b_i & 0 & b_j & 0 & b_m & 0 \\
0 & c_i & 0 & c_j & 0 & c_m \\
A_i & 0 & A_j & 0 & A_m & 0 \\
c_i & b_i & c_j & b_j & c_m & b_m
\end{bmatrix}
\begin{bmatrix}
u_i \\ v_i \\ u_j \\ v_j \\ u_m \\ v_m
\end{bmatrix}
\tag{3.24}
$$

简写成

$$
\boldsymbol{\varepsilon} = \boldsymbol{B}\boldsymbol{\delta}^e = \begin{bmatrix} \boldsymbol{B}_i & \boldsymbol{B}_j & \boldsymbol{B}_m \end{bmatrix}\boldsymbol{\delta}^e
\tag{3.25}
$$

式中，

$$
\begin{cases}
\boldsymbol{B}_i = \dfrac{1}{2\Delta}
\begin{bmatrix}
b_i & 0 \\
0 & c_i \\
A_i & 0 \\
c_i & b_i
\end{bmatrix}
\quad (i,j,m)\,轮换 \\[6mm]
A_i = \dfrac{a_i}{r}+b_i+\dfrac{c_i z}{r} \quad (i,j,m)\,轮换
\end{cases}
\tag{3.26}
$$

从上面的应变表达式可以看到，单元中的应变分量 ε_r、ε_z 和 γ_{rz} 为常量，周向应变 ε_θ 不是常量，它不仅与节点坐标有关，而且还与单元内各点的位置 (r,z) 有关，同时矩阵 $\boldsymbol{B}$ 中包含了 $1/r$ 项，给计算带来了麻烦。

（2）初应变。

在轴对称问题中，物体的温度 $T=T(r,z)$，与坐标 θ 无关。单元内的初应变一般说来是不均匀的，但当单元的尺寸很小时，可以用一个平均温度值来表示。

若单元的 3 个节点的温度改变值分别为 T_i、T_j 和 T_m，则单元的平均温度改变值为

$$
\overline{T} = \frac{1}{3}(T_i + T_j + T_m)
\tag{3.27}
$$

于是单元的初应变为

$$\boldsymbol{\varepsilon}_0 = \alpha \overline{T} \begin{bmatrix} 1 \\ 1 \\ 1 \\ 0 \end{bmatrix} \tag{3.28}$$

（3）单元的应力。

将式（3.25）代入式（3.6），得到单元内的应力：

$$\boldsymbol{\sigma} = \boldsymbol{DB\delta}^e = \boldsymbol{S\delta}^e = \begin{bmatrix} \boldsymbol{S}_i & \boldsymbol{S}_j & \boldsymbol{S}_m \end{bmatrix} \boldsymbol{\delta}^e \tag{3.29}$$

式中，$\boldsymbol{S}$ 称为应力矩阵，应力子矩阵为

$$\boldsymbol{S}_i = \boldsymbol{DB}_i = \frac{E(1-\mu)}{2\Delta(1+\mu)(1-2\mu)} \begin{bmatrix} b_i + \Delta_1 A_i & \Delta_1 c_i \\ \Delta_1(b_i + A_i) & c_i \\ \Delta_1 b_i + A_i & \Delta_1 c_i \\ \Delta_2 c_i & \Delta_2 b_i \end{bmatrix} \quad (i, j, m) \text{ 轮换} \tag{3.30}$$

式中，

$$\Delta_1 = \frac{\mu}{1-\mu}, \quad \Delta_2 = \frac{1-2\mu}{2(1-\mu)} \tag{3.31}$$

当考虑初应变时，单元应力为

$$\boldsymbol{\sigma} = \boldsymbol{D}(\boldsymbol{\varepsilon} - \boldsymbol{\varepsilon}_0) \tag{3.32}$$

可见，单元中只有剪应力 τ_{rz} 为常量，其他应力分量都不是常量。

3.5 单元刚度矩阵

应用普遍公式，可以写出

$$\boldsymbol{K}^e = \int_{V^e} \boldsymbol{B}^{\mathrm{T}} \boldsymbol{DB} \, \mathrm{d}V = \int_{V^e} \boldsymbol{B}^{\mathrm{T}} \boldsymbol{DB} r \, \mathrm{d}\theta \mathrm{d}r \mathrm{d}z$$
$$= 2\pi \int_{\Delta} \boldsymbol{B}^{\mathrm{T}} \boldsymbol{DB} r \, \mathrm{d}r \mathrm{d}z \tag{3.33}$$

式中，

$$\boldsymbol{B} = \begin{bmatrix} \boldsymbol{B}_i & \boldsymbol{B}_j & \boldsymbol{B}_m \end{bmatrix}, \quad \boldsymbol{B}^{\mathrm{T}} = \begin{bmatrix} \boldsymbol{B}_i^{\mathrm{T}} \\ \boldsymbol{B}_j^{\mathrm{T}} \\ \boldsymbol{B}_m^{\mathrm{T}} \end{bmatrix} \tag{3.34}$$

于是

$$\boldsymbol{K}^e = 2\pi \int_{\Delta} \begin{bmatrix} \boldsymbol{B}_i^{\mathrm{T}} \\ \boldsymbol{B}_j^{\mathrm{T}} \\ \boldsymbol{B}_m^{\mathrm{T}} \end{bmatrix} \boldsymbol{D} \begin{bmatrix} \boldsymbol{B}_i & \boldsymbol{B}_j & \boldsymbol{B}_m \end{bmatrix} r \mathrm{d}r \mathrm{d}z \tag{3.35}$$

上式又可以写成

$$\boldsymbol{K}^e = \begin{bmatrix} \boldsymbol{K}_{ii} & \boldsymbol{K}_{ij} & \boldsymbol{K}_{im} \\ \boldsymbol{K}_{ji} & \boldsymbol{K}_{jj} & \boldsymbol{K}_{jm} \\ \boldsymbol{K}_{mi} & \boldsymbol{K}_{mj} & \boldsymbol{K}_{mn} \end{bmatrix} \tag{3.36}$$

式中,子矩阵 $\boldsymbol{K}_{st}$ 为 2×2 阶矩阵,即

$$\boldsymbol{K}_{st} = 2\pi \int_{\Delta} \boldsymbol{B}_s{}^{\mathrm{T}} \boldsymbol{D} \boldsymbol{B}_t r \mathrm{d}r \mathrm{d}z \quad (s,t = i,j,m) \tag{3.37}$$

与平面问题不同的是,矩阵 $\boldsymbol{B}$ 内含有元素

$$A_i = \frac{a_i}{r} + b_i + \frac{c_i z}{r} \tag{3.38}$$

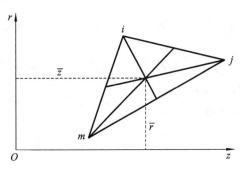

图 3.3　三角形形心坐标

为了便于积分,简化计算,同时为了消除在对称轴上 $r=0$ 时所引起的麻烦,引入三角形形心坐标(见图 3.3):

$$\begin{cases} \bar{r} = \dfrac{r_i + r_j + r_m}{3} \\ \bar{z} = \dfrac{z_i + z_j + z_m}{3} \end{cases} \tag{3.39}$$

将矩阵 $\boldsymbol{B}_s(\boldsymbol{B}_t)$ 分成与坐标 r、z 无关的常值部分 $\overline{\boldsymbol{B}_s}(\overline{\boldsymbol{B}_t})$ 和与坐标 r、z 有关的变值部分 $\boldsymbol{B}_s'(\boldsymbol{B}_t')$,即

$$\begin{aligned} \boldsymbol{B}_s &= \overline{\boldsymbol{B}_s} + \boldsymbol{B}_s' \\ \boldsymbol{B}_t &= \overline{\boldsymbol{B}_t} + \boldsymbol{B}_t' \end{aligned} \tag{3.40}$$

以矩阵 $\boldsymbol{B}_s$ 为例,将其展开:

$$\boldsymbol{B}_s = \frac{1}{2\Delta}\begin{bmatrix} b_s & 0 \\ 0 & c_s \\ A_s & 0 \\ c_s & b_s \end{bmatrix} = \frac{1}{2\Delta}\begin{bmatrix} b_s & 0 \\ 0 & c_s \\ \overline{A_s} & 0 \\ c_s & b_s \end{bmatrix} + \frac{1}{2\Delta}\begin{bmatrix} 0 & 0 \\ 0 & 0 \\ A_s' & 0 \\ 0 & 0 \end{bmatrix} = \overline{\boldsymbol{B}_s} + \boldsymbol{B}_s' \tag{3.41}$$

式中,

$$\begin{cases} \overline{A_s} = \dfrac{a_s}{\bar{r}} + b_s + \dfrac{c_s \bar{z}}{\bar{r}} \\ A_s' = -\dfrac{a_s}{\bar{r}} - \dfrac{c_s \bar{z}}{\bar{r}} + \dfrac{a_s}{r} + \dfrac{c_s z}{r} \end{cases} \tag{3.42}$$

常值部分 $\overline{\boldsymbol{B}_s}$ 是根据三角形形心坐标 $\bar{r}$、$\bar{z}$ 求出的,对于给定的三角形单元,是个常量矩阵,与坐标 r、z 无关。

单元刚度矩阵的子矩阵为

$$\begin{aligned} \boldsymbol{K}_{st} &= 2\pi \int_{\Delta} \boldsymbol{B}_s{}^{\mathrm{T}} \boldsymbol{D} \boldsymbol{B}_t r \mathrm{d}r \mathrm{d}z \\ &= 2\pi \int_{\Delta} (\overline{\boldsymbol{B}_s}{}^{\mathrm{T}} + \boldsymbol{B}_s'{}^{\mathrm{T}}) \boldsymbol{D} (\overline{\boldsymbol{B}_t} + \boldsymbol{B}_t') r \mathrm{d}r \mathrm{d}z \\ &= 2\pi \int_{\Delta} \overline{\boldsymbol{B}_s}{}^{\mathrm{T}} \boldsymbol{D}\, \overline{\boldsymbol{B}_t} r \mathrm{d}r \mathrm{d}z + 2\pi \int_{\Delta} \boldsymbol{B}_s'{}^{\mathrm{T}} \boldsymbol{D} \boldsymbol{B}_t' r \mathrm{d}r \mathrm{d}z + 2\pi \int_{\Delta} \overline{\boldsymbol{B}_s}{}^{\mathrm{T}} \boldsymbol{D} \boldsymbol{B}_t' r \mathrm{d}r \mathrm{d}z \\ &\quad + 2\pi \int_{\Delta} \boldsymbol{B}_s'{}^{\mathrm{T}} \boldsymbol{D}\, \overline{\boldsymbol{B}_t} r \mathrm{d}r \mathrm{d}z \quad (s,t = i,j,m) \end{aligned} \tag{3.43}$$

可以证明,变值部分 $\boldsymbol{B}_s'$ 对三角形面积的积分等于 0。于是,单元刚度矩阵的子矩阵简化为

$$\boldsymbol{K}_{st} = \overline{\boldsymbol{K}_{st}} + \boldsymbol{K}'_{st} = 2\pi \int_{\Delta} \overline{\boldsymbol{B}_s}^{\mathrm{T}} \boldsymbol{D} \, \overline{\boldsymbol{B}_t} r \, \mathrm{d}r \mathrm{d}z + 2\pi \int_{\Delta} \boldsymbol{B}'^{\mathrm{T}}_s \boldsymbol{D} \boldsymbol{B}'_t r \, \mathrm{d}r \mathrm{d}z \tag{3.44}$$

其中，$\boldsymbol{B}'_s$ 的积分等于 0，单元刚度矩阵子矩阵的常值部分可以进一步表示为

$$\begin{aligned}
\overline{\boldsymbol{K}_{st}} &= 2\pi \int_{\Delta} \overline{\boldsymbol{B}_s}^{\mathrm{T}} \boldsymbol{D} \, \overline{\boldsymbol{B}_t} r \, \mathrm{d}r \mathrm{d}z \\
&= 2\pi \, \overline{\boldsymbol{B}_s}^{\mathrm{T}} \boldsymbol{D} \, \overline{\boldsymbol{B}_t} \int_{\Delta} r \, \mathrm{d}r \mathrm{d}z \\
&= 2\pi \, \overline{\boldsymbol{B}_s}^{\mathrm{T}} \boldsymbol{D} \, \overline{\boldsymbol{B}_t} \, \bar{r} \Delta \\
&= \frac{\pi \bar{r} \Delta_3}{2\Delta} \begin{bmatrix} b_s(b_t + \Delta_1 \overline{A_t}) + \overline{A_s}(\Delta_1 b_t + \overline{A_t}) + \Delta_2 c_s c_t & \Delta_1 c_t (b_s + \overline{A_s}) + \Delta_2 c_s b_t \\ \Delta_1 c_s (b_t + \overline{A_t}) + \Delta_2 b_s c_t & c_s c_t + \Delta_2 b_s b_t \end{bmatrix}
\end{aligned}$$
$$(s,t = i,j,m)$$
$$\tag{3.45}$$

式中，

$$\Delta_1 = \frac{\mu}{1-\mu}, \quad \Delta_2 = \frac{1-2\mu}{2(1-\mu)}, \quad \Delta_3 = \frac{E(1-\mu)}{(1+\mu)(1-2\mu)} \tag{3.46}$$

单元刚度矩阵子矩阵的变值部分可以进一步表示为

$$\begin{aligned}
\boldsymbol{K}'_{st} &= 2\pi \int_{\Delta} \boldsymbol{B}'^{\mathrm{T}}_s \boldsymbol{D} \boldsymbol{B}'_t r \, \mathrm{d}r \mathrm{d}z \\
&= \frac{\pi \bar{r} \Delta_3}{2\Delta} \Omega_{st} \begin{bmatrix} 1 & 0 \\ 0 & 0 \end{bmatrix} \quad (s,t = i,j,m)
\end{aligned} \tag{3.47}$$

式中，

$$\Delta_3 = \frac{E(1-\mu)}{(1+\mu)(1-2\mu)}, \quad \Omega_{st} = \frac{1}{\bar{r}} \left[a_s a_t \left(I_1 - \frac{1}{\bar{r}} \right) + (a_s c_t + a_t c_s) \left(I_2 - \frac{\bar{z}}{\bar{r}} \right) + c_s c_t \left(I_3 - \frac{\bar{z}^2}{\bar{r}} \right) \right]$$
$$(s,t = i,j,m)$$
$$\tag{3.48}$$

式中，

$$\begin{cases} I_1 = \dfrac{1}{\Delta} \displaystyle\int_{\Delta} \frac{1}{r} \mathrm{d}r \mathrm{d}z \\[2mm] I_2 = \dfrac{1}{\Delta} \displaystyle\int_{\Delta} \frac{z}{r} \mathrm{d}r \mathrm{d}z \\[2mm] I_3 = \dfrac{1}{\Delta} \displaystyle\int_{\Delta} \frac{z^2}{r} \mathrm{d}r \mathrm{d}z \end{cases} \tag{3.49}$$

式 (3.49) 中的 3 个积分可以利用二维高斯积分公式进行数值计算，即

$$\int_{-1}^{1} \int_{-1}^{1} f(\xi, \eta) \, \mathrm{d}\xi \mathrm{d}\eta = \sum_{i=1}^{n} \sum_{j=1}^{n} W_i W_j f(\xi_i, \eta_j) \tag{3.50}$$

这一部分内容将在第 5 章中具体介绍。在笛卡儿坐标系中计算上式积分比较麻烦。为了方便起见，可以在面积坐标系中进行计算，即

$$\int_{\Delta} f(r,z) \, \mathrm{d}r \mathrm{d}z = \int_{\Delta} F(L_i, L_j, L_m) 2\Delta \mathrm{d}L_i \mathrm{d}L_j = \Delta \sum_{k=1}^{n} 2H_k F(L_{ik}, L_{jk}, L_{mk}) \tag{3.51}$$

式中,n 为积分点数,$2H_k$ 为加权系数,L_{ik}、L_{jk}、L_{mk} 为点 k 的 3 个面积坐标值,可参见表 3.1。利用圆柱坐标与面积坐标的关系,将上述三个积分转化为面积坐标表达式,然后进行数值积分。

表 3.1　三角形面积上数值积分表

图　形	n	积分点的面积坐标	加权系数 $2H_k$
	1	$a\left(\dfrac{1}{3},\dfrac{1}{3},\dfrac{1}{3}\right)$	1
	3	$a\left(\dfrac{1}{2},\dfrac{1}{2},0\right)$ $b\left(0,\dfrac{1}{2},\dfrac{1}{2}\right)$ $c\left(\dfrac{1}{2},0,\dfrac{1}{2}\right)$	$\dfrac{1}{3}$
	7	$a\left(\dfrac{1}{3},\dfrac{1}{3},\dfrac{1}{3}\right)$	$\dfrac{27}{60}$
		$\begin{cases}b\left(\dfrac{1}{2},\dfrac{1}{2},0\right)\\c\left(0,\dfrac{1}{2},\dfrac{1}{2}\right)\\d\left(\dfrac{1}{2},0,\dfrac{1}{2}\right)\end{cases}$	$\dfrac{8}{60}$
		$\begin{cases}e(1,0,0)\\f(0,1,0)\\g(0,0,1)\end{cases}$	$\dfrac{3}{60}$

图　　形	n	积分点的面积坐标	加权系数 $2H_k$
	7	$a\left(\dfrac{1}{3},\dfrac{1}{3},\dfrac{1}{3}\right)$	0.225
		$\begin{cases} b(\alpha_2,\beta_2,\beta_2) \\ c(\beta_2,\alpha_2,\beta_2) \\ d(\beta_2,\beta_2,\alpha_2) \end{cases}$	0.132 394 15
		$\begin{cases} e(\alpha_3,\beta_3,\beta_3) \\ f(\beta_3,\alpha_3,\beta_3) \\ g(\beta_3,\beta_3,\alpha_3) \end{cases}$ 其中： $\alpha_2 = 0.059\ 615\ 87$ $\beta_2 = 0.470\ 192\ 06$ $\alpha_3 = 0.797\ 426\ 99$ $\beta_3 = 0.101\ 286\ 51$	0.125 939 18

$$\begin{cases} I_1 = \displaystyle\sum_{k=1}^{n} 2H_k\ \dfrac{1}{L_{ik}r_i + L_{jk}r_j + L_{mk}r_m} \\[2mm] I_2 = \displaystyle\sum_{k=1}^{n} 2H_k\ \dfrac{L_{ik}z_i + L_{jk}z_j + L_{mk}z_m}{L_{ik}r_i + L_{jk}r_j + L_{mk}r_m} \\[2mm] I_3 = \displaystyle\sum_{k=1}^{n} 2H_k\ \dfrac{(L_{ik}z_i + L_{jk}z_j + L_{mk}z_m)^2}{L_{ik}r_i + L_{jk}r_j + L_{mk}r_m} \end{cases} \tag{3.52}$$

3.6　结构刚度矩阵

求出单元刚度矩阵后，按照前文介绍的方法，通过考察各节点(圆)静力平衡，得出结构的总体载荷列阵 $\boldsymbol{R}$ 与各节点位移列阵 $\boldsymbol{\delta}$ 之间的关系，即

$$\boldsymbol{K\delta} = \boldsymbol{R} \tag{3.53}$$

式中，$\boldsymbol{K}$ 为结构刚度矩阵。

式(3.53)称为结构刚度方程。结构刚度矩阵可由各单元刚度矩阵叠加得到。

3.7　等效节点载荷

对于轴对称问题，在结构离散化过程中，若轴对称载荷不是作用在节点位置，则可以按照能量等效的原则，将轴对称载荷转化为等效节点载荷。这些等效节点载荷仍然是轴对称载荷，是分布在节点圆上的线载荷。

下面介绍几种用于计算轴对称载荷的等效节点载荷的公式。

(1) 集中力的等效节点载荷。

在三角形环单元边界上作用有集中力

$$\boldsymbol{P} = \begin{bmatrix} P_r \\ R_z \end{bmatrix} \tag{3.54}$$

即呈轴对称分布的线载荷(分布在一个圆周上的轴对称载荷)。按类似常应变三角形单元的方法,移置到 3 个节点上的等效节点载荷列阵为

$$\boldsymbol{R}^e = \begin{bmatrix} \boldsymbol{R}_i \\ \boldsymbol{R}_j \\ \boldsymbol{R}_m \end{bmatrix} = \begin{bmatrix} R_{ir} \\ R_{iz} \\ R_{jr} \\ R_{jz} \\ R_{mr} \\ R_{mz} \end{bmatrix} = 2\pi r \boldsymbol{N}^{\mathrm{T}} \boldsymbol{P} \tag{3.55}$$

式中,r 为集中力作用点的半径。值得注意的是,等效节点载荷也是节点圆周上的分布力。

(2) 体积力的等效节点载荷。

设单元上作用有体积力

$$\boldsymbol{g} = \begin{bmatrix} g_r \\ g_z \end{bmatrix} \tag{3.56}$$

按类似常应变三角形单元的方法,它的等效节点载荷列阵为

$$\boldsymbol{R}^e = \begin{bmatrix} \boldsymbol{R}_i \\ \boldsymbol{R}_j \\ \boldsymbol{R}_m \end{bmatrix} = \begin{bmatrix} R_{ir} \\ R_{iz} \\ R_{jr} \\ R_{jz} \\ R_{mr} \\ R_{mz} \end{bmatrix} = 2\pi \int_\Delta \boldsymbol{N}^{\mathrm{T}} \boldsymbol{g} r \, \mathrm{d}r \mathrm{d}z \tag{3.57}$$

如果轴对称载荷为轴对称体自身的重力,材料密度为 ρ,旋转对称轴 z 垂直于地面,此时重力只有 z 方向的分量,因此体积力为

$$\boldsymbol{g} = \begin{bmatrix} g_r \\ g_z \end{bmatrix} = \begin{bmatrix} 0 \\ -\rho \end{bmatrix} \tag{3.58}$$

等效节点载荷列阵为

$$\boldsymbol{R}^e = \begin{bmatrix} \boldsymbol{R}_i \\ \boldsymbol{R}_j \\ \boldsymbol{R}_m \end{bmatrix} = 2\pi \int_\Delta \boldsymbol{N}^{\mathrm{T}} \begin{bmatrix} 0 \\ -\rho \end{bmatrix} r \, \mathrm{d}r \mathrm{d}z \tag{3.59}$$

对于节点 i,则有

$$\boldsymbol{R}_i^e = \begin{bmatrix} R_{ir} \\ R_{iz} \end{bmatrix} = 2\pi \int_\Delta N_i \begin{bmatrix} 0 \\ -\rho \end{bmatrix} r \, \mathrm{d}r \mathrm{d}z \quad (i,j,m) \text{ 轮换} \tag{3.60}$$

利用面积坐标,可以计算得到节点 i 的等效节点载荷为

$$\boldsymbol{R}_i^e = \begin{bmatrix} \boldsymbol{R}_{ir} \\ \boldsymbol{R}_{iz} \end{bmatrix} = \begin{bmatrix} 0 \\ -\dfrac{\pi}{6}\Delta(3\bar{r}+r_i) \end{bmatrix} \quad (i,j,m) \text{ 轮换}$$

如果轴对称载荷为离心力,设旋转机械绕 z 轴旋转的角速度为 ω,材料的密度为 ρ,则

$$\boldsymbol{g} = \begin{bmatrix} g_r \\ g_z \end{bmatrix} = \begin{bmatrix} \rho\omega^2 r \\ 0 \end{bmatrix} \tag{3.61}$$

等效节点载荷为

$$\boldsymbol{R}^e = \begin{bmatrix} \boldsymbol{R}_i \\ \boldsymbol{R}_j \\ \boldsymbol{R}_m \end{bmatrix} = 2\pi \int_{\Delta} \boldsymbol{N}^{\mathrm{T}} \begin{bmatrix} \rho\omega^2 r \\ 0 \end{bmatrix} r\mathrm{d}r\mathrm{d}z \tag{3.62}$$

对于节点 i,并利用面积积分公式,得

$$\boldsymbol{R}_i^e = \begin{bmatrix} R_{ir} \\ R_{iz} \end{bmatrix} = \begin{bmatrix} \dfrac{\pi\rho\omega^2\Delta}{15}(9\bar{r}^2 + 2r_i^2 - r_j r_m) \\ 0 \end{bmatrix} \quad (i,j,m) \text{ 轮换} \tag{3.63}$$

（3）表面力的等效节点载荷。

设三角形环单元的 $i-m$ 环形表面上作用有均布载荷 $\boldsymbol{q}$（见图 3.4）,则表面力为

$$\boldsymbol{q} = \begin{bmatrix} q_r \\ q_z \end{bmatrix} = \begin{bmatrix} q\sin\alpha \\ -q\cos\alpha \end{bmatrix} = \begin{bmatrix} q\dfrac{z_m - z_i}{l_{im}} \\ q\dfrac{r_i - r_m}{l_{im}} \end{bmatrix} \tag{3.64}$$

式中,l_{im} 为 im 边的边长。

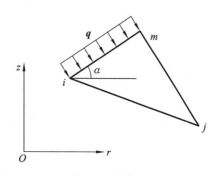

图 3.4　单元表面力

根据式（2.46）,等效节点载荷公式为

$$\boldsymbol{R}^e = \begin{bmatrix} \boldsymbol{R}_i \\ \boldsymbol{R}_j \\ \boldsymbol{R}_m \end{bmatrix} = 2\pi \int_{l_{im}} \boldsymbol{N}^{\mathrm{T}} \boldsymbol{q} r\mathrm{d}s \tag{3.65}$$

对于节点 i,有

$$\boldsymbol{R}_i^e = \begin{bmatrix} R_{ir} \\ R_{iz} \end{bmatrix} = 2\pi \int_{l_{im}} N_i \begin{bmatrix} q\dfrac{z_m - z_i}{l_{im}} \\ q\dfrac{r_i - r_m}{l_{im}} \end{bmatrix} r\mathrm{d}s \tag{3.66}$$

式中,积分

$$\int_{l_{im}} N_i r\mathrm{d}s = \int_{l_{im}} L_i(L_i r_i + L_j r_j + L_m r_m)\mathrm{d}s \tag{3.67}$$

注意到沿边界 im 积分时 $L_j = 0$,于是上式变为

$$\int_{l_{im}} N_i r\mathrm{d}s = \int_{l_{im}} L_i(L_i r_i + L_m r_m)\mathrm{d}s \tag{3.68}$$

代入式（3.66）得

$$\boldsymbol{R}_i^e = \begin{bmatrix} R_{ir} \\ R_{iz} \end{bmatrix} = \frac{\pi q}{3}(2r_i + r_m) \begin{bmatrix} z_m - z_i \\ r_i - r_m \end{bmatrix} \tag{3.69}$$

同理，可得节点 m 的等效节点载荷为

$$\boldsymbol{R}_m^e = \begin{bmatrix} R_{mr} \\ R_{mz} \end{bmatrix} = \frac{\pi q}{3}(r_i + 2r_m)\begin{bmatrix} z_m - z_i \\ r_i - r_m \end{bmatrix} \tag{3.70}$$

因为沿 im 边 $L_j = 0$，所以

$$\boldsymbol{R}_j^e = \begin{bmatrix} R_{jr} \\ R_{jz} \end{bmatrix} = \begin{bmatrix} 0 \\ 0 \end{bmatrix} \tag{3.71}$$

（4）温度改变的等效节点载荷。

由初始热应变引起的等效节点载荷为

$$\boldsymbol{R}_t^e = \begin{bmatrix} \boldsymbol{R}_{ti} \\ \boldsymbol{R}_{tj} \\ \boldsymbol{R}_{tm} \end{bmatrix} = \int_{V^e} \boldsymbol{B}^{\mathrm{T}} \boldsymbol{D} \boldsymbol{\varepsilon}_0 \, \mathrm{d}V = 2\pi \int_{\triangle} \boldsymbol{B}^{\mathrm{T}} \boldsymbol{D} \boldsymbol{\varepsilon}_0 r \mathrm{d}r \mathrm{d}z \tag{3.72}$$

对于节点 i，有

$$\boldsymbol{R}_{ti}^e = \begin{bmatrix} R_{tir} \\ R_{tiz} \end{bmatrix} = 2\pi \int_{\triangle} \boldsymbol{B}_i^{\mathrm{T}} \boldsymbol{D} \boldsymbol{\varepsilon}_0 r \mathrm{d}r \mathrm{d}z$$

$$= \frac{E\pi\alpha T}{1 - 2\mu}\begin{bmatrix} b_i \bar{r} + \dfrac{2}{3}\triangle \\ \\ c_i \bar{r} \end{bmatrix} \quad (i, j, m)\text{轮换} \tag{3.73}$$

3.8 应 力 计 算

引入几何边界条件，求解以节点位移列阵 $\boldsymbol{\delta}$ 为未知数的矩阵方程，即

$$\boldsymbol{K}\boldsymbol{\delta} = \boldsymbol{R} \tag{3.74}$$

可以得到各节点的位移值。由下式即可求出单元内任意一点的应力：

$$\boldsymbol{\sigma} = \boldsymbol{D}\boldsymbol{B}\boldsymbol{\delta}^e = \boldsymbol{S}\boldsymbol{\delta}^e = \begin{bmatrix} \boldsymbol{S}_i & \boldsymbol{S}_j & \boldsymbol{S}_m \end{bmatrix}\begin{bmatrix} \boldsymbol{\delta}_i \\ \boldsymbol{\delta}_j \\ \boldsymbol{\delta}_m \end{bmatrix}$$

$$= \boldsymbol{S}_i \boldsymbol{\delta}_i + \boldsymbol{S}_j \boldsymbol{\delta}_j + \boldsymbol{S}_m \boldsymbol{\delta}_m = \boldsymbol{\sigma}_i + \boldsymbol{\sigma}_j + \boldsymbol{\sigma}_m \tag{3.75}$$

将 $\boldsymbol{S}_i$ 和 $\boldsymbol{\delta}_i$ 代入上式，得到

$$\boldsymbol{\sigma}_i = \boldsymbol{S}_i \boldsymbol{\delta}_i = \frac{E(1-\mu)}{2\triangle(1+\mu)(1-2\mu)}\begin{bmatrix} b_i + \triangle_1 A_i & \triangle_1 c_i \\ \triangle_1 (b_i + A_i) & c_i \\ \triangle_1 b_i + A_i & \triangle_1 c_i \\ \triangle_2 c_i & \triangle_2 b_i \end{bmatrix}\begin{bmatrix} u_i \\ v_i \end{bmatrix}$$

$$= \frac{E(1-\mu)}{2\triangle(1+\mu)(1-2\mu)}\begin{bmatrix} b_i u_i + \triangle_1 A_i u_i + \triangle_1 c_i v_i \\ \triangle_1 b_i u_i + \triangle_1 A_i u_i + c_i v_i \\ \triangle_1 b_i u_i + A_i u_i + \triangle_1 c_i v_i \\ \triangle_2 c_i u_i + \triangle_2 b_i v_i \end{bmatrix} \quad (i, j, m)\text{轮换} \tag{3.76}$$

将 $\boldsymbol{\sigma}_i$、$\boldsymbol{\sigma}_j$ 和 $\boldsymbol{\sigma}_m$ 叠加，即可得到所要求的应力列阵：

$$\boldsymbol{\sigma} = \boldsymbol{\sigma}_i + \boldsymbol{\sigma}_j + \boldsymbol{\sigma}_m \tag{3.77}$$

为了便于计算,常将单元形心位置$(\bar{r},\bar{z})$的应力作为单元的平均应力,这时用形心坐标$\bar{r}$、$\bar{z}$替换式(3.76)中的r、z即可。

若计算热应力,在计算等效节点载荷时,附加计算一个由温度变化引起的等效节点载荷,由考虑温度变化的结构刚度方程求出节点位移后,再计算单元内任意一点的应变,其中应扣除初始热应变,应力列阵由下式计算,即

$$\boldsymbol{\sigma} = \boldsymbol{D}(\boldsymbol{\varepsilon} - \boldsymbol{\varepsilon}_0) \tag{3.78}$$

第 4 章　平面等参单元

平面三节点三角形单元是最为简单的二维平面单元,它的应变在单元内部是常数。实际构件中的应变通常是连续分布的,因此采用三角形单元进行计算时,如果单元的密度较小,计算结果与真实值的差别较大,需要通过提高网格密度来提高计算精度。

人们通常采用提高单元位移函数阶次的方式来提高计算精度。本章我们将学习最常用的一类单元——等参单元,并介绍构造此类单元的一般方法。

4.1　位 移 函 数

图 4.1 所示为采用平面四节点单元离散的结构。取出一个单元来作为研究对象,建立曲线局部坐标系 $\zeta O \eta$。单元的四个节点用 1、2、3、4 来表示。ζ 和 η 的变化范围均为 -1 到 1。单元内任意一点 P 的 x 方向和 y 方向位移分别为 u 和 v。它们是局部坐标 ζ 和 η 的函数。

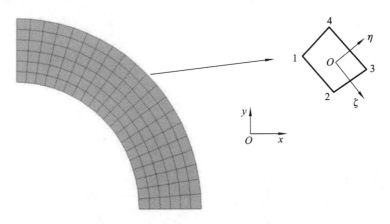

图 4.1　采用平面四节点单元离散的结构

有限元法中通常将位移表示为形函数与节点位移的线性组合。图 4.1 所示的单元含有四个节点,因此位移函数可表示为如下形式:

$$\begin{cases} u(\zeta,\eta) = N_1(\zeta,\eta)u_1 + N_2(\zeta,\eta)u_2 + N_3(\zeta,\eta)u_3 + N_4(\zeta,\eta)u_4 \\ v(\zeta,\eta) = N_1(\zeta,\eta)v_1 + N_2(\zeta,\eta)v_2 + N_3(\zeta,\eta)v_3 + N_4(\zeta,\eta)v_4 \end{cases} \tag{4.1}$$

根据 2.1 节所述,位移函数需要满足以下两个条件。

(1) 完备性:位移函数应该包含常应变项和刚体位移项。

如果在势能泛函中出现的位移函数的最高阶导数是 m 阶,则选取的位移函数至少是 m 阶完全多项式。

（2）协调性：相邻单元公共边界保持位移连续。

如果在势能泛函中出现的位移函数的最高阶导数是 m 阶，则位移函数在单元交界面上必须具有直至 $m-1$ 阶连续导数，即具有 C_{m-1} 连续性。

4.2　形　函　数

为了保证位移函数满足上述两个条件，形函数一般需要具备如下两个性质。

（1）形函数 N_i 在节点 i 处的值为 1，而在其他三个节点处的值为 0。

（2）在单元任一点处，四个形函数之和等于 1。

其中，性质（1）是为了保证位移函数的协调性，性质（2）为了保证位移函数的收敛性。我们先根据性质（1）构造形函数。

以 N_1 为例，参照图 4.1，N_1 在除节点 1 以外的节点处等于 0，那么 N_1 应该包含过节点 3 和 4 的直线方程以及过节点 2 和 3 的直线方程。于是，初步构造 N_1 为

$$N_1 = (\zeta - 1)(\eta - 1) \tag{4.2}$$

该函数能够保证 N_1 在节点 2、3、4 处的值为 0。我们将节点 1 的坐标代入方程（4.2）后发现 $N_1 = 4$，为了保证 N_1 等于 1，我们将方程（4.2）除以 4。于是，得到最终的节点 1 形函数：

$$N_1 = \frac{1}{4}(\zeta - 1)(\eta - 1) \tag{4.3}$$

采用相同的方法构造节点 2、3、4 的形函数，最终得到统一表达式：

$$N_i(\zeta, \eta) = \frac{1}{4}(1 + \zeta_i \zeta)(1 + \eta_i \eta) \quad (i = 1, 2, 3, 4) \tag{4.4}$$

式中，(ζ_i, η_i) 是节点 i 的局部坐标。

四个形函数加起来，可以发现满足性质（2），因此该形函数是可行的。

四节点等参单元的位移函数表达式如下：

$$\begin{cases} u(\zeta, \eta) = \sum_{i=1}^{4} N_i(\zeta, \eta) u_i \\ v(\zeta, \eta) = \sum_{i=1}^{4} N_i(\zeta, \eta) v_i \end{cases} \tag{4.5}$$

为了提高位移函数的阶次，还可以在图 4.1 所示的单元上添加中间节点。这样单元的节点数变为 8 个，如图 4.2 所示。

位移函数具有如下形式：

$$\begin{cases} u(\zeta, \eta) = \sum_{i=1}^{8} N_i(\zeta, \eta) u_i \\ v(\zeta, \eta) = \sum_{i=1}^{8} N_i(\zeta, \eta) v_i \end{cases} \tag{4.6}$$

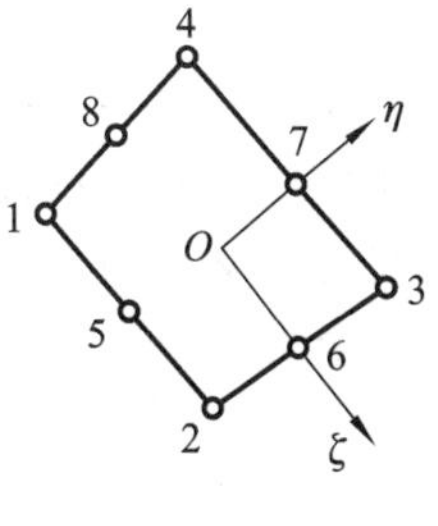

图 4.2　平面八节点等参单元

仍然采用画线法来构造八节点等参单元的形函数，以节点 1 为例。因为要保证在除了节点 1 外所有的节点处 $N_1 = 0$，所以 N_1 的表达式中应该包含分别由节点 2 和 3、节点 3 和 4 以及节点 5 和 8 构成的直线方程。初步构造 N_1 的表达式如下：

$$N_1 = (\zeta - 1)(\eta - 1)(\zeta + \eta + 1) \tag{4.7}$$

为了保证 N_1 在节点 1 处的数值等于 1,将节点 1 的坐标代入方程(4.7)后得 $N_1 = -4$。因此,将 N_1 除以 -4 后得到最终的 N_1:

$$N_1 = \frac{1}{4}(1 - \zeta)(1 - \eta)(-\zeta - \eta - 1) \tag{4.8}$$

节点 2、3、4 可以用类似的方法得到。于是,可得节点 1~4 的形函数表达式为

$$N_i(\zeta, \eta) = \frac{1}{4}(1 + \zeta_i \zeta)(1 + \eta_i \eta)(\zeta_i \zeta + \eta_i \eta - 1) \quad (i = 1, 2, 3, 4) \tag{4.9}$$

节点 5 的形函数要求在除节点 5 以外的节点处都等于 0,因此 N_5 应该包含分别过节点 1 和 4、节点 2 和 3 以及节点 3 和 4 的直线方程,初步得 N_5 的表达式:

$$N_5 = (\zeta - 1)(\zeta + 1)(\eta - 1) \tag{4.10}$$

在节点 5 处 $N_5 = 2$,为了保证 N_5 在节点 5 处等于 1,将 N_5 除以 2,最终得 N_5 的表达式:

$$N_5 = \frac{1}{2}(1 - \zeta)(\zeta + 1)(1 - \eta) \tag{4.11}$$

用类似的方法还可以得到 N_6、N_7 和 N_8 的表达式,因此有

$$N_i = \frac{1}{2}(1 - \zeta^2)(1 + \eta_i \eta) \quad (i = 5, 7), \quad N_i = \frac{1}{2}(1 - \eta^2)(1 + \zeta_i \zeta) \quad (i = 6, 8) \tag{4.12}$$

4.3　单元刚度矩阵

有了位移函数表达式(即式(4.5)和式(4.6)),我们就可以通过几何方程得到应变的表达式:

$$\begin{cases} \varepsilon_x = \dfrac{\partial u}{\partial x} = \displaystyle\sum_{i=1}^{m} \dfrac{\partial N_i}{\partial x} u_i \\[2mm] \varepsilon_y = \dfrac{\partial v}{\partial y} = \displaystyle\sum_{i=1}^{m} \dfrac{\partial N_i}{\partial y} v_i \\[2mm] \gamma_{xy} = \dfrac{\partial u}{\partial y} + \dfrac{\partial v}{\partial x} = \displaystyle\sum_{i=1}^{m} \dfrac{\partial N_i}{\partial y} u_i + \sum_{i=1}^{m} \dfrac{\partial N_i}{\partial x} v_i \end{cases} \tag{4.13}$$

式中,m 是单元内节点总数,对于四节点单元 $m = 4$,对于八节点单元 $m = 8$。

从方程(4.13)可见,要计算应变,需要计算形函数对坐标的偏导数。然而所有形函数均表达为局部坐标的形式,还需要建立局部坐标和全局坐标 x、y 之间的关系才能进行计算。受到位移函数的启发,我们只要将方程(4.5)或者方程(4.6)的节点位移换成节点坐标,即可建立局部坐标和全局笛卡儿坐标之间的关系,即

$$x(\zeta, \eta) = \sum_{i=1}^{m} N_i(\zeta, \eta) x_i, \quad y(\zeta, \eta) = \sum_{i=1}^{m} N_i(\zeta, \eta) y_i \tag{4.14}$$

式中,x_i 和 y_i 是节点 i 的笛卡儿坐标。

于是:

$$\frac{\partial N_i}{\partial \zeta} = \frac{\partial N_i}{\partial x} \frac{\partial x}{\partial \zeta} + \frac{\partial N_i}{\partial y} \frac{\partial y}{\partial \zeta}, \quad \frac{\partial N_i}{\partial \eta} = \frac{\partial N_i}{\partial x} \frac{\partial x}{\partial \eta} + \frac{\partial N_i}{\partial y} \frac{\partial y}{\partial \eta} \tag{4.15}$$

写成矩阵形式为

$$\begin{bmatrix} \dfrac{\partial N_i}{\partial \zeta} \\[2ex] \dfrac{\partial N_i}{\partial \eta} \end{bmatrix} = \begin{bmatrix} \dfrac{\partial x}{\partial \zeta} & \dfrac{\partial y}{\partial \zeta} \\[2ex] \dfrac{\partial x}{\partial \eta} & \dfrac{\partial y}{\partial \eta} \end{bmatrix} \cdot \begin{bmatrix} \dfrac{\partial N_i}{\partial x} \\[2ex] \dfrac{\partial N_i}{\partial y} \end{bmatrix} \tag{4.16}$$

求逆后得

$$\begin{bmatrix} \dfrac{\partial N_i}{\partial x} \\[2ex] \dfrac{\partial N_i}{\partial y} \end{bmatrix} = \begin{bmatrix} \dfrac{\partial x}{\partial \zeta} & \dfrac{\partial y}{\partial \zeta} \\[2ex] \dfrac{\partial x}{\partial \eta} & \dfrac{\partial y}{\partial \eta} \end{bmatrix}^{-1} \cdot \begin{bmatrix} \dfrac{\partial N_i}{\partial \zeta} \\[2ex] \dfrac{\partial N_i}{\partial \eta} \end{bmatrix} \tag{4.17}$$

形如方程(4.14)的变换称为等参变换,这样的单元也称为等参单元。如果单元坐标插值的阶次大于位移的阶次,那么该单元称为超参单元。如果单元坐标插值的阶次低于位移的阶次,那么该单元称为次参单元。定义

$$\boldsymbol{J} = \begin{bmatrix} \dfrac{\partial x}{\partial \zeta} & \dfrac{\partial y}{\partial \zeta} \\[2ex] \dfrac{\partial x}{\partial \eta} & \dfrac{\partial y}{\partial \eta} \end{bmatrix} \tag{4.18}$$

式中,$\boldsymbol{J}$ 为坐标变换矩阵或者雅可比矩阵。它的逆矩阵为

$$\boldsymbol{J}^{-1} = \frac{1}{|\boldsymbol{J}|} \begin{bmatrix} \dfrac{\partial y}{\partial \eta} & -\dfrac{\partial y}{\partial \zeta} \\[2ex] -\dfrac{\partial x}{\partial \eta} & \dfrac{\partial y}{\partial \zeta} \end{bmatrix} \tag{4.19}$$

式中,

$$|\boldsymbol{J}| = \frac{\partial x}{\partial \zeta} \frac{\partial y}{\partial \eta} - \frac{\partial y}{\partial \zeta} \frac{\partial x}{\partial \eta} \tag{4.20}$$

称作变换行列式或雅可比行列式。将方程(4.19)代入方程(4.17)后得

$$\begin{cases} \dfrac{\partial N_i}{\partial x} = \dfrac{1}{|\boldsymbol{J}|} \left(\dfrac{\partial y}{\partial \eta} \dfrac{\partial N_i}{\partial \zeta} - \dfrac{\partial y}{\partial \zeta} \dfrac{\partial N_i}{\partial \eta} \right) \\[3ex] \dfrac{\partial N_i}{\partial y} = \dfrac{1}{|\boldsymbol{J}|} \left(-\dfrac{\partial x}{\partial \eta} \dfrac{\partial N_i}{\partial \zeta} + \dfrac{\partial x}{\partial \zeta} \dfrac{\partial N_i}{\partial \eta} \right) \end{cases} \tag{4.21}$$

利用上式,可以把任一形函数 $N_i(\zeta, \eta)$ 对 x、y 求导的问题转化为对 ζ、η 求导的问题。为了计算单元刚度矩阵及等效节点载荷,还要把总体坐标下的微元面积 $\mathrm{d}A$ 转换到局部坐标上去,如图 4.3 所示。

设 ζ 和 η 是平面中的曲线坐标。$\mathrm{d}\boldsymbol{\zeta}$ 是与曲线 $\eta = k_1$ 相切的矢量,$\mathrm{d}\boldsymbol{\eta}$ 是与曲线 $\zeta = \overline{k_1}$ 相切的矢量,其中 k_1、$\overline{k_1}$ 均为常量,于是

$$\begin{cases} \mathrm{d}\boldsymbol{\zeta} = \boldsymbol{i} \dfrac{\partial x}{\partial \zeta} \mathrm{d}\zeta + \boldsymbol{j} \dfrac{\partial y}{\partial \zeta} \mathrm{d}\zeta \\[3ex] \mathrm{d}\boldsymbol{\eta} = \boldsymbol{i} \dfrac{\partial x}{\partial \eta} \mathrm{d}\eta + \boldsymbol{j} \dfrac{\partial y}{\partial \eta} \mathrm{d}\eta \end{cases} \tag{4.22}$$

令

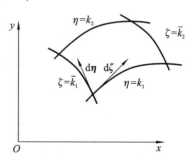

图 4.3　曲线坐标上的微元面积

$$C = \mathrm{d}\boldsymbol{\zeta} \times \mathrm{d}\boldsymbol{\eta} \tag{4.23}$$

$$\boldsymbol{C} = \mathrm{d}\boldsymbol{\zeta} \times \mathrm{d}\boldsymbol{\eta} = \begin{vmatrix} \boldsymbol{i} & \boldsymbol{j} & \boldsymbol{k} \\ \dfrac{\partial x}{\partial \zeta}\mathrm{d}\zeta & \dfrac{\partial y}{\partial \zeta}\mathrm{d}\zeta & 0 \\ \dfrac{\partial x}{\partial \eta}\mathrm{d}\eta & \dfrac{\partial y}{\partial \eta}\mathrm{d}\eta & 0 \end{vmatrix} = \boldsymbol{k} \begin{vmatrix} \dfrac{\partial x}{\partial \zeta} & \dfrac{\partial y}{\partial \zeta} \\ \dfrac{\partial x}{\partial \eta} & \dfrac{\partial y}{\partial \eta} \end{vmatrix} \mathrm{d}\zeta\mathrm{d}\eta \tag{4.24}$$

由矢量运算可知,以 $\mathrm{d}\boldsymbol{\zeta}$ 和 $\mathrm{d}\boldsymbol{\eta}$ 为边的平行四边形的微面积等于向量 $\boldsymbol{C}$ 的模,所以

$$\mathrm{d}A = |\boldsymbol{C}| = \begin{vmatrix} \dfrac{\partial x}{\partial \zeta} & \dfrac{\partial y}{\partial \zeta} \\ \dfrac{\partial x}{\partial \eta} & \dfrac{\partial y}{\partial \eta} \end{vmatrix} \mathrm{d}\zeta\mathrm{d}\eta = |\boldsymbol{J}| \, \mathrm{d}\zeta\mathrm{d}\eta \tag{4.25}$$

由上面讨论可知,为了求得坐标变换矩阵的逆矩阵 $\boldsymbol{J}^{-1}$ 及单元刚度矩阵积分式中的微元面积 $\mathrm{d}A$,要求坐标变换矩阵的行列式在整个单元上不等于 0,即

$$|\boldsymbol{J}| \neq 0 \tag{4.26}$$

这就是确保等参变换(总体坐标与局部坐标一一对应)的必要条件。

为了确保能进行等参变换,在总体坐标下所划分的斜四边形单元必须是凸四边形,而不能是有一内角大于或等于 $180°$ 的四边形,或者说任意两条边延伸时不能在单元上出现交点。

应变分量的计算公式为

$$\boldsymbol{\varepsilon} = \begin{bmatrix} \dfrac{\partial u}{\partial x} \\ \dfrac{\partial v}{\partial y} \\ \dfrac{\partial u}{\partial y} + \dfrac{\partial v}{\partial x} \end{bmatrix} = \boldsymbol{B}\boldsymbol{\delta}^e = \begin{bmatrix} \boldsymbol{B}_1 & \boldsymbol{B}_2 & \cdots & \boldsymbol{B}_m \end{bmatrix} \boldsymbol{\delta}^e \tag{4.27}$$

式中:m 为节点数;$\boldsymbol{\delta}^e = \begin{bmatrix} \boldsymbol{\delta}_1 & \boldsymbol{\delta}_2 & \cdots & \boldsymbol{\delta}_m \end{bmatrix}^{\mathrm{T}}$,$\boldsymbol{\delta}_i = \begin{bmatrix} u_i & v_i \end{bmatrix}^{\mathrm{T}} (i = 1, 2, \cdots, m)$;

$$\boldsymbol{B}_i = \begin{bmatrix} \dfrac{\partial N_i}{\partial x} & 0 \\ 0 & \dfrac{\partial N_i}{\partial y} \\ \dfrac{\partial N_i}{\partial y} & \dfrac{\partial N_i}{\partial x} \end{bmatrix} \quad (i = 1, 2, \cdots, m) \tag{4.28}$$

根据 2.3 节,单元刚度矩阵可由虚功原理得到:

$$\boldsymbol{K}^e = \iint_{\Delta} \boldsymbol{B}^{\mathrm{T}} \boldsymbol{D} \boldsymbol{B} t \, \mathrm{d}x\mathrm{d}y = \iint_{\Delta} \boldsymbol{B}^{\mathrm{T}} \boldsymbol{D} \boldsymbol{B} t \, \mathrm{d}A \tag{4.29}$$

将式(4.25)代入式(4.29)得

$$\boldsymbol{K}^e = \int_{-1}^{1} \int_{-1}^{1} \boldsymbol{B}^{\mathrm{T}} \boldsymbol{D} \boldsymbol{B} t \, |\boldsymbol{J}| \, \mathrm{d}\zeta\mathrm{d}\eta \tag{4.30}$$

式中,t 为单元厚度,$\boldsymbol{K}^e$ 也可用分块形式写出:

$$\boldsymbol{K}^e = \begin{bmatrix} \boldsymbol{K}_{11} & \boldsymbol{K}_{12} & \cdots & \boldsymbol{K}_{18} \\ \boldsymbol{K}_{21} & \boldsymbol{K}_{22} & \cdots & \boldsymbol{K}_{28} \\ \vdots & \vdots & & \vdots \\ \boldsymbol{K}_{81} & \boldsymbol{K}_{82} & \cdots & \boldsymbol{K}_{88} \end{bmatrix} \tag{4.31}$$

$$\boldsymbol{K}_{ij} = \int_{-1}^{1} \int_{-1}^{1} \boldsymbol{B}_i{}^{\mathrm{T}} \boldsymbol{D} \boldsymbol{B}_j t \mid \boldsymbol{J} \mid \mathrm{d}\zeta \mathrm{d}\eta \quad (i,j = 1,2,\cdots,8) \tag{4.32}$$

式(4.32)积分比较复杂,很难用解析法计算,一般采用数值积分来计算。本书将在本章后续内容介绍如何采用高斯积分法计算式(4.32)。

4.4　等效节点载荷

这里以平面四节点等参单元(见图 4.4)为例介绍等效节点载荷的计算方法。等参单元的等效节点载荷(R_{1x}、R_{1y}、R_{2x}、R_{2y}、R_{3x}、R_{3y}、R_{4x}、R_{4y})计算流程与三角形单元相同,即通过虚功相等原理将各类型载荷等效为节点载荷。

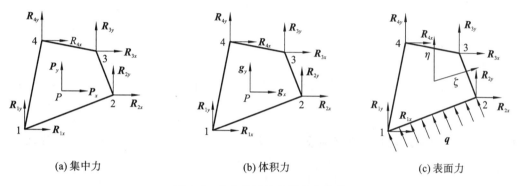

(a) 集中力　　　　　　　(b) 体积力　　　　　　　(c) 表面力

图 4.4　等参单元的等效节点载荷

如图 4.4(a)所示,在单元内任意一点 P 作用一个集中载荷 $\boldsymbol{P}$,其 x 和 y 方向分量分别是 $\boldsymbol{P}_x$ 和 $\boldsymbol{P}_y$。与 $\boldsymbol{P}$ 等效的节点载荷为 $\boldsymbol{R}^e = \begin{bmatrix} R_{1x} & R_{1y} & R_{2x} & R_{2y} & R_{3x} & R_{3y} & R_{4x} & R_{4y} \end{bmatrix}^{\mathrm{T}}$。

假设在节点处发生了虚位移 $\boldsymbol{\delta}^{*e} = \begin{bmatrix} u_1^* & v_1^* & u_2^* & v_2^* & u_3^* & v_3^* & u_4^* & v_4^* \end{bmatrix}^{\mathrm{T}}$。由节点虚位移产生的在 P 点的虚位移可以用式(4.5)计算:

$$\boldsymbol{f}^* = \begin{bmatrix} \delta u \\ \delta v \end{bmatrix} = \begin{bmatrix} N_1 & 0 & N_2 & 0 & N_3 & 0 & N_4 & 0 \\ 0 & N_1 & 0 & N_2 & 0 & N_3 & 0 & N_4 \end{bmatrix} \begin{bmatrix} u_1^* \\ v_1^* \\ u_2^* \\ v_2^* \\ u_3^* \\ v_3^* \\ u_4^* \\ v_4^* \end{bmatrix} \tag{4.33}$$

根据能量守恒定律,原集中力与单元的等效节点载荷在相应的虚位移上所做的虚功相等,因此有

$$\boldsymbol{\delta}^{*e\mathrm{T}} \boldsymbol{R}^e = \boldsymbol{f}^{*\mathrm{T}} \boldsymbol{P} \tag{4.34}$$

将方程(4.33)代入方程(4.34)后得

$$\begin{bmatrix} u_1^* & v_1^* & u_2^* & v_2^* & u_3^* & v_3^* & u_4^* & v_4^* \end{bmatrix} \cdot \begin{bmatrix} R_{1x} \\ R_{1y} \\ R_{2x} \\ R_{2y} \\ R_{3x} \\ R_{3y} \\ R_{4x} \\ R_{4y} \end{bmatrix}$$

$$= \begin{bmatrix} u_1^* & v_1^* & u_2^* & v_2^* & u_3^* & v_3^* & u_4^* & v_4^* \end{bmatrix} \cdot \begin{bmatrix} N_1 & 0 \\ 0 & N_1 \\ N_2 & 0 \\ 0 & N_2 \\ N_3 & 0 \\ 0 & N_3 \\ N_4 & 0 \\ 0 & N_4 \end{bmatrix} \cdot \begin{bmatrix} P_x \\ P_y \end{bmatrix} \tag{4.35}$$

因为上述方程在任意虚位移下都必须成立,所以方程等号两边虚位移的系数必须相等,所以有

$$\begin{bmatrix} R_{1x} \\ R_{1y} \\ R_{2x} \\ R_{2y} \\ R_{3x} \\ R_{3y} \\ R_{4x} \\ R_{4y} \end{bmatrix} = \begin{bmatrix} N_1 & 0 \\ 0 & N_1 \\ N_2 & 0 \\ 0 & N_2 \\ N_3 & 0 \\ 0 & N_3 \\ N_4 & 0 \\ 0 & N_4 \end{bmatrix} \cdot \begin{bmatrix} P_x \\ P_y \end{bmatrix} \tag{4.36}$$

方程(4.36)建立了单元内任意集中载荷与节点力之间的等效关系。

体积力、表面力的等效节点载荷也可以通过虚功相等计算出来,步骤与集中载荷相同,留给读者自己推导,本书只给出最终结论。如图 4.4(b)所示,假设 $\boldsymbol{g} = \begin{bmatrix} g_x, g_y \end{bmatrix}^{\mathrm{T}}$ 是单元内单位体积受到的体积力,它的等效节点载荷可由方程(4.37)计算:

$$\boldsymbol{R}^e = t \iint_{\Delta} \boldsymbol{N}^{\mathrm{T}} \cdot \boldsymbol{g} \,\mathrm{d}x \mathrm{d}y \tag{4.37}$$

式中,t 表示三角形单元的厚度。

如图 4.4(c)所示,单元的 12 边受到面载荷 $\boldsymbol{q} = \begin{bmatrix} q_x, q_y \end{bmatrix}^{\mathrm{T}}$ 的作用。那么,它的等效节点载荷可由方程(4.38)计算:

$$\boldsymbol{R}^e = t \int_{l_{12}} \boldsymbol{N}^{\mathrm{T}} \cdot \boldsymbol{q} \,\mathrm{d}s \tag{4.38}$$

计算其他边界上分布载荷的等效节点载荷时,只要将式(4.38)中的积分区域换成 l_{23}、l_{34}、l_{41} 即可。

关于热应力等效载荷的计算,在平面应力状态下,$\varepsilon_{x0} = \varepsilon_{y0} = \alpha T$,而 $\gamma_{xy0} = 0$,即由于温度改变产生的初应变列阵为

$$\boldsymbol{\varepsilon}_0 = [\alpha T \quad \alpha T \quad 0]^{\mathrm{T}} = \alpha T[1 \quad 1 \quad 0]^{\mathrm{T}} \tag{4.39}$$

对于单元,如果令节点处的温度改变分别为 T_1、T_2、T_3、T_4,则单元的温度改变 T 可由 4 个节点处的温度改变插值求出,即

$$T = N_1 T_1 + N_2 T_2 + N_3 T_3 + N_4 T_4 \tag{4.40}$$

当考虑温度变化时,平面问题的物理方程为

$$\boldsymbol{\sigma} = \boldsymbol{D}(\boldsymbol{\varepsilon} - \boldsymbol{\varepsilon}_0) = \boldsymbol{DB}\boldsymbol{\delta}^e - \boldsymbol{D}\boldsymbol{\varepsilon}_0 \tag{4.41}$$

式中,$\boldsymbol{\varepsilon}$ 为单元中任一点的总应变,$\boldsymbol{\varepsilon}_0$ 为该点的热应变。

根据虚功方程:

$$\boldsymbol{\delta}^{*e\mathrm{T}} \boldsymbol{F}^e = \int_{V^e} \boldsymbol{\varepsilon}^{*\mathrm{T}} \boldsymbol{\sigma} \mathrm{d}V \tag{4.42}$$

得

$$\boldsymbol{\delta}^{*e\mathrm{T}} \boldsymbol{F}^e = \int_{V^e} \boldsymbol{\varepsilon}^{*\mathrm{T}} (\boldsymbol{DB}\boldsymbol{\delta}^e - \boldsymbol{D}\boldsymbol{\varepsilon}_0) \mathrm{d}V \tag{4.43}$$

进而得

$$\boldsymbol{\delta}^{*e\mathrm{T}} \boldsymbol{F}^e = \int_{V^e} \boldsymbol{\delta}^{*e\mathrm{T}} \boldsymbol{B}^{\mathrm{T}} (\boldsymbol{DB}\boldsymbol{\delta}^e - \boldsymbol{D}\boldsymbol{\varepsilon}_0) \mathrm{d}V \tag{4.44}$$

由于上述方程在任意虚位移下都成立,因此系数相等:

$$\boldsymbol{F}^e = \boldsymbol{K}^e \boldsymbol{\delta}^e - \int_{V^e} \boldsymbol{B}^{\mathrm{T}} \boldsymbol{D}\boldsymbol{\varepsilon}_0 \mathrm{d}V \tag{4.45}$$

式中,

$$\boldsymbol{K}^e = \int_{V^e} \boldsymbol{B}^{\mathrm{T}} \boldsymbol{DB} \mathrm{d}V \tag{4.46}$$

令

$$\boldsymbol{R}_t^e = \int_{V^e} \boldsymbol{B}^{\mathrm{T}} \boldsymbol{D}\boldsymbol{\varepsilon}_0 \mathrm{d}V \tag{4.47}$$

将式(4.47)代入式(4.45)即得到考虑了温度改变的单元刚度方程,式中 $\boldsymbol{R}_t^e$ 是单元温度改变的等效节点载荷。

4.5 高 斯 积 分

根据前文所述,计算单元刚度矩阵和等效节点载荷,需要计算如下积分:

$$\boldsymbol{K}_{ij} = \int_{-1}^{1} \int_{-1}^{1} \boldsymbol{B}_i^{\mathrm{T}} \boldsymbol{DB}_j t \mid \boldsymbol{J} \mid \mathrm{d}\zeta \mathrm{d}\eta \quad (i,j = 1,2,\cdots,8) \tag{4.48}$$

$$\boldsymbol{R}^e = t \iint_{\Delta} \boldsymbol{N}^{\mathrm{T}} \cdot \boldsymbol{g} \mathrm{d}x \mathrm{d}y = t \int_{-1}^{1} \int_{-1}^{1} \boldsymbol{N}^{\mathrm{T}} \cdot \boldsymbol{g} \mid \boldsymbol{J} \mid \mathrm{d}\zeta \mathrm{d}\eta \tag{4.49}$$

$$\boldsymbol{R}^e = t \int_{l_{12}} \boldsymbol{N}^{\mathrm{T}} \cdot \boldsymbol{q} \mathrm{d}s = t \int_{-1}^{1} \boldsymbol{N}^{\mathrm{T}} \cdot \boldsymbol{q} \mid_{\eta=-1} \mathrm{d}\zeta \tag{4.50}$$

$$\boldsymbol{R}_t^e = \int_{V^e} \boldsymbol{B}^{\mathrm{T}} \boldsymbol{D}\boldsymbol{\varepsilon}_0 \mathrm{d}V = t \int_{-1}^{1} \int_{-1}^{1} \boldsymbol{B}^{\mathrm{T}} \boldsymbol{D}\boldsymbol{\varepsilon}_0 \mid \boldsymbol{J} \mid \mathrm{d}\zeta \mathrm{d}\eta \tag{4.51}$$

对比三角形单元,增加位移函数阶次后,上述积分难以给出解析表达式,需要用数值积分方法计算。从方程(4.48)、方程(4.49)、方程(4.50)和方程(4.51)可以看出,只要计算$\int_{-1}^{1} f(\zeta, \eta)\mathrm{d}\zeta$和二重积分$\int_{-1}^{1}\int_{-1}^{1} f(\zeta, \eta)\mathrm{d}\zeta\mathrm{d}\eta$即可。

我们采用高斯积分计算两类积分,高斯积分的理论可参考关于数值计算方法的教科书。本书只介绍如何使用高斯积分。根据高斯积分法,定积分$\int_{-1}^{1} f(\zeta, \eta)\mathrm{d}\zeta$可用下式近似计算:

$$\int_{-1}^{1} f(\zeta)\mathrm{d}\zeta = \sum_{k=1}^{n} f(\zeta_k)H_k \tag{4.52}$$

式中:n等于积分点的数量,数值n越大,积分精度越高,但是计算量也越大;ζ_k是积分点坐标;H_k是对应的加权系数。当n取不同的数值时,与n对应的ζ_i和H_i值如表4.1所示。例如,当$n=3$时,

$$\int_{-1}^{1} f(\zeta)\mathrm{d}\zeta = \sum_{k=1}^{3} f(\zeta_k)H_k = f(\zeta_1)H_1 + f(\zeta_2)H_2 + f(\zeta_3)H_3$$
$$= \frac{5}{9}f(\zeta_1) + \frac{8}{9}f(\zeta_2) + \frac{5}{9}f(\zeta_3) \tag{4.53}$$

表 4.1 高斯求积公式积分点坐标与加权系数

点数 n	坐标 ζ_i	加权系数 H_i
1	0.0	2.0
2	±0.577 350 269 189 626	1.000 000 000 000 000
3	±0.774 596 669 241 483 0.000 000 000 000 000	0.555 555 555 555 556 0.888 888 888 888 889
4	±0.861 136 311 594 053 ±0.339 981 043 584 856	0.347 854 845 137 454 0.652 145 154 862 546
5	±0.906 179 845 938 664 ±0.538 469 310 105 683 0.000 000 000 000 000	0.236 926 885 056 189 0.478 628 670 499 366 0.568 888 888 888 889
6	±0.932 469 514 203 152 ±0.661 209 386 466 256 ±0.238 619 186 083 197	0.171 324 492 379 179 0.360 761 573 048 139 0.467 913 934 572 691

二重积分$\int_{-1}^{1}\int_{-1}^{1} f(\zeta, \eta)\mathrm{d}\zeta\mathrm{d}\eta$可以转换为二次积分。把$\eta$当作常量,先对$\zeta$进行积分,即

$$\int_{-1}^{1}\int_{-1}^{1} f(\zeta, \eta)\mathrm{d}\zeta\mathrm{d}\eta = \int_{-1}^{1}\left(\int_{-1}^{1} f(\zeta, \eta)\mathrm{d}\zeta\right)\mathrm{d}\eta \approx \int_{-1}^{1}\left(\sum_{k=1}^{n} f(\zeta_k, \eta)H_k\right)\mathrm{d}\eta = \sum_{k=1}^{n} H_k \int_{-1}^{1} f(\zeta_k, \eta)\mathrm{d}\eta \tag{4.54}$$

然后再对η进行近似积分,得到

$$\int_{-1}^{1}\int_{-1}^{1} f(\zeta, \eta)\mathrm{d}\zeta\mathrm{d}\eta = \sum_{k=1}^{n}\sum_{j=1}^{n} f(\zeta_k, \eta_j)H_k H_j \tag{4.55}$$

这就是二维高斯积分公式。其中，ζ_k 和 η_j 均为高斯积分点，而 H_k 和 H_j 为相应的求积加权系数，单元内的积分点数为 n^2 个。

采用高斯积分法计算方程(4.32)时，首先将积分内的矩阵写成 ζ 和 η 的函数：

$$\widetilde{\boldsymbol{K}}_{ij}(\zeta,\eta) = \boldsymbol{B}_i{}^{\mathrm{T}}\boldsymbol{D}\boldsymbol{B}_j t \mid \boldsymbol{J} \mid \tag{4.56}$$

然后采用高斯积分近似计算，假设 $n=2$，查表 4.1，只取小数点后 5 位得

$$\int_{-1}^{1}\int_{-1}^{1}\widetilde{\boldsymbol{K}}_{ij}(\zeta,\eta)\mathrm{d}\zeta\mathrm{d}\eta \approx \sum_{k=1}^{2}\sum_{l=1}^{2}\widetilde{\boldsymbol{K}}_{ij}(\zeta_k,\eta_l)H_kH_l$$

$$= \left[\widetilde{\boldsymbol{K}}_{ij}(-0.577\,35,-0.577\,35)\right] + \left[\widetilde{\boldsymbol{K}}_{ij}(-0.577\,35,0.577\,35)\right]$$

$$+ \left[\widetilde{\boldsymbol{K}}_{ij}(0.577\,35,-0.577\,35)\right] + \left[\widetilde{\boldsymbol{K}}_{ij}(0.577\,35,0.577\,35)\right]$$

$$\tag{4.57}$$

方程(4.49)、方程(4.50)、方程(4.51)的积分过程类似。

4.6　导出有限元方程

本章前几个小节介绍了单元刚度矩阵的计算和单元载荷向量的计算，此时还需要导出有限元方程。方程的导出方法与第 3 章类似，需要用到势能泛函。根据最小位能原理，在弹性范围内，平面问题中的弹性力学基本方程及边界条件与如下能量泛函的极值条件是等价的。

$$\Pi = \int_{\Omega}\frac{1}{2}\boldsymbol{\varepsilon}^{\mathrm{T}}\cdot\boldsymbol{D}\cdot\boldsymbol{\varepsilon}t\,\mathrm{d}x\mathrm{d}y - \int_{\Omega}\boldsymbol{f}^{\mathrm{T}}\cdot\boldsymbol{g}t\,\mathrm{d}x\mathrm{d}y - \int_{\Gamma_2}\boldsymbol{f}^{\mathrm{T}}\cdot\boldsymbol{q}t\,\mathrm{d}s \tag{4.58}$$

式中，Ω 是研究对象所占区域，Γ_2 是研究对象的力边界，t 是二维体厚度，$\boldsymbol{g}$ 是作用在二维体内的体积力，$\boldsymbol{q}$ 是作用在 Γ_2 上的面积力。当结构离散化后，根据积分的性质，方程(4.58)中的积分可以表示为各个单元内的积分之和：

$$\Pi = \sum_{e=1}^{N_e}\int_{\Omega^e}\frac{1}{2}\boldsymbol{\varepsilon}^{\mathrm{T}}\cdot\boldsymbol{D}\cdot\boldsymbol{\varepsilon}t\,\mathrm{d}x\mathrm{d}y - \sum_{e=1}^{N_e}\int_{\Omega^e}\boldsymbol{f}^{\mathrm{T}}\cdot\boldsymbol{g}t\,\mathrm{d}x\mathrm{d}y - \sum_{e=1}^{N_e}\int_{\Gamma_2^e}\boldsymbol{f}^{\mathrm{T}}\cdot\boldsymbol{q}t\,\mathrm{d}s \tag{4.59}$$

式中，Ω^e 是第 e 个单元所占区域，Γ_2^e 是第 e 个单元的力边界。

以平面四节点等参单元为例，消去方程(4.58)中的 $\boldsymbol{f}$ 和 $\boldsymbol{\varepsilon}$ 得

$$\Pi = \sum_{e=1}^{N_e}\boldsymbol{\delta}^{e\mathrm{T}}\cdot\int_{\Omega^e}\frac{1}{2}\boldsymbol{B}^{\mathrm{T}}\cdot\boldsymbol{D}\cdot\boldsymbol{B}t\,\mathrm{d}x\mathrm{d}y\cdot\boldsymbol{\delta}^e$$

$$- \sum_{e=1}^{N_e}\boldsymbol{\delta}^{e\mathrm{T}}\cdot\int_{\Omega^e}\boldsymbol{N}^{\mathrm{T}}\cdot\boldsymbol{g}t\,\mathrm{d}x\mathrm{d}y - \sum_{e=1}^{N_e}\boldsymbol{\delta}^{e\mathrm{T}}\int_{\Gamma_2^e}\boldsymbol{N}^{\mathrm{T}}\cdot\boldsymbol{q}t\,\mathrm{d}s \tag{4.60}$$

为了便于计算，我们将所有的节点位移排列成一个向量：

$$\boldsymbol{\delta}^{\mathrm{T}} = \begin{bmatrix} u_1 & v_1 & u_2 & v_2 & \cdots & u_i & v_i & \cdots & u_{N_e} & v_{N_e} \end{bmatrix}^{\mathrm{T}} \tag{4.61}$$

单元节点位移 $\boldsymbol{\delta}^{e\mathrm{T}}$ 实际上是从 $\boldsymbol{\delta}^{\mathrm{T}}$ 抽取八个元素构成的一个向量。我们可以通过抽取矩阵 $\boldsymbol{G}_{8\times 2N_e}^e$ 建立 $\boldsymbol{\delta}^{\mathrm{T}}$ 与 $\boldsymbol{\delta}^{e\mathrm{T}}$ 之间的关系：

$$\boldsymbol{\delta}^e = \boldsymbol{G}_{8\times 2N_e}^e\cdot\boldsymbol{\delta} \tag{4.62}$$

将方程(4.62)代入方程(4.60)消去 $\boldsymbol{\delta}^e$ 后得

$$\Pi = \sum_{e=1}^{N_e} \boldsymbol{\delta}^{\mathrm{T}} \cdot \boldsymbol{G}^{e\mathrm{T}} \cdot \int_{\Omega^e} \frac{1}{2} \boldsymbol{B}^{\mathrm{T}} \cdot \boldsymbol{D} \cdot \boldsymbol{B} t \, \mathrm{d}x \mathrm{d}y \cdot \boldsymbol{G}^e \cdot \boldsymbol{\delta}$$

$$- \sum_{e=1}^{N_e} \boldsymbol{\delta}^{\mathrm{T}} \cdot \boldsymbol{G}^{e\mathrm{T}} \cdot \int_{\Omega^e} \boldsymbol{N}^{\mathrm{T}} \cdot \boldsymbol{g} t \, \mathrm{d}x \mathrm{d}y - \sum_{e=1}^{N_e} \boldsymbol{\delta}^{\mathrm{T}} \cdot \boldsymbol{G}^{e\mathrm{T}} \cdot \int_{\Gamma_2^e} \boldsymbol{N}^{\mathrm{T}} \cdot \boldsymbol{q} t \, \mathrm{d}s$$

$$\tag{4.63}$$

令

$$\begin{cases} \boldsymbol{K}^e = \displaystyle\int_{\Omega^e} \boldsymbol{B}^{\mathrm{T}} \cdot \boldsymbol{D} \cdot \boldsymbol{B} t \, \mathrm{d}x \mathrm{d}y \\[2mm] \boldsymbol{P}_g^e = \displaystyle\int_{\Omega^e} \boldsymbol{N}^{\mathrm{T}} \cdot \boldsymbol{g} t \, \mathrm{d}x \mathrm{d}y \\[2mm] \boldsymbol{P}_q^e = \displaystyle\int_{\Gamma_2^e} \boldsymbol{N}^{\mathrm{T}} \cdot \boldsymbol{q} t \, \mathrm{d}s \\[2mm] \boldsymbol{P}^e = \boldsymbol{P}_g^e + \boldsymbol{P}_q^e \end{cases} \tag{4.64}$$

式中，$\boldsymbol{K}^e$ 和 $\boldsymbol{P}^e$ 分别是单元刚度矩阵和单元等效节点载荷向量。

进一步地，令

$$\boldsymbol{K} = \sum_{e=1}^{N_e} \boldsymbol{G}^{e\mathrm{T}} \cdot \boldsymbol{K}^e \cdot \boldsymbol{G}^e, \quad \boldsymbol{P} = \sum_{e=1}^{N_e} \boldsymbol{G}^{e\mathrm{T}} \cdot \boldsymbol{P}^e \tag{4.65}$$

式中，$\boldsymbol{K}$ 是总体刚度矩阵，$\boldsymbol{P}$ 是整体载荷向量。

方程(4.63)表示成如下形式：

$$\Pi = \frac{1}{2} \boldsymbol{\delta}^{\mathrm{T}} \cdot \boldsymbol{K} \cdot \boldsymbol{\delta} - \boldsymbol{\delta}^{\mathrm{T}} \cdot \boldsymbol{P} \tag{4.66}$$

根据最小位能原理，结构平衡时的位移应满足位移边界条件，并且能够使泛函 Π 取极小值。由变分原理可知，泛函 Π 取极值的条件是它的一次变分等于 0，即

$$\frac{\partial \Pi}{\partial \boldsymbol{\delta}} \boldsymbol{K} \cdot \boldsymbol{\delta} - \boldsymbol{P} = 0 \tag{4.67}$$

这样，我们就得到了有限元方程：

$$\boldsymbol{K} \cdot \boldsymbol{\delta} - \boldsymbol{P} = 0 \tag{4.68}$$

对比本节和 2.5 节，我们可以看出，方程导出过程基本相同。所以，不论什么单元，单元刚度矩阵和单元载荷向量都可以写成方程(4.64)的形式，总体刚度矩阵和总体载荷向量都可以写成方程(4.65)的形式。

4.7　总体刚度矩阵和载荷向量的合成

根据式(4.65)可以看出，单元刚度矩阵 $\boldsymbol{K}^e$ 和单元载荷向量 $\boldsymbol{P}^e$ 都通过 $\boldsymbol{G}^e$ 映射到总体刚度矩阵。由式(4.62)可知，$\boldsymbol{G}^{e\mathrm{T}}$ 的元素具有如下性质：

$$g_{ij}^{e\mathrm{T}} = \begin{cases} 1, & \text{单元 } e \text{ 的第 } j \text{ 个自由度就是总体位移向量的第 } i \text{ 个自由度} \\ 0, & \text{其他} \end{cases} \tag{4.69}$$

式中，$g_{ij}^{e\mathrm{T}}$ 表示矩阵 $\boldsymbol{G}^{e\mathrm{T}}$ 的第 i 行和第 j 列个元素。

因此，$\boldsymbol{G}^{e\mathrm{T}}$ 与 $\boldsymbol{P}^e$ 相乘的过程就是根据局部节点位移投射到总体位移矢量的过程。我们在计

算 P 时没有必要构造 G^{eT} ,只要计算出 P^e ,然后查出单元 e 的第 j 个自由度对应的总体位移向量中的第 i 个自由度,然后将 P_j^e 直接叠加到 P_i 上即可,即

$$P_i = P_i + P_j^e \qquad (4.70)$$

当然,要使上述运算正确,P_i 的初始值应等于 0 。

计算总体刚度矩阵时,K^e 要经过两次乘法运算然后再叠加,为了展示中间计算过程,我们令

$$\widetilde{K} = G^{eT} \cdot K^e \cdot G^e \qquad (4.71)$$

表示成张量乘积为

$$\widetilde{K}_{ij} = \sum_{m=1}^{8} \sum_{l=1}^{8} g_{il}^{eT} \cdot K_{lm}^e \cdot g_{mj}^e \qquad (4.72)$$

g_{il}^{eT} 的取值及含义见方程(4.69),g_{mj}^e 的取值如下:

$$g_{mj}^e = \begin{cases} 1, & \text{单元 } e \text{ 的第 } m \text{ 个自由度就是总体位移向量的第 } j \text{ 个自由度} \\ 0, & \text{其他} \end{cases} \qquad (4.73)$$

计算时,不需要构造 G^e 矩阵,只要先查到单元 e 的第 l 个自由度和第 m 个自由度分别对应的总体位移向量里的第 i 个自由度和第 j 个自由度,然后将 K_{lm}^e 叠加到 $\widetilde{K}_{ij}$ 上,最后将所有的 $\widetilde{K}_{ij}$ 叠加到 K_{ij} 上即可。设计程序时,这一过程实际上也没有必要构造 $\widetilde{K}_{ij}$,只要构造一个 K 矩阵,然后对每一个元素清零,之后按照下式计算即可:

$$K_{ij} = K_{ij} + K_{lm}^e \qquad (4.74)$$

方程(4.74)的含义是,找到第 e 个单元第 l 个自由度和第 m 个自由度对应的全局位移向量中的第 i 个自由度和第 j 个自由度,然后叠加到 K_{ij} 即可。

4.8 应 力 计 算

对方程(4.68)施加位移边界条件后,求解,即可获得所有节点位移。然后应用方程(4.41)计算出单元内的应力。需要注意的是,与三角形单元不同,四节点等参单元的应力在单元内部不是一个恒定值,是局部坐标 ζ 和 η 的函数。

此外,应变矩阵 B 是插值函数 N 对坐标进行求导后得到的矩阵。求导一次,插值多项式的次数就降低一次。所以,通过导数运算得到的应变 ε 和应力 σ 的精度较位移 u 降低了,即计算的应力和应变与真实解之间的误差增大。具体表现在:

(1) 单元内部的应力一般不能满足平衡方程;

(2) 应力在单元的边界上一般不连续;

(3) 在力的边界 Γ_2 上一般也不能满足力的边界条件。

为了得到较为合理的应力结果,一般需要对应力进行处理。最简单的应力处理方法是取相邻单元或者围绕节点的各单元应力的平均值。

最简单的方法是取相邻单元应力的平均值,这种方法最常用于三节点三角形单元中。采用这种方法得到的应力解在单元内是常数,可以看作是单元内应力的平均值,或是单元形心处的应力。由于应力的近似解总是在精确解附近上下振荡,可以取相邻单元应力的平均值作为此两

有限元法程序设计及应用

个单元合成的较大四边形单元形心处的应力。这样处理常常能取得比较好的结果。

取平均应力可以采用算术平均法,即

$$\bar{\sigma} = \frac{1}{N}\sum_{i=1}^{n}\sigma_i \qquad (4.75)$$

式中,$\bar{\sigma}$ 是某节点的应力,N 是围绕该节点的单元总数,σ_i 是该单元的应力。

取平均应力也可以采用精确一些的面积加权平均法,即

$$\bar{\sigma} = \frac{1}{N}\sum_{i=1}^{n}S_i\sigma_i \qquad (4.76)$$

式中,S_i 是单元 i 的面积。

对于四节点等参单元,用单元内的平均应力代替式(4.76)中的 σ_i 即可。

4.9　平面四节点等参单元的 C 语言实现

数据文件为 data02.txt 或者 data0201.txt。

```c
#include "stdio.h"
#include "stdlib.h"
#include "math.h"
#include "matlab.h"
double E,mu;
int num_elem,num_node;
int *elem;
double *node;
double *u;
//读取并校核文件
void readfile_quar()
{
    int i,j;
    char filename[32];
    //读取文件
    FILE *fp;
    printf("请输入要打开的文件名\n 提示:数据文件名为:data02.txt\data0201.
        txt\n");
    scanf("%s",filename);
    fp=fopen(filename,"r");
    if(fp==NULL)
    {
        printf("当前目录下无此文件\n");
        system("pause");
```

```c
        exit(1);
}
else
{
        printf("打开成功\n");
}
fscanf(fp,"%lf %lf",&E,&mu);
fscanf(fp,"%d %d",&num_elem,&num_node);
if(elem!=NULL)
{
        free(elem);
}
if(node!=NULL)
{
        free(node);
}
elem=(int *)malloc(sizeof(int)*4*num_elem);
node=(double *)malloc(sizeof(double)*6*num_node);
for(i=0;i<num_elem;i++)
{
        for(j=0;j<4;j++)
        {
                fscanf(fp,"%d",&elem[4*i+j]);
        }
}
for(i=0;i<num_node;i++)
{
        for(j=0;j<6;j++)
        {
                fscanf(fp,"%lf",&node[6*i+j]);
        }
}
fclose(fp);
//输出到文件
FILE *fc;
fc=fopen("check02.txt","w");
fprintf(fc,"%lf %lf\n",E,mu);
fprintf(fc,"%d %d\n",num_elem,num_node);
```

```
        for(i=0;i<num_elem;i++)
        {
                for(j=0;j<4;j++)
                {
                        fprintf(fc,"%d ",elem[4*i+j]);
                }
                fprintf(fc,"\n");
        }
        for(i=0;i<num_node;i++)
        {
                for(j=0;j<6;j++)
                {
                        fprintf(fc,"%lf ",node[6*i+j]);
                }
                fprintf(fc,"\n");
        }
        fclose(fc);
}
//计算单元刚度矩阵、单元载荷矩阵
void elem_severity_quar(double(*Ke)[8],double*load,int elem_id)
{
        int m,n,i,j,k;
        double J[4]={-0.8611363116,-0.3399810436,0.3399810436,0.8611363116};
        double H[4]={0.3478548451,0.6521451549,0.6521451549,0.3478548451};
        double *Ke_temp;
        Ke_temp=(double*)malloc(sizeof(double)*8*8);
        //计算 Ke
        for(i=0;i<8;i++)
        {
                for(j=0;j<8;j++)
                {
                        Ke[i][j]=0;
                }
        }
        for(m=0;m<4;m++)
        {
                for(n=0;n<4;n++)
                {
```

```
double D[3][3]={0},B[3][8]={0},Bt[8][3]={0},
DB[3][8]={0},BDB[8][8]={0};
double x1,x2,x3,x4,y1,y2,y3,y4,X,Y,Jh;
X=J[m];Y=J[n];
D[0][0]=E/(1-mu*mu);D[0][1]=E*mu/(1-mu*mu);
D[1][0]=D[0][1];D[1][1]=D[0][0];
D[2][2]=E*((1-mu)/2)/(1-mu*mu);
x1=node[6*(elem[4*elem_id]-1)];
x2=node[6*(elem[4*elem_id+1]-1)];
x3=node[6*(elem[4*elem_id+2]-1)];
x4=node[6*(elem[4*elem_id+3]-1)];
y1=node[6*(elem[4*elem_id]-1)+1];
y2=node[6*(elem[4*elem_id+1]-1)+1];
y3=node[6*(elem[4*elem_id+2]-1)+1];
y4=node[6*(elem[4*elem_id+3]-1)+1];
```

```
Jh=(0.25*((-1+Y)*x1+(1-Y)*x2+(1+Y)*x3+(-1-Y)*x4))*(0.25*((-1+X)
    *y1+(-1-X)*y2+(1+X)*y3+(1-X)*y4))-(0.25*((-1+Y)*y1+(1-Y)*y2
    +(1+Y)*y3+(-1-Y)*y4))*(0.25*((-1+X)*x1+(-1-X)*x2+(1+X)*x3+(1
    -X)*x4));
```

```
B[0][0]=(0.25*((-1+X)*y1+(-1-X)*y2+(1+X)*y3+(1-X)*y4)*0.25*(Y-1)-
        0.25*((-1+Y)*y1+(1-Y)*y2+(1+Y)*y3+(-1-Y)*y4)*0.25*(X-1))/Jh;
```

```
B[0][2]=(0.25*((-1+X)*y1+(-1-X)*y2+(1+X)*y3+(1-X)*y4)*0.25*(-Y+1)-
        0.25*((-1+Y)*y1+(1-Y)*y2+(1+Y)*y3+(-1-Y)*y4)*0.25*(-X-1))/Jh;
```

```
B[0][4]=(0.25*((-1+X)*y1+(-1-X)*y2+(1+X)*y3+(1-X)*y4)*0.25*(Y+1)-
        0.25*((-1+Y)*y1+(1-Y)*y2+(1+Y)*y3+(-1-Y)*y4)*0.25*(X+1))/Jh;
```

```
B[0][6]=(0.25*((-1+X)*y1+(-1-X)*y2+(1+X)*y3+(1-X)*y4)*0.25*(-Y-1)-
        0.25*((-1+Y)*y1+(1-Y)*y2+(1+Y)*y3+(-1-Y)*y4)*0.25*(-X+1))/Jh;
```

```
B[1][1]=(-0.25*((-1+X)*x1+(-1-X)*x2+(1+X)*x3+(1-X)*x4)*0.25*(Y-1)+
        0.25*((-1+Y)*x1+(1-Y)*x2+(1+Y)*x3+(-1-Y)*x4)*0.25*(X-1))/Jh;
```

```
B[1][3]=(-0.25*((-1+X)*x1+(-1-X)*x2+(1+X)*x3+(1-X)*x4)*0.25*(-Y+1)+
        0.25*((-1+Y)*x1+(1-Y)*x2+(1+Y)*x3+(-1-Y)*x4)*0.25*(-X-1))/Jh;
```

```
B[1][5]=(-0.25*((-1+X)*x1+(-1-X)*x2+(1+X)*x3+(1-X)*x4)*0.25*(Y+1)+
        0.25*((-1+Y)*x1+(1-Y)*x2+(1+Y)*x3+(-1-Y)*x4)*0.25*(X+1))/Jh;

B[1][7]=(-0.25*((-1+X)*x1+(-1-X)*x2+(1+X)*x3+(1-X)*x4)*0.25*(-Y-1)+
        0.25*((-1+Y)*x1+(1-Y)*x2+(1+Y)*x3+(-1-Y)*x4)*0.25*(-X+1))/Jh;

B[2][0]=B[1][1];B[2][1]=B[0][0];B[2][2]=B[1][3];B[2][3]=B[0][2];
B[2][4]=B[1][5];B[2][5]=B[0][4];B[2][6]=B[1][7];B[2][7]=B[0][6];
            for(i=0;i<3;i++)
            {
                for(j=0;j<8;j++)
                {
                    Bt[j][i]=B[i][j];
                }
            }
            //计算 DB
            for(i=0;i<3;i++)
            {
                for(j=0;j<8;j++)
                {
                    for(k=0;k<3;k++)
                    {
                        DB[i][j]=DB[i][j]+D[i][k]*B[k][j];
                    }
                }
            }
            //计算 BDB
            for(i=0;i<8;i++)
            {
                for(j=0;j<8;j++)
                {
                    for(k=0;k<3;k++)
                    {
                        BDB[i][j]=BDB[i][j]+Bt[i][k]*DB[k][j];
                    }
                    Ke_temp[8*i+j]=BDB[i][j];
                }
```

```
            }
            for(i=0;i<8;i++)
            {
                for(j=0;j<8;j++)
                {
                    Ke_temp[8*i+j]*=Jh*H[m]*H[n];
                    Ke[i][j]+=Ke_temp[8*i+j];
                }
            }
        }
    }
    free(Ke_temp);
    //单元载荷矩阵
    for(i=0;i<4;i++)
    {
        load[2*i]=node[6*(elem[4*elem_id+i]-1)+4];
        load[2*i+1]=node[6*(elem[4*elem_id+i]-1)+5];
    }
}
//求解总体刚度矩阵、总体载荷矩阵
void solve_quar()
{
    double Ke[8][8];double*load;double*L;
    double *K,*KN;int id[8];double temp,tt=0;int t;int c;
    int i,j,m;
    int*uvid;int nodes=0;
    //重新定义节点约束
    uvid=(int *)malloc(2*sizeof(int)*num_node);
    load=(double *)malloc(8*sizeof(double));
    for(i=0;i<num_node;i++)
    {
        if(node[6*i+2]!=0)
        {
            uvid[2*i]=nodes;
            nodes++;
        }
        else
```

```
    {
        uvid[2*i]=-1;
    }
    if(node[6*i+3]!=0)
    {
        uvid[2*i+1]=nodes;
        nodes++;
    }
    else
    {
        uvid[2*i+1]=-1;
    }
}

K=(double *)malloc(sizeof(double)*nodes*nodes);
L=(double *)malloc(sizeof(double)*nodes);
for(i=0;i<nodes*nodes;i++)
{
    K[i]=0;
}
for(i=0;i<nodes;i++)
{
    L[i]=0;
}
for(m=0;m<num_elem;m++)
{
    for(i=0;i<4;i++)
    {
        id[2*i]=uvid[2*(elem[4*m+i]-1)];
        id[2*i+1]=uvid[2*(elem[4*m+i]-1)+1];
        //printf("%d  %d\n",id[2*i],id[2*i+1]);
    }

    elem_severity_quar(Ke,load,m);

    for(i=0;i<8;i++)
    {
        for(j=0;j<8;j++)
```

```c
    {
        if(id[i]>=0&&id[j]>=0)
        {
            K[id[i]*nodes+id[j]]+=Ke[i][j];
        }
        if(id[i]>=0)
        {
            L[id[i]]=load[i];
        }
    }
}
}
//验证总体刚度矩阵
printf("划去与约束位移对应的行与列后,总体刚度矩阵为:\n");
for(i=1;i<=nodes*nodes;i++)
{
    printf("%lf\t",K[i-1]);
    if(i%nodes==0)
    {
        printf("\n");
    }
}
//验证总体载荷矩阵
printf("划去与约束位移对应的行与列后,总体载荷矩阵为:\n");
for(i=0;i<nodes;i++)
{
    printf("%lf\n",L[i]);
}
printf("请选择求解方程的方法:\n1:高斯消去法 \n2:求逆矩阵法 \n");
scanf("%d",&c);
if(c==1)
{
    //高斯消去法求解方程
    KN=(double *)malloc(sizeof(double)*nodes*nodes);
    for(m=0;m<nodes;m++)
    {
    //全选主元
    temp=K[m*nodes+m];
```

```
        t=m;
        for(i=m;i<nodes;i++)
        {
            if(fabs(K[i*nodes+m])>fabs(temp))
            {
                temp=K[i*nodes+m];
                t=i;
            }
        }
        if(t!=m)
        {
            for(j=m;j<nodes;j++)
            {
                tt=K[m*nodes+j];
                K[m*nodes+j]=K[t*nodes+j];
                K[t*nodes+j]=tt;
            }
                tt=L[m];L[m]=L[t];L[t]=tt;
        }
        L[m]=L[m]/K[m*nodes+m];
        KN[m*nodes+m]=K[m*nodes+m];
        for(j=m;j<nodes;j++)
        {
            K[m*nodes+j]=K[m*nodes+j]/KN[m*nodes+m];
        }
        for(i=m+1;i<nodes;i++)
        {
            KN[i*nodes+m]=K[i*nodes+m]/K[m*nodes+m];

            for(j=m;j<nodes;j++)
            {
                K[i*nodes+j]=K[i*nodes+j]-KN[i*nodes+m]*K[m*nodes+j];

            }
            L[i]=L[i]-KN[i*nodes+m]*L[m];

        }
    }
    //回代
    u=(double*)malloc(sizeof(double)*nodes);
```

```
    u[nodes-1]=L[nodes-1];
    for(i=nodes-2;i>=0;i--)
    {
        temp=0;
        for(j=i+1;j<nodes;j++)
        {
            temp=temp+K[i*nodes+j]*u[j];
        }
        u[i]=L[i]-temp;
    }
}
else
{
    u=(double *)malloc(sizeof(double)*nodes);
    for(i=0;i<nodes;i++)
    {
        u[i]=0;
    }
    mx_inver(K,nodes);
    for(i=0;i<nodes;i++)
    {
        for(m=0;m<nodes;m++)
        {
            u[i]=u[i]+K[i*nodes+m]*L[m];
        }
    }
}
printf("节点位移为:\n");
for(i=0;i<nodes;i++)
{
    printf("%lf\n",u[i]);
}
}
//输出节点位移
void writefile_quar()
{
    int i,j=0;
    double temp=0;
```

```
    FILE * fw;
    fw=fopen("uxuy02.txt","w");
    fprintf(fw,"节点位移为:\n");
    for(i=0;i<num_node;i++)
    {
        if(node[6*i+2]!=0)
        {
            fprintf(fw,"%lf\n",u[j]);
            j++;
        }
        else
        {
            fprintf(fw,"%lf\n",temp);
        }
        if(node[6*i+3]!=0)
        {
            fprintf(fw,"%lf\n",u[j]);
            j++;
        }
        else
        {
            fprintf(fw,"%lf\n",temp);
        }
    }
    printf("节点位移已成功输出到 uxuy02.txt\n");
}
//主程序
void main()
{
    readfile_quar();
    solve_quar();
    writefile_quar();
    return;
}
```

4.10　小结与习题

本章介绍了平面等参单元的基本概念和计算流程。

请完成以下作业：

（1）推导平面四节点和八节点等参单元位移函数表达式（形函数形式）；

（2）推导平面四节点和八节点等参单元节点位移与单元应变、单元应力的关系式；

（3）应用能量泛函最小原理推导有限元方程；

（4）应用虚功相等原理推导单元刚度矩阵表达式；

（5）采用虚功相等原理推导集中载荷、体积力、表面力和热膨胀产生的热应力的等效节点载荷；

（6）编写平面四节点等参单元的有限元计算程序。

第 5 章　三维等参单元与高阶单元

可以用拉格朗日插值函数写出单元内任一点的位移表达式。在一维情况下,拉格朗日插值函数的一般形式为

$$L_i^n(x) = \frac{(x-x_0)(x-x_1)\cdots(x-x_{i-1})(x-x_{i+1})\cdots(x-x_n)}{(x_i-x_0)(x_i-x_1)\cdots(x_i-x_{i-1})(x_i-x_{i+1})\cdots(x_i-x_n)} = \prod_{\substack{m=0 \\ m\neq i}}^{n} \frac{x-x_m}{x_i-x_m} \quad (5.1)$$

式中,$x_0, x_1, \cdots, x_n$ 为 $n+1$ 个节点的 x 坐标值。

这是一个 n 次多项式,由 n 个因子组成。当 $x=x_i$ 时,分子和分母相等,多项式值为 1。当 $x=x_m (m\neq i)$ 时,多项式值为 0。利用这种插值函数,只要 $\varphi(x)$ 在 $x_0, x_1, \cdots, x_n$ 处的值 $\varphi_0, \varphi_1, \cdots, \varphi_n$ 已知,就能用下列 n 次多项式近似地表示 $\varphi(x)$:

$$\varphi(x) = \sum_{i=0}^{n} L_i^n(x)\varphi_i \quad (5.2)$$

显而易见,$L_i^n(x)$ 具有如下性质:

$$L_i^n(x_k) = \begin{cases} 0, & k\neq i \\ 1, & k=i \end{cases} \quad (5.3)$$

这与形函数的定义是一致的。我们还可以将拉格朗日插值函数用于二维或三维情况。二维问题的位移函数可写成

$$\varphi(x,y) = \sum_{i=0}^{n} \sum_{j=0}^{m} L_i^n(x)L_j^m(y)\varphi_{ij} \quad (5.4)$$

式中,n 和 m 分别为在 x 和 y 方向的分段数。

二维拉格朗日插值函数可写成

$$L_{ij}^{mm}(x,y) = L_i^n(x)L_j^m(y) \quad (5.5)$$

在前文我们学习了平面四节点单元的位移函数。该形函数也可以直接采用拉格朗日插值函数直接构造:

$$u(\xi,\eta) = \sum_{i=0}^{1} \sum_{j=0}^{1} L_i^1(\xi)L_j^1(\eta)u_{ij} \quad (5.6)$$

式中,u_{ij} 表示单元四个角节点的位移。

因为

$$L_0^1(\xi) = \frac{1}{2}(1-\xi), \quad L_1^1(\xi) = \frac{1}{2}(1+\xi), \quad L_0^1(\eta) = \frac{1}{2}(1-\eta), \quad L_1^1(\eta) = \frac{1}{2}(1+\eta)$$

$$(5.7)$$

所以将式(5.6)展开后得

$$u(\xi,\eta) = \frac{1}{4}(1-\xi)(1-\eta)u_{00} + \frac{1}{4}(1-\xi)(1+\eta)u_{01}$$
$$+ \frac{1}{4}(1+\xi)(1-\eta)u_{10} + \frac{1}{4}(1+\xi)(1+\eta)u_{11} \qquad (5.8)$$

显然,提高拉格朗日插值函数的阶次,就能得到高阶单元。例如,对于图 5.1 所示的九节点单元,令式(5.4)中的 m 和 n 都等于 2,得

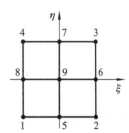

图 5.1　九节点单元

$$u(\xi,\eta) = \sum_{i=0}^{2}\sum_{j=0}^{2} L_i^2(\xi)L_j^2(\eta)u_{ij} \qquad (5.9)$$

式中,

$$\begin{cases} L_0^2(\xi) = \frac{1}{2}\xi(\xi-1), \quad L_0^2(\eta) = \frac{1}{2}\eta(\eta-1) \\ L_1^2(\xi) = 1-\xi^2, \quad L_1^2(\eta) = 1-\eta^2 \\ L_2^2(\xi) = \frac{1}{2}\xi(1+\xi), \quad L_2^2(\eta) = \frac{1}{2}\eta(1+\eta) \end{cases}$$

位移函数也可以写成形函数形式:

$$u = \sum_{i=1}^{9} N_i u_i \qquad (5.10)$$

式中,

$$N_1(\xi,\eta) = L_0^2(\xi)L_0^2(\eta), \quad N_2(\xi,\eta) = L_2^2(\xi)L_0^2(\eta), \quad N_3(\xi,\eta) = L_2^2(\xi)L_2^2(\eta)$$
$$N_4(\xi,\eta) = L_0^2(\xi)L_2^2(\eta), \quad N_5(\xi,\eta) = L_1^2(\xi)L_0^2(\eta), \quad N_6(\xi,\eta) = L_2^2(\xi)L_1^2(\eta)$$
$$N_7(\xi,\eta) = L_1^2(\xi)L_2^2(\eta), \quad N_8(\xi,\eta) = L_0^2(\xi)L_1^2(\eta), \quad N_9(\xi,\eta) = L_1^2(\xi)L_1^2(\eta)$$

根据收敛性要求,该单元的位移函数需要满足四个条件:①包含刚体位移;②包含常应变项;③单元内连续;④单元之间连续。前三条请读者自己证明。本书证明单元之间的连续性。

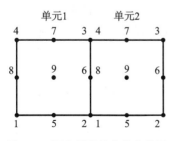

图 5.2　两个相邻的九节点单元

如图 5.2 所示,假设有两个相邻单元,分别是单元 1 和单元 2,两个单元的位移分别是 $\boldsymbol{u}^1$ 和 $\boldsymbol{u}^2$,则 $u^1 = \sum_{i=1}^{9} N_i^1 u_i^1$,$u^2 = \sum_{i=1}^{9} N_i^2 u_i^2$,其中右上标整数表示单元编号。在公共边上,对于单元 1,$L_0^2(\xi) = L_1^2(\xi) = 0$,所以 $N_1^1 = N_4^1 = N_5^1 = N_7^1 = N_8^1 = N_9^1 = 0$,于是有 $u^1 = N_2^1 u_2^1 + N_3^1 u_3^1 + N_6^1 u_6^1$。同理,$u^2 = N_1^2 u_1^2 + N_4^2 u_4^2 + N_8^2 u_8^2$。

在公共边上,$u_2^1 = u_1^2$,$u_3^1 = u_4^2$,$u_6^1 = u_8^2$,所以 $u^1 - u^2 = (N_2^1 - N_1^2)u_2^1 + (N_3^1 - N_4^2)u_3^1 + (N_6^1 - N_8^2)u_6^1$。因为 $N_2^1 = L_2^2(\xi)L_0^2(\eta)$,公共边上 $L_2^2(\xi) = 1$,所以 $N_2^1 = L_0^2(\eta)$。因为 $N_1^2 = L_0^2(\xi)L_0^2(\eta)$,公共边上 $L_0^2(\xi) = 1$,所以 $N_1^2 = L_0^2(\eta)$,即 $N_2^1 - N_1^2 = 0$。

同理可证 $N_3^1 - N_4^2 = 0, N_6^1 - N_8^2 = 0$，所以公共边上 $u^1 - u^2 \equiv 0$。这就证明了九节点正方形单元位移在公共边上具有连续性。

5.3 八节点正方形单元的位移函数

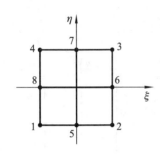

图 5.3 八节点单元

九节点单元提高了单元的阶次，但是含有中间节点，而工程上更多应用无中间节点的单元。一种直接的解决思路是直接从九节点单元中去掉中间节点形成八节点单元，如图 5.3 所示。

$$u(\xi, \eta) = \sum_{i=0}^{8} N_i(\xi, \eta) u_i \tag{5.11}$$

式中，形函数表达式与式（5.6）相同。但是该位移函数不满足收敛性要求。因为在 $(0,0)$ 处 u 恒等于 0。这说明该表达式不包含刚体位移，需要进行修正。

我们注意到，该类型单元包含四个角节点和四个边中节点。我们首先写出中间节点的形函数：

$$N_5(\xi, \eta) = L_1^2(\xi) L_0^1(\eta) = \frac{1}{2}(1-\xi^2)(1-\eta) \tag{5.12}$$

对于 $\xi_i = 0 (i=5、7)$ 的边中节点，形函数的表达式为

$$N_i(\xi, \eta) = \frac{1}{2}(1-\xi^2)(1+\eta_i\eta) \quad (i = 5,7) \tag{5.13}$$

同理，对于 $\eta_i = 0 (i=6、8)$ 的边中节点，形函数的表达式为

$$N_i(\xi, \eta) = \frac{1}{2}(1+\xi_i\xi)(1-\eta^2) \quad (i = 6,8) \tag{5.14}$$

以上推导了边中节点的形函数，角节点的形函数构成要复杂一些。若把角节点（如节点 1）的形函数 N_c 写成 $N_c(\xi, \eta) = L_0^2(\xi) L_0^1(\eta)$，则在 $\xi = -1$ 边上节点 8 处 N_c 的值不等于 0，而等于 0.5。因此，需要对 N_c 进行修正，使角节点的形函数在除节点 1 外的所有其他节点处的值都等于 0。修正的办法是

$$N_1(\xi, \eta) = N_c(\xi, \eta) - \frac{1}{2}N_8(\xi, \eta) = L_0^2(\xi) L_0^1(\eta) - \frac{1}{2}L_0^1(\xi) L_1^1(\eta)$$

$$= \frac{1}{4}(1-\xi)(1-\eta)(-\xi-\eta-1) \tag{5.15}$$

对于所有角节点上的形函数，写成统一表达式：

$$N_i(\xi, \eta) = \frac{1}{4}(1+\xi_i\xi)(1+\eta_i\eta)(\xi_i\xi + \eta_i\eta - 1) \quad (i = 1,2,3,4) \tag{5.16}$$

式中，ξ_i、η_i 表示该节点的局部坐标值。

5.4　正六面体单元的形函数

正六面体单元由平面单元引申而来,形函数的求法与平面单元基本相同,只是稍微复杂而已。正六面体单元是研究任意六面体和曲六面体单元的基础。通过坐标变换,可以把正六面体转换成任意六面体或曲六面体。

我们首先研究八节点六面体单元(见图 5.4)的位移函数。可以直接由拉格朗日插值函数构造八节点六面体单元的位移函数:

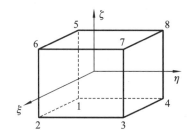

图 5.4　八节点正六面体单元

$$u(\xi,\eta,\zeta) = \sum_{i=0}^{1}\sum_{j=0}^{1}\sum_{k=0}^{1} L_i^1(\xi) L_j^1(\eta) L_k^1(\zeta) u_{ijk}$$

$$(5.17)$$

展开后得:

$$u(\xi,\eta,\zeta) = N_i(\xi,\eta,\zeta) u_i, \quad (i=1,2,\cdots,8) \tag{5.18}$$

$$N_i(\xi,\eta,\zeta) = \frac{1}{8}(1+\xi_i\xi)(1+\eta_i\eta)(1+\zeta_i\zeta), \quad (i=1,2,\cdots,8) \tag{5.19}$$

式中,ξ_i、η_i、ζ_i 表示该节点的局部坐标值。

5.5　构造形函数的画线(面)法

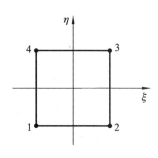

图 5.5　四节点单元

拉格朗日插值函数可以直接构造四节点、九节点平面四边形单元和八节点正六面体单元,但是不能直接构造八节点平面四边形单元和二十节点正六面体单元,具有一定的局限性。下面将要介绍的画线(面)法,可以方便地直接构造上述所有类型单元。

首先构造四节点平面四边形单元的形函数。根据形函数的特性,N_i 在节点 i 处的值等于 1,在其他节点处的值等于 0,那么 N_1 的表达式包含分别过图 5.5 中节点 2 和 3、节点 3 和 4 的两条直线的方程,从而得

$$N_1 = A(\xi-1)(\eta-1) \tag{5.20}$$

又因为 N_i 在节点 1 处的值等于 1,所以 $N_1(-1,1)=A(-1-1)(-1-1)=1$,得 $A=1/4$。采用相同的方法可以直接写出其他节点的形函数。

从上面的例子可以看出画线法的流程,划出过除自己点以外的所有点的直线,将所有直线方程相乘作为初始的形函数。代入自己点的坐标,调整系数使得形函数在该点处取值为 1。需要注意的是,直线的交点必须是单元节点,否则会引入新的等于 0 的点,这样的画线为不合理画线。

构造八节点平面四边形单元的形函数。首先构造 N_1。该函数需要在除节点 1 以外的节点处取值为 0。所以先画 23、34 两条直线,但是还差节点 5 和节点 8。有的读者会选择画 57 和 68 两条直线来覆盖节点 5、8。但是直线 57 和直线 68 的交点(单元中心点)不是单元节点。因此,该画线方案不可行。可以引入斜线 58 构造 N_1。这样 N_1 包含 23、34 和 58 三条直线,这时 N_1 初始方程为

$$N_1 = A(\xi-1)(\eta-1)(\xi+\eta+1) \tag{5.21}$$

代入节点 1 的坐标得 $N_1 = A(-1-1)(-1-1)(-1-1+1) = 1$,得 $A = 1/4$。

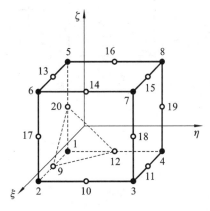

图 5.6　二十节点正六面体单元

构造 N_5 时,画线 14、34、23。此时 $N_5 = A(\xi+1)(\xi-1)(\eta-1)$,代入节点 5 的坐标得 $N_5 = A(0+1)(0-1)(-1-1)$,得 $A = 1/2$。其他节点形函数的构造方法类似。

对于二十节点正六面体单元(见图 5.6),可以通过画面法构造形函数。首先构造 N_1,该函数需要在除节点 1 以外的节点处取值为 0。构造四个面,即面 2-3-7-6、3-4-8-7、5-6-7-8、9-12-20。四个面的方程分别是 $\xi-1=0$、$\eta-1=0$、$\zeta-1=0$、$\xi+\eta+\zeta+2=0$,故 N_1 的初始表达式为

$$N_1 = A(\xi-1)(\eta-1)(\zeta-1)(\xi+\eta+\zeta+2) \tag{5.22}$$

代入节点 1 的坐标得 $N_1 = A(-1-1)(-1-1)(-1-1)(-1-1-1+2) = 1$,得 $A = 1/8$。

5.6　六节点三角形单元

三角形单元天然具有很好的几何适应性,如果增加三角形单元位移模式多项式的阶数,三角形单元就能成为高阶高精度的单元。考虑图 5.7 所示六节点三角形单元,在单元每边中点设 1 个节点,则单元有 12 个自由度,因此位移模式恰好取完全二次多项式:

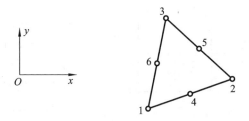

图 5.7　六节点三角形单元

$$\begin{cases} u = \beta_1 + \beta_2 x + \beta_3 y + \beta_4 xy + \beta_5 x^2 + \beta_6 y^2 \\ v = \beta_7 + \beta_8 x + \beta_9 y + \beta_{10} xy + \beta_{11} x^2 + \beta_{12} y^2 \end{cases} \tag{5.23}$$

显然,单元满足完备性要求。由于该位移模式决定了单元边界上位移呈二次抛物线分布,相邻单元公共边界上有三个公共节点,正好能够保证相邻单元在边界上位移的连续性,因而该单元是协调元,满足收敛条件。该单元应变、应力随坐标完全呈线性变化,属于高精度单元。进行广义坐标代换后,该单元的位移模式仍可写成标准形式:

$$u = \sum_{i=1}^{6} N_i u_i, \quad v = \sum_{i=1}^{6} N_i v_i \tag{5.24}$$

但是,采取前文所述的用三节点单元建立形函数的办法过于复杂,下面介绍用三角形单元的面积坐标描述单元位移模式和形函数的方法。单元内任一点的面积坐标满足关系:

$$L_i + L_j + L_m = 1 \tag{5.25}$$

即 3 个面积坐标只有 2 个面积坐标是独立的。面积坐标与直角坐标之间有确定的变换关系,因此,对三角形单元的描述完全可以用面积坐标进行。不难导出下列变换关系:

$$L_i = \frac{1}{2A}(a_i + b_i x + c_i y) \quad (i,j,m) \text{轮换} \tag{5.26}$$

显然,面积坐标与三节点三角形单元的形函数完全相同。式(5.26)写成矩阵形式为

$$\begin{bmatrix} L_i \\ L_j \\ L_m \end{bmatrix} = \frac{1}{2A} \begin{bmatrix} a_i & b_i & c_i \\ a_j & b_j & c_j \\ a_m & b_m & c_m \end{bmatrix} \begin{bmatrix} 1 \\ x \\ y \end{bmatrix} \tag{5.27}$$

不难导出下列变换关系:

$$x = x_i L_i + x_j L_j + x_m L_m, \quad y = y_i L_i + y_j L_j + y_m L_m \tag{5.28}$$

式(5.28)写成矩阵形式为

$$\begin{bmatrix} 1 \\ x \\ y \end{bmatrix} = \begin{bmatrix} 1 & 1 & 1 \\ x_i & x_j & x_m \\ y_i & y_j & y_m \end{bmatrix} \begin{bmatrix} L_i \\ L_j \\ L_m \end{bmatrix} \tag{5.29}$$

利用上面的变换式,三角形单元上的任何多项式函数可以方便地在两种坐标之间转换。多面积坐标的各种形式的幂函数在三角形上的积分有很简便的计算公式。根据形函数性质直接构造出用面积坐标(见图5.8)表示的形函数如下:

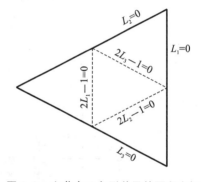

$$\begin{cases} N_i = (2L_i - 1)L_1 \quad (i=1,2,3) \\ N_4 = 4L_1 L_2 \\ N_5 = 4L_2 L_3 \\ N_6 = 4L_3 L_1 \end{cases} \tag{5.30}$$

图 5.8　六节点三角形单元的面积坐标

不难验证,上述 6 个形函数满足形函数的 2 个主要性质:

$$N_i(P_j) = \delta_{ij}, \quad \sum N_i = 1, \quad N_i = (2L_i - 1)L_i \quad (i=1,2,3) \tag{5.31}$$

采用面积坐标后,单元刚度矩阵和等效节点力的计算都比较方便。六节点三角形单元列式推导原理与其他单元相同。

5.7　三维等参变换

为了将局部(自然)坐标中几何形状规则的单元转换成总体(笛卡儿)坐标中几何形状扭曲的单元,以满足对一般形状求解域进行离散化的需要,必须建立一个坐标变换,即

$$
\begin{bmatrix} x \\ y \\ z \end{bmatrix} = f \left(\begin{bmatrix} \xi \\ \eta \\ \zeta \end{bmatrix} \right) \quad \text{或} \quad \begin{bmatrix} x \\ y \\ z \end{bmatrix} = f \left(\begin{bmatrix} L_1 \\ L_2 \\ L_3 \\ L_4 \end{bmatrix} \right) \tag{5.32}
$$

图 5.9 和图 5.10 所示就是这种变换的一些例子。

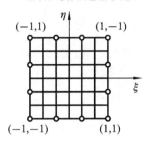
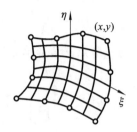

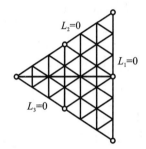
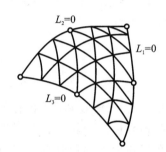

图 5.9   某些二维单元的变换

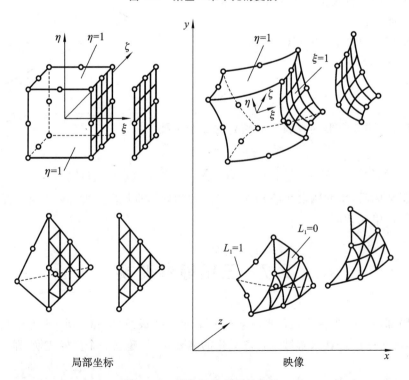

局部坐标   映像

图 5.10   某些三维单元的变换

为了建立前面所述的变换,最方便的方法是将式(5.32)也表示成插值函数的形式,即

$$x = \sum_{i=1}^{m} N'_i x_i, \quad y = \sum_{i=1}^{m} N'_i y_i, \quad z = \sum_{i=1}^{m} N'_i z_i \tag{5.33}$$

式中:m 是用以进行坐标变换的单元节点数;x_i、y_i、z_i 是这些节点在总体(笛卡儿)坐标内的坐标值;N'_i 称为形函数,实际上它也是用局部(自然)坐标表示的插值函数。

通过上式建立起两个坐标系之间的变换,可将自然坐标内形状规则的单元变换成总体笛卡儿坐标内形状扭曲的单元。今后称前者为母单元,后者为子单元。

我们还可以看到坐标变换关系式(即式(5.33))和函数的插值表示式 $\left(\phi = \sum_{i=1}^{n} N_i \phi_i\right)$ 在形式上是相同的。如果坐标变换和函数插值采用相同的节点,并且采用相同的插值函数,即 $m = n, N'_i = N_i$,则称这种变换为等参变换。如果坐标变换节点数多于函数插值的节点数,即 $m > n$,则称这种变换为超参变换。反之,$m < n$,则称这种变换为次(亚)参变换。

在有限元分析中,为建立求解方程,需要进行各个单元体积内和面积内的积分,它们的一般形式可表示为

$$\int_{V_e} G \, dV = \iiint_{V_e} G(x, y, z) \, dx \, dy \, dz \tag{5.34}$$

$$\int_{S_e} g \, dS = \iint_{S_e} g(x, y, z) \, dS \tag{5.35}$$

而 G 和 g 中还常包含着场函数对于总体坐标 x、y、z 的导数。

由于在目前的情况下,场函数是用自然坐标来表述的,加之在自然坐标内的积分限是规格化的,因此我们希望能在自然坐标内按规格化的数值积分方法开展上述积分。因此,需要建立两个坐标系内导数、体积微元、面积微元之间的变换关系。

5.8　导数之间的变换

按照通常的偏微分规则,函数 N_i 对 ξ 的偏导数可表示成

$$\frac{\partial N_i}{\partial \xi} = \frac{\partial N_i}{\partial x} \frac{\partial x}{\partial \xi} + \frac{\partial N_i}{\partial y} \frac{\partial y}{\partial \xi} + \frac{\partial N_i}{\partial z} \frac{\partial z}{\partial \xi} \tag{5.36}$$

对于其他两个坐标(η, ζ),可得到类似的表达式。将它们集合成矩阵形式,有

$$\begin{bmatrix} \dfrac{\partial N_i}{\partial \xi} \\[2mm] \dfrac{\partial N_i}{\partial \eta} \\[2mm] \dfrac{\partial N_i}{\partial \zeta} \end{bmatrix} = \begin{bmatrix} \dfrac{\partial x}{\partial \xi} & \dfrac{\partial y}{\partial \xi} & \dfrac{\partial z}{\partial \xi} \\[2mm] \dfrac{\partial x}{\partial \eta} & \dfrac{\partial y}{\partial \eta} & \dfrac{\partial z}{\partial \eta} \\[2mm] \dfrac{\partial x}{\partial \zeta} & \dfrac{\partial y}{\partial \zeta} & \dfrac{\partial z}{\partial \zeta} \end{bmatrix} \begin{bmatrix} \dfrac{\partial N_i}{\partial x} \\[2mm] \dfrac{\partial N_i}{\partial y} \\[2mm] \dfrac{\partial N_i}{\partial z} \end{bmatrix} = \boldsymbol{J} \begin{bmatrix} \dfrac{\partial N_i}{\partial x} \\[2mm] \dfrac{\partial N_i}{\partial y} \\[2mm] \dfrac{\partial N_i}{\partial z} \end{bmatrix} \tag{5.37}$$

式中,$\boldsymbol{J}$ 为雅可比矩阵,可记作 $\partial(x, y, z)/\partial(\xi, \eta, \zeta)$。

利用式(5.33),$\boldsymbol{J}$ 可以显式地表示为自然坐标的函数,即

$$
\mathbf{J} \equiv \frac{\partial(x,y,z)}{\partial(\xi,\eta,\zeta)} =
\begin{bmatrix}
\sum_{i=1}^{m} \frac{\partial N'_i}{\partial \xi} x_i & \sum_{i=1}^{m} \frac{\partial N'_i}{\partial \xi} y_i & \sum_{i=1}^{m} \frac{\partial N'_i}{\partial \xi} z_i \\
\sum_{i=1}^{m} \frac{\partial N'_i}{\partial \eta} x_i & \sum_{i=1}^{m} \frac{\partial N'_i}{\partial \eta} y_i & \sum_{i=1}^{m} \frac{\partial N'_i}{\partial \eta} z_i \\
\sum_{i=1}^{m} \frac{\partial N'_i}{\partial \zeta} x_i & \sum_{i=1}^{m} \frac{\partial N'_i}{\partial \zeta} y_i & \sum_{i=1}^{m} \frac{\partial N'_i}{\partial \zeta} z_i
\end{bmatrix}
$$

$$
=
\begin{bmatrix}
\frac{\partial N'_1}{\partial \xi} & \frac{\partial N'_2}{\partial \xi} & \cdots & \frac{\partial N'_m}{\partial \xi} \\
\frac{\partial N'_1}{\partial \eta} & \frac{\partial N'_2}{\partial \eta} & \cdots & \frac{\partial N'_m}{\partial \eta} \\
\frac{\partial N'_1}{\partial \zeta} & \frac{\partial N'_2}{\partial \zeta} & \cdots & \frac{\partial N'_m}{\partial \zeta}
\end{bmatrix}
\begin{bmatrix}
x_1 & y_1 & z_1 \\
x_2 & y_2 & z_2 \\
\vdots & \vdots & \vdots \\
x_m & y_m & z_m
\end{bmatrix} \tag{5.38}
$$

这样一来，N_i 对于 x、y、z 的偏导数可用自然坐标显式地表示为

$$
\begin{bmatrix}
\frac{\partial N_i}{\partial x} \\
\frac{\partial N_i}{\partial y} \\
\frac{\partial N_i}{\partial z}
\end{bmatrix} = \mathbf{J}^{-1}
\begin{bmatrix}
\frac{\partial N_i}{\partial \xi} \\
\frac{\partial N_i}{\partial \eta} \\
\frac{\partial N_i}{\partial \zeta}
\end{bmatrix} \tag{5.39}
$$

式中，$\mathbf{J}^{-1}$ 是 $\mathbf{J}$ 的逆矩阵，可按下式计算得到：

$$
\mathbf{J}^{-1} = \frac{1}{|\mathbf{J}|} \mathbf{J}^* \tag{5.40}
$$

$|\mathbf{J}|$ 是 $\mathbf{J}$ 的行列式，称为雅可比行列式。$\mathbf{J}^{-1}$ 是 $\mathbf{J}$ 的伴随矩阵，它的元素 J^*_{ij} 是 $\mathbf{J}$ 的元素 J_{ji} 的代数余子式。

5.9　体积微元、面积微元的变换

从图 5.10 可以看到 $\mathrm{d}\boldsymbol{\xi}$、$\mathrm{d}\boldsymbol{\eta}$、$\mathrm{d}\boldsymbol{\zeta}$ 在笛卡儿坐标系内形成的体积微元是

$$
\mathrm{d}V = \mathrm{d}\boldsymbol{\xi} \cdot (\mathrm{d}\boldsymbol{\eta} \times \mathrm{d}\boldsymbol{\zeta}) \tag{5.41}
$$

式中，

$$
\begin{cases}
\mathrm{d}\boldsymbol{\xi} = \frac{\partial x}{\partial \xi}\mathrm{d}\xi\,\boldsymbol{i} + \frac{\partial y}{\partial \xi}\mathrm{d}\xi\,\boldsymbol{j} + \frac{\partial z}{\partial \xi}\mathrm{d}\xi\,\boldsymbol{k} \\
\mathrm{d}\boldsymbol{\eta} = \frac{\partial x}{\partial \eta}\mathrm{d}\eta\,\boldsymbol{i} + \frac{\partial y}{\partial \eta}\mathrm{d}\eta\,\boldsymbol{j} + \frac{\partial z}{\partial \eta}\mathrm{d}\eta\,\boldsymbol{k} \\
\mathrm{d}\boldsymbol{\zeta} = \frac{\partial x}{\partial \zeta}\mathrm{d}\zeta\,\boldsymbol{i} + \frac{\partial y}{\partial \zeta}\mathrm{d}\zeta\,\boldsymbol{j} + \frac{\partial z}{\partial \zeta}\mathrm{d}\zeta\,\boldsymbol{k}
\end{cases} \tag{5.42}
$$

式中，$\boldsymbol{i}$、$\boldsymbol{j}$ 和 $\boldsymbol{k}$ 分别是笛卡儿坐标 x、y 和 z 方向的单位向量。

将式(5.42)代入式(5.41)，得到

$$dV = \begin{vmatrix} \dfrac{\partial x}{\partial \xi} & \dfrac{\partial y}{\partial \xi} & \dfrac{\partial z}{\partial \xi} \\[2mm] \dfrac{\partial x}{\partial \eta} & \dfrac{\partial y}{\partial \eta} & \dfrac{\partial z}{\partial \eta} \\[2mm] \dfrac{\partial x}{\partial \zeta} & \dfrac{\partial y}{\partial \zeta} & \dfrac{\partial z}{\partial \zeta} \end{vmatrix} d\xi d\eta d\zeta = \mid \boldsymbol{J} \mid d\xi d\eta d\zeta \tag{5.43}$$

关于面积微元,例如在 $\xi =$ 常数(c) 的面上,有

$$\begin{aligned} dA &= \mid d\boldsymbol{\eta} \times d\boldsymbol{\xi} \mid_{\xi=1} \\ &= \left[\left(\frac{\partial y}{\partial \eta} \frac{\partial z}{\partial \zeta} - \frac{\partial y}{\partial \zeta} \frac{\partial z}{\partial \eta} \right)^2 + \left(\frac{\partial z}{\partial \eta} \frac{\partial x}{\partial \zeta} - \frac{\partial z}{\partial \zeta} \frac{\partial x}{\partial \eta} \right)^2 + \left(\frac{\partial x}{\partial \eta} \frac{\partial y}{\partial \zeta} - \frac{\partial z}{\partial \zeta} \frac{\partial y}{\partial \eta} \right)^2 \right]^{1/2} d\eta d\zeta \\ &= A d\eta d\zeta \end{aligned} \tag{5.44}$$

其他面上的 dA 可以通过轮换 ξ、η、ζ 得到。

在有了以上几种坐标变换关系式以后,积分式(5.34)和式(5.35)最终可以变换到在自然坐标系的规则化区域内进行,它们可分别表示为

$$\int_{-1}^{1} \int_{-1}^{1} \int_{-1}^{1} G^{*}(\xi, \eta, \zeta) d\xi d\eta d\zeta \tag{5.45}$$

$$\int_{-1}^{1} \int_{-1}^{1} g^{*}(c, \eta, \zeta) d\eta d\zeta \tag{5.46}$$

等。

式中,

$$\begin{cases} G^{*}(\xi, \eta, \zeta) = G(x(\xi, \eta, \zeta), y(\xi, \eta, \zeta), z(\xi, \eta, \zeta)) \mid \boldsymbol{J} \mid \\ g^{*}(c, \eta, \zeta) = g(x(c, \eta, \zeta), y(c, \eta, \zeta), z(c, \eta, \zeta)) A \end{cases} \tag{5.47}$$

对于二维情况,以上各式将相应蜕化,这时雅可比矩阵是:

$$\begin{aligned} \boldsymbol{J} = \frac{\partial(x, y)}{\partial(\xi, \eta)} &= \begin{bmatrix} \displaystyle\sum_{i=1}^{m} \frac{\partial N_i'}{\partial \xi} x_i & \displaystyle\sum_{i=1}^{m} \frac{\partial N_i'}{\partial \xi} y_i \\[4mm] \displaystyle\sum_{i=1}^{m} \frac{\partial N_i'}{\partial \eta} x_i & \displaystyle\sum_{i=1}^{m} \frac{\partial N_i'}{\partial \eta} y_i \end{bmatrix} \\[4mm] &= \begin{bmatrix} \dfrac{\partial N_1'}{\partial \xi} & \dfrac{\partial N_2'}{\partial \xi} & \cdots & \dfrac{\partial N_m'}{\partial \xi} \\[3mm] \dfrac{\partial N_1'}{\partial \eta} & \dfrac{\partial N_2'}{\partial \eta} & \cdots & \dfrac{\partial N_m'}{\partial \eta} \end{bmatrix} \begin{bmatrix} x_1 & y_1 \\ x_2 & y_2 \\ \vdots & \vdots \\ x_m & y_m \end{bmatrix} \end{aligned} \tag{5.48}$$

两个坐标之间的偏导数关系是

$$\begin{bmatrix} \dfrac{\partial N_i}{\partial x} \\[3mm] \dfrac{\partial N_i}{\partial y} \end{bmatrix} = \boldsymbol{J}^{-1} \begin{bmatrix} \dfrac{\partial N_i}{\partial \xi} \\[3mm] \dfrac{\partial N_i}{\partial \eta} \end{bmatrix} \tag{5.49}$$

$d\xi$ 和 $d\eta$ 在笛卡儿坐标内形成的面积微元是

$$dA = \mid \boldsymbol{J} \mid d\xi d\eta \tag{5.50}$$

在 $\xi = c$ 的曲线上,$d\eta$ 在笛卡儿坐标内的线段微元的长度是

$$ds = \left[\left(\frac{\partial x}{\partial \eta} \right)^2 + \left(\frac{\partial y}{\partial \eta} \right)^2 \right]^{1/2} d\eta = s d\eta \tag{5.51}$$

5.10 自然坐标为面积(或体积)坐标时的变换公式

以上关于 J、dV、dA、ds 等的公式原则上对于任何坐标和笛卡儿坐标之间的变换都是适用的,但是当自然坐标是面积或体积坐标时要注意以下两点。

(1) 面积和体积坐标都不是完全独立的,分别存在关系式 $L_1 + L_2 + L_3 = 1$ 和 $L_1 + L_2 + L_3 + L_4 = 1$,因此可以重新定义新的自然坐标。例如,对于三维情况,可令 L_1、L_2、L_3 为相当于 ξ、η、ζ 的独立变量,即令

$$L_1 = \xi, \quad L_2 = \eta, \quad L_3 = \zeta \tag{5.52}$$

并有

$$L_4 = 1 - L_1 - L_2 - L_3 = 1 - \xi - \eta - \zeta \tag{5.53}$$

这样一来,式(5.43)~式(5.51)形式上都保持不变,N_i 也保持它的原来形式,只是它对 ξ、η、ζ 的导数应做如下替换,即

$$\begin{cases} \dfrac{\partial N_i}{\partial \xi} = \dfrac{\partial N_i}{\partial L_1} \dfrac{\partial L_1}{\partial \xi} + \dfrac{\partial N_i}{\partial L_2} \dfrac{\partial L_2}{\partial \xi} + \dfrac{\partial N_i}{\partial L_3} \dfrac{\partial L_3}{\partial \xi} + \dfrac{\partial N_i}{\partial L_4} \dfrac{\partial L_4}{\partial \xi} = \dfrac{\partial N_i}{\partial L_1} - \dfrac{\partial N_i}{\partial L_4} \\[2mm] \dfrac{\partial N_i}{\partial \eta} = \dfrac{\partial N_i}{\partial L_2} - \dfrac{\partial N_i}{\partial L_4} \\[2mm] \dfrac{\partial N_i}{\partial \zeta} = \dfrac{\partial N_i}{\partial L_3} - \dfrac{\partial N_i}{\partial L_4} \end{cases} \tag{5.54}$$

对于二维情况,因为可令

$$L_1 = \xi, \quad L_2 = \eta, \quad L_3 = 1 - \xi - \eta \tag{5.55}$$

所以有

$$\frac{\partial N_i}{\partial \xi} = \frac{\partial N_i}{\partial L_1} - \frac{\partial N_i}{\partial L_3}, \quad \frac{\partial N_i}{\partial \eta} = \frac{\partial N_i}{\partial L_2} - \frac{\partial N_i}{\partial L_3} \tag{5.56}$$

(2) 式(5.45)和式(5.46)的积分限应根据体积坐标和面积坐标的特点,做必要的改变。这样一来,上述各式将成为

$$\int_0^1 \int_0^{1-L_3} \int_0^{1-L_2-L_3} G^*(L_1, L_2, L_3) dL_1 dL_2 dL_3 \tag{5.57}$$

$$\int_0^1 \int_0^{1-L_3} g^*(0, L_2, L_3) dL_2 dL_3 \tag{5.58}$$

式(5.58)适用于 $L_1 = 0$ 的表面。类似地,可以得到用于 $L_2 = 0$、$L_3 = 0$ 和 $L_4 = 0$ 表面的表达式。应注意的是,由于 L_4 可以不以显式出现,对于 $L_4 = 0$ 面上的积分,可以表示成

$$\int_0^1 \int_0^{1-L_3} g^*(1 - L_2 - L_3, L_2, L_3) dL_2 dL_3 \tag{5.59}$$

5.11　等参变换的条件

由微积分学知识已知,两个坐标之间一对一变换的条件是雅可比行列式 $|\boldsymbol{J}|$ 不得为 0,等参变换作为一种坐标变换也必须服从此条件。这点从上节各个关系式的意义可清楚地看出。首先从式(5.43)(或式(5.50))可见,如 $|\boldsymbol{J}|=0$,则表明笛卡儿坐标中体积微元(或面积微元)为 0,即在自然坐标中的体积微元 $\mathrm{d}\xi\mathrm{d}\eta\mathrm{d}\zeta$(或面积微元 $\mathrm{d}\xi\mathrm{d}\eta$)对应笛卡儿坐标中的一个点,这种变换显然不是一一对应的。另外,因为 $|\boldsymbol{J}|=0$,$\boldsymbol{J}^{-1}$ 将不成立,所以两个坐标之间偏导数的变换即式(5.39)和式(5.49)就不可能实现。

现在着重研究在有限元分析的实际中如何防止出现 $|\boldsymbol{J}|=0$ 的情况。为简单起见,先讨论二维的情况,从式(5.50)已知 $\mathrm{d}A=|\boldsymbol{J}|\mathrm{d}\xi\mathrm{d}\eta$,加之笛卡儿坐标中的面积微元可直接表示为

$$\mathrm{d}A=|\mathrm{d}\boldsymbol{\xi}\times\mathrm{d}\boldsymbol{\eta}|=|\mathrm{d}\boldsymbol{\xi}||\mathrm{d}\boldsymbol{\eta}|\sin(\mathrm{d}\boldsymbol{\xi},\mathrm{d}\boldsymbol{\eta}) \tag{5.60}$$

式中,$|\mathrm{d}\boldsymbol{\xi}\times\mathrm{d}\boldsymbol{\eta}|$ 表示 $\mathrm{d}\boldsymbol{\xi}\times\mathrm{d}\boldsymbol{\eta}$ 的模,$|\mathrm{d}\boldsymbol{\xi}|$、$|\mathrm{d}\boldsymbol{\eta}|$ 分别表示 $\mathrm{d}\boldsymbol{\xi}$、$\mathrm{d}\boldsymbol{\eta}$ 的长度。

所以从上式和式(5.50)可得:

$$|\boldsymbol{J}|=\frac{|\mathrm{d}\boldsymbol{\xi}||\mathrm{d}\boldsymbol{\eta}|\sin(\mathrm{d}\boldsymbol{\xi},\mathrm{d}\boldsymbol{\eta})}{\mathrm{d}\xi\mathrm{d}\eta} \tag{5.61}$$

从上式可见,只要以下三种情况之一成立,即

$$|\mathrm{d}\boldsymbol{\xi}|=0 \quad \text{或} \quad |\mathrm{d}\boldsymbol{\eta}|=0 \quad \text{或} \quad \sin(\mathrm{d}\boldsymbol{\xi},\mathrm{d}\boldsymbol{\eta})=0 \tag{5.62}$$

就将出现 $|\boldsymbol{J}|=0$ 的情况。因此,在笛卡儿坐标内划分单元时,要注意防止以上所列举情况的发生。图 5.11(a)所示单元的划分是正常情况,而图 5.11(b)~(d)都属于应该防止出现的不正常情况。对于图 5.11(b),节点 3、4 退化为一个节点,在该点 $|\mathrm{d}\boldsymbol{\xi}|=0$。对于图 5.11(c),节点 2、3 退化为一个节点,在该点 $|\mathrm{d}\boldsymbol{\eta}|=0$。对于图 5.11(d),在节点 1、2、3 处,$\sin(\mathrm{d}\boldsymbol{\xi},\mathrm{d}\boldsymbol{\eta})>0$;而在节点 4 处,$\sin(\mathrm{d}\boldsymbol{\xi},\mathrm{d}\boldsymbol{\eta})<0$。因为 $\sin(\mathrm{d}\boldsymbol{\xi},\mathrm{d}\boldsymbol{\eta})$ 在单元内连续变化,所以单元内肯定存在 $\sin(\mathrm{d}\boldsymbol{\xi},\mathrm{d}\boldsymbol{\eta})=0$,即 $\mathrm{d}\boldsymbol{\xi}$ 和 $\mathrm{d}\boldsymbol{\eta}$ 共线的情况。这种情况是由单元过分歪曲导致的。

上面的讨论可以推广运用到三维的情况,即为保证变换的一一对应,应该防止因为任意的两个节点退化为一个节点而使得 $|\mathrm{d}\boldsymbol{\eta}|$、$|\mathrm{d}\boldsymbol{\zeta}|$ 中的任一个为 0;同时,还应该防止因单元过分歪曲而导致的 $\mathrm{d}\boldsymbol{\xi}$、$\mathrm{d}\boldsymbol{\eta}$、$\mathrm{d}\boldsymbol{\zeta}$ 中的任何两个出现共线的情况。

需要指出的是,某些文献中建议,从统一的四边形单元的表达格式出发,利用图 5.11(b)、(c)所示 2 个节点退化为 1 个节点的方法,将四边形单元退化为三角形单元,从而不必另行推导后者的表达格式,并用类似的方法,将三维六面体单元退化为五面体单元或四面体单元。如上所述,在这些退化单元的某些角点 $|\boldsymbol{J}|=0$,但是在实际分析中仍可应用,这是因为数值执行中单元矩阵是利用数值积分方法计算形成的,而 $|\mathrm{d}\boldsymbol{\xi}|$ 数值积分点通常在单元内部,所以可以避免某些角点 $|\boldsymbol{J}|=0$ 的问题。应予指出的是,退化单元由于形态不好,因而精度较差。同时,为得到一种形状的退化单元,可以采用不同的退化方案。例如图 5.12,图 5.12(a)所示是九节点四边形单元,图 5.12(b)、(c)是采用不同退化方案得到的同样形状的六节点三角形单元。如果刚度矩阵采用 2×2 的高斯积分,则图 5.12(b)、(c)所示退化单元中高斯积分点的位置是不同的,因此最后形成的刚度矩阵也有差别,从而影响到解的唯一性。由以上讨论可见,在一般情况下,应该尽量避免采用上述退化单元。

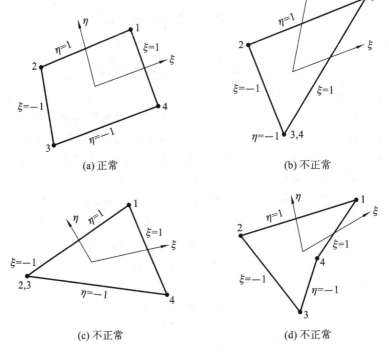

(a) 正常   (b) 不正常

(c) 不正常   (d) 不正常

图 5.11　单元划分的正常与不正常情况

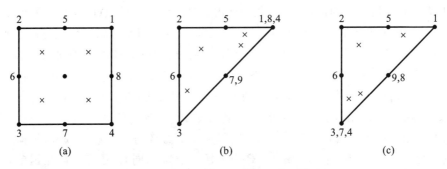

(a)   (b)   (c)

图 5.12　四边形单元退化为三角形单元

• 一节点；× 一高斯积分点

5.12　等参单元的收敛性

　　前文讨论了有限元分析中解的收敛性条件，即单元必须是协调和完备的。现在来讨论等参单元是否满足此条件。

　　为研究单元集合体的协调性，需要考虑单元之间的公共边（或面）。为了保证协调，相邻单元在这些公共边（或面）上应有完全相同的节点，同时每一单元沿这些边（或面）的坐标和未知函数应采用相同的插值函数加以确定。显然，只要适当划分网格和选择单元，等参单元是完全能满足协调性条件的。图 5.13(a) 所示正是这种情况，而图 5.13(b) 所示是不满足协调性条件的。

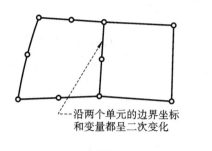
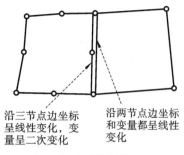

---沿两个单元的边界坐标
和变量都呈二次变化

沿三节点边坐标
呈线性变化,变
量呈二次变化

沿两节点边坐标
和变量都呈线性
变化

(a) 变量协调　　　　　　　　　　(b) 变量不协调

图 5.13　单元交界面上变量协调和不协调情况

关于单元的完备性,对于 C_0 型单元,要求插值函数中包含完全的线性项(即一次完全多项式)。这样的单元可以表现函数及其一次导数为常数的情况。显然,本章讨论的所有单元在自然坐标中是满足这个要求的。现在要研究的是经过等参变换后,在笛卡儿坐标中这个要求是否仍然得以满足。

现考察一个三维等参单元,坐标和函数的插值表达式是

$$x = \sum_{i=1}^{n} N_i x_i, \quad y = \sum_{i=1}^{n} N_i y_i, \quad z = \sum_{i=1}^{n} N_i z_i \tag{5.63}$$

$$\phi = \sum_{i=1}^{n} N_i \phi_i \tag{5.64}$$

现给各个节点参数和线性变化场函数

$$\phi = a + bx + cy + dz \tag{5.65}$$

赋予相对应的数值,即有

$$\phi_i = a + bx_i + cy_i + dz_i \quad (i = 1, 2, \cdots, n) \tag{5.66}$$

将上式代入式(5.64)并利用式(5.63),得到单元内的函数表达式为

$$\phi = a \sum_{i=1}^{n} N_i + bx + cy + dz \tag{5.67}$$

从上式可以看到,如果插值函数满足条件

$$\sum_{i=1}^{n} N_i = 1 \tag{5.68}$$

则式(5.67)和式(5.65)完全一致,说明在单元内确实得到了和原来给予各个节点的线性变化相应的场函数,即单元能够表示线性变化的场函数,亦即满足了完备性的要求。

我们知道在构造插值函数时,式(5.68)是确实得到满足了的。由此,还可进一步看到等参单元的好处,即在母单元内只要满足式(5.68),子单元就可以满足更严格的完备性要求。

如果单元不是等参的,即坐标插值表示式(式(5.33))中的节点数 m 和插值函数 N_i' 各自不等于函数插值表示式 $\phi = \sum_{i=1}^{n} N_i \phi_i$ 中的节点数 n 和插值函数 N_i,这时可分为以下两种情况。

(1) 超参单元,即 $m > n$,单元完备性要求通常是不满足的。

(2) 次参单元,即 $m < n$,这时根据构造变节点单元插值函数的一般方法可以推知存在下列关系式:

$$N_i' = \sum_n^{i=1} C_{ij} N_i, \quad x_j = \sum_m^{i=1} C_{ij} x_i' \tag{5.69}$$

式中，C_{ij} 是常系数。利用上式和式（5.66）、式（5.33）可以得到单元内的函数表达式为

$$\phi = a \sum_{i=1}^n N_i + b \sum_{i=1}^m N_i' x_i + c \sum_{i=1}^m N_i' y_i + d \sum_{i=1}^m N_i' z_i \tag{5.70}$$

$$= a \sum_{i=1}^n N_i + bx + cy + dz$$

这样就得到和式（5.67）同样的结果，也就是说只要 $\sum_{i=1}^n N_i = 1$ 条件得到满足，次参单元就满足完备性要求，而 $\sum_{i=1}^n N_i = 1$ 在构造插值函数时已得到保证。

5.13 等参单元用于分析弹性力学问题的一般格式

等参单元通常也以位移作为基本未知量，因此在 2.5 节中用最小位能原理变分得到的有限元一般格式对等参单元同样适用。差别在于等参单元的插值函数是用自然坐标给出的，等参单元的一切计算都在自然坐标系中形状规则的母单元内进行，因此只要 5.7～5.10 节中有关的转换公式对 2.5 节中的一般格式做一定的修正即可得到等参单元的一般格式。

系统方程仍是 $\boldsymbol{Ka} = \boldsymbol{P}$，其中 $\boldsymbol{K} = \sum_e \boldsymbol{G}^T \boldsymbol{K}^e \boldsymbol{G}$，$\boldsymbol{P} = \sum_e \boldsymbol{G}^T \boldsymbol{P}^e$。只需要做以下两方面的修改就可以计算单元矩阵：积分变量（取自然坐标）及积分限。下面以三维单元为例，采用两种不同的自然坐标系，讨论单元矩阵计算公式。

（1）母单元为 ξ, η, ζ 坐标系中的立方体单元系列，可以是八节点的一次单元、二十节点的二次单元等。自然坐标有

$$-1 \leqslant \xi \leqslant 1, \quad -1 \leqslant \eta \leqslant 1, \quad -1 \leqslant \zeta \leqslant 1$$

计算单元矩阵时，可将式（2.61）中的被积函数 $\boldsymbol{N}$、$\boldsymbol{B}$ 等表示成自然坐标的函数，同时 dV 和 dS 分别用式（5.43）及式（5.44）代入并确定积分的上、下限即可得到

$$\boldsymbol{K}^\gamma = \int_{-1}^{1} \int_{-1}^{1} \int_{-1}^{1} \boldsymbol{B}^T \boldsymbol{D} \boldsymbol{B} \mid \boldsymbol{J} \mid d\xi d\eta d\zeta \tag{5.71}$$

$$\boldsymbol{P}_j^e = \int_{-1}^{1} \int_{-1}^{1} \int_{-1}^{1} \boldsymbol{N}^T \boldsymbol{f} \mid \boldsymbol{J} \mid d\xi d\eta d\zeta \tag{5.72}$$

$$\boldsymbol{P}_s^e = \int_{-1}^{1} \int_{-1}^{1} \boldsymbol{N}^T \boldsymbol{T} A d\eta d\xi \quad （\boldsymbol{T} 作用在 \xi = 1 的面上） \tag{5.73}$$

$$\boldsymbol{P}_{\sigma_0}^e = -\int_{-1}^{1} \int_{-1}^{1} \int_{-1}^{1} \boldsymbol{B}^T \boldsymbol{\sigma}_0 \mid \boldsymbol{J} \mid d\xi d\eta d\zeta \tag{5.74}$$

$$\boldsymbol{P}_{\varepsilon_0}^e = -\int_{-1}^{1} \int_{-1}^{1} \int_{-1}^{1} \boldsymbol{B}^T \boldsymbol{D} \boldsymbol{\varepsilon}_0 \mid \boldsymbol{J} \mid d\xi d\eta d\zeta \tag{5.75}$$

式中，

$$|\boldsymbol{J}| = \begin{vmatrix} \dfrac{\partial x}{\partial \xi} & \dfrac{\partial y}{\partial \xi} & \dfrac{\partial z}{\partial \xi} \\[2mm] \dfrac{\partial x}{\partial \eta} & \dfrac{\partial y}{\partial \eta} & \dfrac{\partial z}{\partial \eta} \\[2mm] \dfrac{\partial x}{\partial \zeta} & \dfrac{\partial y}{\partial \zeta} & \dfrac{\partial z}{\partial \zeta} \end{vmatrix} \tag{5.76}$$

$$A = \left[\left(\frac{\partial y}{\partial \eta} \frac{\partial z}{\partial \zeta} - \frac{\partial y}{\partial \zeta} \frac{\partial z}{\partial \eta} \right)^2 + \left(\frac{\partial z}{\partial \eta} \frac{\partial x}{\partial \zeta} - \frac{\partial z}{\partial \zeta} \frac{\partial x}{\partial \eta} \right)^2 + \left(\frac{\partial x}{\partial \eta} \frac{\partial y}{\partial \zeta} - \frac{\partial z}{\partial \zeta} \frac{\partial y}{\partial \eta} \right)^2 \right]^{1/2} \tag{5.77}$$

在求作用于 $\eta = 1$ 或 $\zeta = 1$ 面上的面载荷引起的等效节点载荷时，只需将式(5.73)中的积分变量做相应变化，并将式(5.77)的 A 做坐标轮换即可。

(2) 母单元为四面锥的单元系列，如一次四节点单元、二次十节点单元等。自然坐标取体积坐标 L_1、L_2、L_3、L_4，因为它们不完全独立。如令 L_1、L_2、L_3 为分别相当于 ξ、η、ζ 的独立变量，则有

$$L_4 = 1 - L_1 - L_2 - L_3 \tag{5.78}$$

对于式(5.71)～式(5.75)，可以改写成如下形式：

$$\boldsymbol{K}^\gamma = \int_0^1 \int_0^{1-L_3} \int_0^{1-L_2-L_3} \boldsymbol{B}^{\mathrm{T}} \boldsymbol{D} \boldsymbol{B} \, |\boldsymbol{J}| \, \mathrm{d}L_1 \mathrm{d}L_2 \mathrm{d}L_3 \tag{5.79}$$

$$\boldsymbol{P}_j^e = \int_0^1 \int_0^{1-L_3} \int_0^{1-L_2-L_3} \boldsymbol{N}^{\mathrm{T}} \boldsymbol{f} \, |\boldsymbol{J}| \, \mathrm{d}L_1 \mathrm{d}L_2 \mathrm{d}L_3 \tag{5.80}$$

$$\boldsymbol{P}_s^e = \int_0^1 \int_0^{1-L_3} \boldsymbol{N}^{\mathrm{T}} \boldsymbol{T} A \, \mathrm{d}L_2 \mathrm{d}L_3 \quad (\boldsymbol{T} \text{ 作用在 } L_1 = 0 \text{ 的面}) \tag{5.81}$$

$$\boldsymbol{P}_{\sigma_0}^e = -\int_0^1 \int_0^{1-L_3} \int_0^{1-L_2-L_3} \boldsymbol{B}^{\mathrm{T}} \boldsymbol{\sigma}_0 \, |\boldsymbol{J}| \, \mathrm{d}L_1 \mathrm{d}L_2 \mathrm{d}L_3$$

$$\boldsymbol{P}_{\varepsilon_0}^e = -\int_0^1 \int_0^{1-L_3} \int_0^{1-L_2-L_3} \boldsymbol{B}^{\mathrm{T}} \boldsymbol{D} \boldsymbol{\varepsilon}_0 \, |\boldsymbol{J}| \, \mathrm{d}L_1 \mathrm{d}L_2 \mathrm{d}L_3$$

在上述计算中，计算应变矩阵 $\boldsymbol{B}$ 需要用到雅可比矩阵的逆矩阵，将插值函数对总体坐标的求导转化为对自然坐标求导。

对于二维问题，只要将以上两组公式退化，就可以得到母单元为正方形系列以及三角形系列的二维等参单元的相应公式。

对于以上各积分式表示的单元矩阵和向量，只有对于少数规则形状的单元，积分可以解析地积出。对于三维单元，矩阵和向量可以解析积分的是棱边为直线的四面体单元、平行六面体单元以及上下底面全等且平行的三角形所组成的五面体单元。对于二维单元，可解析积分的是周边为直线的三角形单元和平行四边形单元。因为这些在棱边或周边上无边内节点或有等距分布边内节点的情况下，雅可比矩阵是常数矩阵，当然相应的雅可比行列式$|\boldsymbol{J}|$和 A 等尺度转换参数也是常数。这里给出面(体)积坐标的幂函数的常用积分公式。

(1) 在棱(周)边(如 ij 边)上的积分公式：

$$\int_l L_i^a L_j^b \mathrm{d}l = \frac{a! b!}{(a+b+1)!} l \tag{5.82}$$

式中，l 为边界长度，空间两点 (x_i, y_i, z_i)、(x_j, y_j, z_j) 之间的直线长度为

$$l = \left[(x_j - x_i)^2 + (y_j - y_i)^2 + (z_j - z_i)^2 \right]^{1/2} \tag{5.83}$$

（2）在三角形（如 ijk）全面积上的积分公式：

$$\int_A L_i^a L_j^b L_k^c \mathrm{d}A = \frac{a!b!c!}{(a+b+c+2)!}2A \tag{5.84}$$

式中，A 为三角形面积，边长为 r、s、t 的三角形面积为

$$A = \frac{1}{4}\left[(r+s+t)(s+t-r)(t+r-s)(r+s-t)\right]^{1/2} \tag{5.85}$$

（3）在四面体（如 $ijkm$）全体积上的积分公式：

$$\int_V L_i^a L_j^b L_k^c L_m^d \mathrm{d}V = \frac{a!b!c!d!}{(a+b+c+d+3)!}6V \tag{5.86}$$

式中，V 为四面体的体积，如 4 顶点为 i、j、k、m（$i \to j \to k$ 右螺旋指向 m）的四面体体积为

$$V = \frac{1}{6}\begin{vmatrix} 1 & x_i & y_i & z_i \\ 1 & x_j & y_j & z_j \\ 1 & x_k & y_k & z_k \\ 1 & x_m & y_m & z_m \end{vmatrix} \tag{5.87}$$

利用上述积分公式很容易求有关的积分，如

$$\iint_A L_i \mathrm{d}x\mathrm{d}y = \frac{1!0!0!}{(1+0+0+2)!}2A = \frac{A}{3} \quad (i,j,m) \tag{5.88}$$

$$\iint_A L_i^2 \mathrm{d}x\mathrm{d}y = \frac{2!0!0!}{(2+0+0+2)!}2A = \frac{A}{6} \quad (i,j,m) \tag{5.89}$$

$$\iint_A L_i L_j \mathrm{d}x\mathrm{d}y = \frac{1!1!0!}{(1+1+0+2)!}2A = \frac{A}{12} \quad (i,j,m) \tag{5.90}$$

这些积分运算是十分简便的。有了这些公式后，进行例如 2.4 节和 2.5 节中等效节点载荷等的计算将毫无困难。

由于子单元形状复杂多变，因此在通常情况下，J 及 $|J|$ 都比较复杂，在单元矩阵的计算中，尽管采用了自然坐标后积分限规格化了，但是除了上述少数较简单的情况外，通常都不能进行显式积分，需求助于数值积分。计算单元特性矩阵一般采用高斯数值积分法，如单元刚度矩阵，它的数值积分形式可以表示为

$$\boldsymbol{K}^\tau \approx \widetilde{\boldsymbol{K}^\tau} = \sum_{i=1}^{n_g} H_i \boldsymbol{B}_i^\mathrm{T} \boldsymbol{D} \boldsymbol{B}_i \, | \boldsymbol{J}_i | \tag{5.91}$$

式中，H_i 是加权系数，n_g 是高斯积分点的点数，$\boldsymbol{B}_i$、$|\boldsymbol{J}_i|$ 等是 $\boldsymbol{B}$、$|\boldsymbol{J}|$ 等在高斯积分点（ξ_i, η_i, ζ_i）的取值。

第6章 材料损伤非线性有限元

6.1 材料的非线性力学行为和增量法

弹性力学基本方程有三类：平衡方程、几何方程和物理方程。这三类方程需加上边界条件才能进行求解。有限元法本质上是求解弹性力学基本方程和边界条件的近似方法，相较于弹性力学的三类基本方程，除了平衡方程外，对应的非线性问题有三类：材料非线性、几何非线性和边界条件非线性。本章将介绍材料非线性问题的有限元计算方法。

材料非线性问题是最为常见的一类非线性问题，主要研究的问题包括如何模拟材料的非线性应力-应变关系，以及如何计算具有非线性本构特性的结构变形问题。目前获得非线性本构关系的方法有实验方法和微观力学方法。二者相辅相成。采用实验方法能够获得材料本构响应的客观描述，但是难以测定极端环境（如极高温度、极高压力）下和复杂载荷条件（如热力电磁耦合环境）下的力学行为。通过微观力学来描述材料的力学行为越来越成为力学以及材料学研究领域的重要方法。由于微观力学已经超出了本书的范围，本书仅介绍经典损伤力学的基本概念和方法，起到一个抛砖引玉的作用。更详细和深入的介绍请参阅关于损伤力学以及连续介质力学的教材。

本书的1.4.4节介绍了弹性本构关系。该关系表明材料的应力 σ 和应变 ε 的关系是线性关系。对于最简单的一维情况，可以用应力-应变曲线来表示，如图6.1所示。

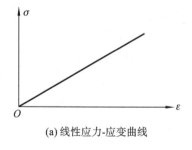
(a)线性应力-应变曲线

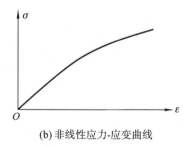
(b)非线性应力-应变曲线

图6.1 应力-应变曲线

对于图6.1(b)所示的非线性应力-应变曲线，一般采用增量形式的方程来描述：

$$d\sigma = f(\varepsilon)d\varepsilon \tag{6.1}$$

式中，$d\sigma$ 和 $d\varepsilon$ 分别表示应力增量和应变增量。

如果 $f(\varepsilon)$ 是一个常数，那么方程(6.1)演变为胡克定律。增量形式的本构方程可以采用差分法进行计算，即用 $\Delta\varepsilon$ 和 $\Delta\sigma$ 分别代替 $d\varepsilon$ 和 $d\sigma$，然后给定初始条件，即可计算出所有应变下的应力。增量本构方程计算流程如图6.2所示。

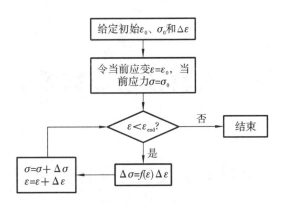

图 6.2　增量本构方程计算流程

我们以方程(6.2)为例，说明如何实现增量计算。

$$f(\varepsilon) = \begin{cases} E, & \varepsilon < \varepsilon_0 \\ E\dfrac{(\varepsilon - \varepsilon_1)}{(\varepsilon_0 - \varepsilon_1)} + E^t\dfrac{(\varepsilon - \varepsilon_0)}{(\varepsilon_1 - \varepsilon_0)}, & \varepsilon_0 \leqslant \varepsilon < \varepsilon_1 \\ E^t, & \varepsilon_1 \leqslant \varepsilon \end{cases} \tag{6.2}$$

程序如下：

```c
#include "stdio.h"
#include "stdlib.h"
double Func_Ep(double dep,double ep,double E,double Et,double ep0,double
          ep1)
{
    double ds;
    if(ep<ep0)
    {
        ds=E*dep;
    }
    else if(ep>=ep0&&ep<ep1)
    {
        ds=(E*(ep-ep1)/(ep0-ep1)+Et*(ep-ep0)/(ep1-ep0))*dep;
    }
    else
    {
        ds=Et*dep;
    }
    return ds;
}
void main()
{
```

```
double   dep=0.0001,ep0=0.05,ep1=0.1,E=200e3,Et=20e3,ds;
int n=3000,i;
double* ep=NULL,* ss=NULL;
FILE* pf=NULL;
ep= (double *)malloc(sizeof(double)* (n+1));
ss= (double *)malloc(sizeof(double)* (n+1));
ep[0]=0;
ss[0]=0;
for(i=0;i<n;i++)
{
    ds=Func_Ep(dep,ep[i],E,Et,ep0,ep1);
    ss[i+1]=ss[i]+ds;
    ep[i+1]=ep[i]+dep;
}
pf=fopen("Result.txt","w");
for(i=0;i<n+1;i++)
{
    fprintf(pf,"%20e %20e\n",ep[i],ss[i]);
}
fclose(pf);
return;
}
```

计算结果如图 6.3 所示。

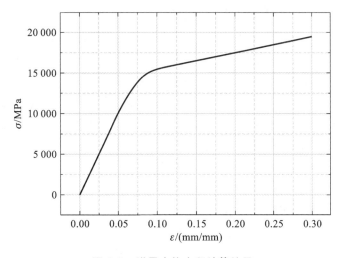

图 6.3　增量本构方程计算结果

6.2　增量基本方程

由 6.1 节可知，对于材料的非线性问题，本构方程一般表示成增量的形式。前文所述的弹性力学方程以及有限元方程是以位移 u、应变 ε 和应力 σ 为基本未知量的。为了求解材料非线性问题，还需要建立以 Δu、$\Delta \varepsilon$ 和 $\Delta \sigma$ 为基本未知量的方程。

假设研究对象的区域为 Ω，位移边界为 Γ_1，力边界为 Γ_2，则在 t 时刻在位移边界 Γ_1 上，位移满足位移边界条件：

$$^{t}u = {}^{t}\overline{u}, \quad {}^{t}v = {}^{t}\overline{v}, \quad {}^{t}w = {}^{t}\overline{w} \tag{6.3}$$

同样，在 t 时刻在力边界 Γ_2 上，力满足应力边界条件：

$$\begin{cases} {}^{t}\sigma_{xx}l + {}^{t}\tau_{yx}m + {}^{t}\tau_{zx}n = {}^{t}q_x \\ {}^{t}\tau_{xy}l + {}^{t}\sigma_{yy}m + {}^{t}\tau_{zy}n = {}^{t}q_y \\ {}^{t}\tau_{xz}l + {}^{t}\tau_{yz}m + {}^{t}\sigma_{zz}n = {}^{t}q_z \end{cases} \tag{6.4}$$

区域 Ω 内的体积力为 ${}^{t}f_x$、${}^{t}f_y$ 和 ${}^{t}f_z$，假设此刻区域 Ω 内的应力满足平衡方程：

$$\begin{cases} \dfrac{\partial {}^{t}\sigma_{xx}}{\partial x} + \dfrac{\partial {}^{t}\tau_{xy}}{\partial y} + \dfrac{\partial {}^{t}\tau_{xz}}{\partial z} + {}^{t}f_x = 0 \\[2mm] \dfrac{\partial {}^{t}\tau_{xy}}{\partial x} + \dfrac{\partial {}^{t}\sigma_{yy}}{\partial y} + \dfrac{\partial {}^{t}\tau_{yz}}{\partial z} + {}^{t}f_y = 0 \\[2mm] \dfrac{\partial {}^{t}\tau_{xz}}{\partial x} + \dfrac{\partial {}^{t}\tau_{yz}}{\partial y} + \dfrac{\partial {}^{t}\sigma_{zz}}{\partial z} + {}^{t}f_z = 0 \end{cases} \tag{6.5}$$

在 $t + \Delta t$ 时刻，Γ_1 上的位移边界条件有一增量，即

$$^{t+\Delta t}\overline{u} = {}^{t}\overline{u} + \Delta \overline{u}, \quad {}^{t+\Delta t}\overline{v} = {}^{t}\overline{v} + \Delta \overline{v}, \quad {}^{t+\Delta t}\overline{w} = {}^{t}\overline{w} + \Delta \overline{w} \tag{6.6}$$

Γ_2 上的应力和 Ω 内的体积力也产生一增量：

$$\begin{cases} {}^{t+\Delta t}q_x = {}^{t}q_x + \Delta q_x, \quad {}^{t+\Delta t}q_y = {}^{t}q_y + \Delta q_y, \quad {}^{t+\Delta t}q_z = {}^{t}q_z + \Delta q_z \\ {}^{t+\Delta t}f_x = {}^{t}f_x + \Delta f_x, \quad {}^{t+\Delta t}f_y = {}^{t}f_y + \Delta f_y, \quad {}^{t+\Delta t}f_z = {}^{t}f_z + \Delta f_z \end{cases} \tag{6.7}$$

由上述载荷产生 Ω 内的应力、应变和位移也产生一个增量：

$$\begin{cases} {}^{t+\Delta t}\sigma_{xx} = {}^{t}\sigma_{xx} + \Delta \sigma_{xx}, \quad {}^{t+\Delta t}\sigma_{yy} = {}^{t}\sigma_{yy} + \Delta \sigma_{yy}, \quad {}^{t+\Delta t}\sigma_{zz} = {}^{t}\sigma_{zz} + \Delta \sigma_{zz} \\ {}^{t+\Delta t}\tau_{xy} = {}^{t}\tau_{xy} + \Delta \tau_{xy}, \quad {}^{t+\Delta t}\tau_{yz} = {}^{t}\tau_{yz} + \Delta \tau_{yz}, \quad {}^{t+\Delta t}\tau_{xz} = {}^{t}\tau_{xz} + \Delta \tau_{xz} \\ {}^{t+\Delta t}\varepsilon_{xx} = {}^{t}\varepsilon_{xx} + \Delta \varepsilon_{xx}, \quad {}^{t+\Delta t}\varepsilon_{yy} = {}^{t}\varepsilon_{yy} + \Delta \varepsilon_{yy}, \quad {}^{t+\Delta t}\varepsilon_{zz} = {}^{t}\varepsilon_{zz} + \Delta \varepsilon_{zz} \\ {}^{t+\Delta t}\varepsilon_{xy} = {}^{t}\varepsilon_{xy} + \Delta \varepsilon_{xy}, \quad {}^{t+\Delta t}\varepsilon_{yz} = {}^{t}\varepsilon_{yz} + \Delta \varepsilon_{yz}, \quad {}^{t+\Delta t}\varepsilon_{xz} = {}^{t}\varepsilon_{xz} + \Delta \varepsilon_{xz} \\ {}^{t+\Delta t}u = {}^{t}u + \Delta u, \quad {}^{t+\Delta t}v = {}^{t}v + \Delta v, \quad {}^{t+\Delta t}w = {}^{t}w + \Delta w \end{cases} \tag{6.8}$$

由式(6.8)定义的变量仍然要满足平衡方程、几何方程、物理方程和边界条件：

$$\begin{cases} \dfrac{\partial ({}^{t}\sigma_{xx} + \Delta \sigma_{xx})}{\partial x} + \dfrac{\partial ({}^{t}\tau_{xy} + \Delta \tau_{xy})}{\partial y} + \dfrac{\partial ({}^{t}\tau_{xz} + \Delta \tau_{xz})}{\partial z} + {}^{t}f_x + \Delta f_x = 0 \\[2mm] \dfrac{\partial ({}^{t}\tau_{xy} + \Delta \tau_{xy})}{\partial x} + \dfrac{\partial ({}^{t}\sigma_{yy} + \Delta \sigma_{yy})}{\partial y} + \dfrac{\partial ({}^{t}\tau_{yz} + \Delta \tau_{yz})}{\partial z} + {}^{t}f_y + \Delta f_y = 0 \\[2mm] \dfrac{\partial ({}^{t}\tau_{xz} + \Delta \tau_{xz})}{\partial x} + \dfrac{\partial ({}^{t}\tau_{yz} + \Delta \tau_{yz})}{\partial y} + \dfrac{\partial ({}^{t}\sigma_{zz} + \Delta \sigma_{zz})}{\partial z} + {}^{t}f_z + \Delta f_z = 0 \end{cases} \tag{6.9}$$

$$
\begin{cases}
{}^{t+\Delta t}\varepsilon_{xx} = {}^{t}\varepsilon_{xx} + \Delta\varepsilon_{xx} = \dfrac{\partial^{t}u}{\partial x} + \dfrac{\partial\Delta u}{\partial x} \\[2mm]
{}^{t+\Delta t}\varepsilon_{yy} = {}^{t}\varepsilon_{yy} + \Delta\varepsilon_{yy} = \dfrac{\partial^{t}v}{\partial y} + \dfrac{\partial\Delta v}{\partial y} \\[2mm]
{}^{t+\Delta t}\varepsilon_{zz} = {}^{t}\varepsilon_{zz} + \Delta\varepsilon_{zz} = \dfrac{\partial^{t}w}{\partial z} + \dfrac{\partial\Delta w}{\partial z} \\[2mm]
{}^{t+\Delta t}\varepsilon_{xy} = {}^{t}\varepsilon_{xy} + \Delta\varepsilon_{xy} = \dfrac{1}{2}\left(\dfrac{\partial^{t}u}{\partial y} + \dfrac{\partial^{t}v}{\partial x}\right) + \dfrac{1}{2}\left(\dfrac{\partial\Delta u}{\partial y} + \dfrac{\partial\Delta v}{\partial x}\right) \\[2mm]
{}^{t+\Delta t}\varepsilon_{yz} = {}^{t}\varepsilon_{yz} + \Delta\varepsilon_{yz} = \dfrac{1}{2}\left(\dfrac{\partial^{t}v}{\partial z} + \dfrac{\partial^{t}w}{\partial y}\right) + \dfrac{1}{2}\left(\dfrac{\partial\Delta v}{\partial z} + \dfrac{\partial\Delta w}{\partial y}\right) \\[2mm]
{}^{t+\Delta t}\varepsilon_{xz} = {}^{t}\varepsilon_{xz} + \Delta\varepsilon_{xz} = \dfrac{1}{2}\left(\dfrac{\partial^{t}u}{\partial z} + \dfrac{\partial^{t}w}{\partial x}\right) + \dfrac{1}{2}\left(\dfrac{\partial\Delta u}{\partial z} + \dfrac{\partial\Delta w}{\partial x}\right)
\end{cases}
\tag{6.10}
$$

$$
\begin{cases}
\Delta\sigma_{xx} = {}^{t}D_{xx,xx}\Delta\varepsilon_{xx} + {}^{t}D_{xx,yy}\Delta\varepsilon_{yy} + {}^{t}D_{xx,zz}\Delta\varepsilon_{zz} + {}^{t}D_{xx,xy}\Delta\varepsilon_{xy} + {}^{t}D_{xx,yz}\Delta\varepsilon_{yz} + {}^{t}D_{xx,xz}\Delta\varepsilon_{xz} \\[1mm]
\Delta\sigma_{yy} = {}^{t}D_{yy,xx}\Delta\varepsilon_{xx} + {}^{t}D_{yy,yy}\Delta\varepsilon_{yy} + {}^{t}D_{yy,zz}\Delta\varepsilon_{zz} + {}^{t}D_{yy,xy}\Delta\varepsilon_{xy} + {}^{t}D_{yy,yz}\Delta\varepsilon_{yz} + {}^{t}D_{yy,xz}\Delta\varepsilon_{xz} \\[1mm]
\Delta\sigma_{zz} = {}^{t}D_{zz,xx}\Delta\varepsilon_{xx} + {}^{t}D_{zz,yy}\Delta\varepsilon_{yy} + {}^{t}D_{zz,zz}\Delta\varepsilon_{zz} + {}^{t}D_{zz,xy}\Delta\varepsilon_{xy} + {}^{t}D_{zz,yz}\Delta\varepsilon_{yz} + {}^{t}D_{zz,xz}\Delta\varepsilon_{xz} \\[1mm]
\Delta\sigma_{xy} = {}^{t}D_{xy,xx}\Delta\varepsilon_{xx} + {}^{t}D_{xy,yy}\Delta\varepsilon_{yy} + {}^{t}D_{xy,zz}\Delta\varepsilon_{zz} + {}^{t}D_{xy,xy}\Delta\varepsilon_{xy} + {}^{t}D_{xy,yz}\Delta\varepsilon_{yz} + {}^{t}D_{xy,xz}\Delta\varepsilon_{xz} \\[1mm]
\Delta\sigma_{yz} = {}^{t}D_{yz,xx}\Delta\varepsilon_{xx} + {}^{t}D_{yz,yy}\Delta\varepsilon_{yy} + {}^{t}D_{yz,zz}\Delta\varepsilon_{zz} + {}^{t}D_{yz,xy}\Delta\varepsilon_{xy} + {}^{t}D_{yz,yz}\Delta\varepsilon_{yz} + {}^{t}D_{yz,xz}\Delta\varepsilon_{xz} \\[1mm]
\Delta\sigma_{xz} = {}^{t}D_{xz,xx}\Delta\varepsilon_{xx} + {}^{t}D_{xz,yy}\Delta\varepsilon_{yy} + {}^{t}D_{xz,zz}\Delta\varepsilon_{zz} + {}^{t}D_{xz,xy}\Delta\varepsilon_{xy} + {}^{t}D_{xz,yz}\Delta\varepsilon_{yz} + {}^{t}D_{xz,xz}\Delta\varepsilon_{xz}
\end{cases}
\tag{6.11}
$$

$$
{}^{t}u + \Delta u = {}^{t}\bar{u} + \Delta\bar{u}, \quad {}^{t}v + \Delta v = {}^{t}\bar{v} + \Delta\bar{v}, \quad {}^{t}w + \Delta w = {}^{t}\bar{w} + \Delta\bar{w} \quad (在 \Gamma_1 上) \tag{6.12}
$$

$$
\begin{cases}
{}^{t}\sigma_{xx}l + {}^{t}\tau_{yx}m + {}^{t}\tau_{zx}n + \Delta\sigma_{xx}l + \Delta\tau_{yx}m + \Delta\tau_{zx}n = {}^{t}q_x + \Delta q_x \\
{}^{t}\tau_{xy}l + {}^{t}\sigma_{yy}m + {}^{t}\tau_{zy}n + \Delta\tau_{xy}l + \Delta\sigma_{yy}m + \Delta\tau_{zy}n = {}^{t}q_y + \Delta q_y \quad (在 \Gamma_2 上) \\
{}^{t}\tau_{xz}l + {}^{t}\tau_{yz}m + {}^{t}\sigma_{zz}n + \Delta\tau_{xz}l + \Delta\tau_{yz}m + \Delta\sigma_{zz}n = {}^{t}q_z + \Delta q_z
\end{cases}
\tag{6.13}
$$

因为 t 时刻的应力、应变和位移满足平衡方程、几何方程、物理方程和边界条件,因此方程 (6.9)、方程(6.10)、方程(6.12)和方程(6.13)缩减为

$$
\begin{cases}
\dfrac{\partial(\Delta\sigma_{xx})}{\partial x} + \dfrac{\partial(\Delta\tau_{xy})}{\partial y} + \dfrac{\partial(\Delta\tau_{xz})}{\partial z} + \Delta f_x = 0 \\[2mm]
\dfrac{\partial(\Delta\tau_{xy})}{\partial x} + \dfrac{\partial(\Delta\sigma_{yy})}{\partial y} + \dfrac{\partial(\Delta\tau_{yz})}{\partial z} + \Delta f_y = 0 \\[2mm]
\dfrac{\partial(\Delta\tau_{xz})}{\partial x} + \dfrac{\partial(\Delta\tau_{yz})}{\partial y} + \dfrac{\partial(\Delta\sigma_{zz})}{\partial z} + \Delta f_z = 0
\end{cases}
\tag{6.14}
$$

$$
\begin{cases}
\Delta\varepsilon_{xx} = \dfrac{\partial\Delta u}{\partial x}, \quad \Delta\varepsilon_{yy} = \dfrac{\partial\Delta v}{\partial y}, \quad \Delta\varepsilon_{zz} = \dfrac{\partial\Delta w}{\partial z} \\[2mm]
\Delta\varepsilon_{xy} = \dfrac{1}{2}\left(\dfrac{\partial\Delta u}{\partial y} + \dfrac{\partial\Delta v}{\partial x}\right), \quad \Delta\varepsilon_{yz} = \dfrac{1}{2}\left(\dfrac{\partial\Delta v}{\partial z} + \dfrac{\partial\Delta w}{\partial y}\right), \quad \Delta\varepsilon_{xz} = \dfrac{1}{2}\left(\dfrac{\partial\Delta u}{\partial z} + \dfrac{\partial\Delta w}{\partial x}\right)
\end{cases}
\tag{6.15}
$$

$$
\Delta u = \Delta\bar{u}, \quad \Delta v = \Delta\bar{v}, \quad \Delta w = \Delta\bar{w} \quad (在 \Gamma_1 上) \tag{6.16}
$$

$$
\begin{cases}
\Delta\sigma_{xx}l + \Delta\tau_{yx}m + \Delta\tau_{zx}n = \Delta q_x \\
\Delta\tau_{xy}l + \Delta\sigma_{yy}m + \Delta\tau_{zy}n = \Delta q_y \quad (在 \Gamma_2 上) \\
\Delta\tau_{xz}l + \Delta\tau_{yz}m + \Delta\sigma_{zz}n = \Delta q_z
\end{cases}
\tag{6.17}
$$

由此可见,增量型方程只不过是将原方程中的位移、应力和应变修改为增量形式。但是需要注意的是,方程(6.8)是方程(6.1)线性化的结果,因为 $\Delta\sigma$ 应通过对非线性关系积分得到,即

$$\Delta\sigma = \int_t^{t+\Delta t} \mathrm{d}\sigma = \int_t^{t+\Delta t} f(\varepsilon)\mathrm{d}\varepsilon \tag{6.18}$$

式中,$f(\varepsilon)$ 是 ε 的函数。

如果直接用 $\Delta\sigma = f(\varepsilon)\Delta\varepsilon$ 代替方程(6.18),则相当于最简单的欧拉方法。当然,也可以采用其他的数值积分方法从方程(6.18)中导出 $\Delta\sigma$ 和 $\Delta\varepsilon$ 的关系。

6.3 增量虚位移原理

首先采用增量形式的虚位移原理。如果在 $t+\Delta t$ 时刻的应力 ${}^t\sigma + \Delta\sigma$ 和体积载荷及边界载荷满足平衡方程,则此力系在满足几何协调条件的虚位移 $\delta(\Delta u_i)$ 上所做的虚功等于 0,即

$$\int_\Omega ({}^t\sigma_{ij} + \Delta\sigma_{ij})\delta(\Delta\varepsilon_{ij})\mathrm{d}V - \int_\Omega ({}^t f_i + \Delta f_i)\delta(\Delta u_i)\mathrm{d}V - \int_{\Gamma_2} ({}^t q_i + \Delta q_i)\delta(\Delta u_i)\mathrm{d}s = 0$$

$$\tag{6.19}$$

式中,

$$\int_\Omega ({}^t\sigma_{ij} + \Delta\sigma_{ij})\delta(\Delta\varepsilon_{ij})\mathrm{d}V = \sum_{i=x,y,z}\sum_{j=x,y,z}\int_\Omega ({}^t\sigma_{ij} + \Delta\sigma_{ij})\delta(\Delta\varepsilon_{ij})\mathrm{d}V$$

$$\int_\Omega ({}^t f_i + \Delta f_i)\delta(\Delta u_i)\mathrm{d}V = \sum_{i=x,y,z}\int_\Omega ({}^t f_i + \Delta f_i)\delta(\Delta u_i)\mathrm{d}V$$

$$\int_{\Gamma_2} ({}^t q_i + \Delta q_i)\delta(\Delta u_i)\mathrm{d}s = \sum_{i=x,y,z}\int_{\Gamma_2} ({}^t q_i + \Delta q_i)\delta(\Delta u_i)\mathrm{d}s$$

进一步得

$$\int_\Omega {}^t D_{ijkl}\Delta\varepsilon_{kl}\delta(\Delta\varepsilon_{ij})\mathrm{d}V - \int_\Omega \Delta f_i\delta(\Delta u_i)\mathrm{d}V - \int_{\Gamma_2} \Delta q_i\delta(\Delta u_i)\mathrm{d}s$$

$$= -\int_\Omega {}^t\sigma_{ij}\delta(\Delta\varepsilon_{ij})\mathrm{d}V + \int_\Omega {}^t f_i\delta(\Delta u_i)\mathrm{d}V + \int_{\Gamma_2} {}^t q_i\delta(\Delta u_i)\mathrm{d}s \tag{6.20}$$

如果 t 时刻的应力严格满足平衡方程,则上式等号右端等于 0。通常由于数值计算结果不可能严格满足平衡方程,因此通常将上式等号右端项保留作为矫正项,并可以理解为不平衡力势能(相差一负号)的变分。这就是增量形式的虚位移原理。

单元内的位移增量可以通过形函数表达,即

$$\Delta u = N \cdot \Delta a^e \tag{6.21}$$

式中,Δa^e 是单元 e 的节点位移向量。

单元内应变与节点位移的关系为

$$\Delta\varepsilon = B \cdot \Delta a^e \tag{6.22}$$

将上式代入方程(6.20)后得:

$$\sum_e \int_{\Omega^e} \delta (\Delta a^e)^{\mathrm{T}} \cdot \boldsymbol{B}^{\mathrm{T}} \cdot {}^t\boldsymbol{D} \cdot \boldsymbol{B} \cdot (\Delta a^e)\mathrm{d}V - \sum_e \int_{\Omega^e} \delta (\Delta a^e)^{\mathrm{T}} \cdot \boldsymbol{N}^{\mathrm{T}} \cdot \Delta \boldsymbol{f} \mathrm{d}V$$

$$- \sum_e \int_{\Gamma_2^e} \delta (\Delta a^e)^{\mathrm{T}} \cdot \boldsymbol{N}^{\mathrm{T}} \cdot \Delta \boldsymbol{q} \mathrm{d}s$$

$$= - \sum_e \int_{\Omega^e} \delta (\Delta a^e)^{\mathrm{T}} \cdot \boldsymbol{B}^{\mathrm{T}} \cdot {}^t\boldsymbol{\sigma} \mathrm{d}V + \sum_e \int_{\Omega^e} \delta (\Delta a^e)^{\mathrm{T}} \cdot \boldsymbol{N}^{\mathrm{T}} \cdot {}^t\boldsymbol{f} \mathrm{d}V$$

$$+ \sum_e \int_{\Gamma_2^e} \delta (\Delta a^e)^{\mathrm{T}} \cdot \boldsymbol{N}^{\mathrm{T}} \cdot {}^t\boldsymbol{q} \mathrm{d}s \tag{6.23}$$

我们可以通过抽取矩阵 $\boldsymbol{G}^e$ 建立 Δa^e 与 Δa 之间的关系：

$$\Delta a^e = \boldsymbol{G}^e \cdot \Delta a \tag{6.24}$$

将方程(6.24)代入方程(6.23)中消去 Δa^e 后得

$$\delta (\Delta a)^{\mathrm{T}} \cdot \left(\sum_e \int_{\Omega^e} \boldsymbol{G}^{e\mathrm{T}} \cdot \boldsymbol{B}^{\mathrm{T}} \cdot {}^t\boldsymbol{D} \cdot \boldsymbol{B} \cdot \boldsymbol{G}^e \mathrm{d}V \right) \cdot \Delta a - \delta (\Delta a)^{\mathrm{T}} \left(\sum_e \int_{\Omega^e} \boldsymbol{G}^{e\mathrm{T}} \cdot \boldsymbol{N}^{\mathrm{T}} \cdot \Delta \boldsymbol{f} \mathrm{d}V \right)$$

$$- \delta (\Delta a)^{\mathrm{T}} \left(\sum_e \int_{\Gamma_2^e} \boldsymbol{G}^{e\mathrm{T}} \cdot \boldsymbol{N}^{\mathrm{T}} \cdot \Delta \boldsymbol{q} \mathrm{d}s \right)$$

$$= - \delta (\Delta a)^{\mathrm{T}} \left(\sum_e \int_{\Omega^e} \boldsymbol{G}^{e\mathrm{T}} \cdot \boldsymbol{B}^{\mathrm{T}} \cdot {}^t\boldsymbol{\sigma} \mathrm{d}V \right) + \delta (\Delta a)^{\mathrm{T}} \left(\sum_e \int_{\Omega^e} \boldsymbol{G}^{e\mathrm{T}} \cdot \boldsymbol{N}^{\mathrm{T}} \cdot {}^t\boldsymbol{f} \mathrm{d}V \right)$$

$$+ \delta (\Delta a)^{\mathrm{T}} \sum_e \int_{\Gamma_2^e} \boldsymbol{G}^{e\mathrm{T}} \cdot \boldsymbol{N}^{\mathrm{T}} \cdot {}^t\boldsymbol{q} \mathrm{d}s$$

$$\tag{6.25}$$

由于变分 $\delta (\Delta a)^{\mathrm{T}}$ 具有任意性，因此上式可化简为

$${}^t\boldsymbol{K} \cdot \Delta a = \Delta \boldsymbol{Q} \tag{6.26}$$

式中，${}^t\boldsymbol{K}$、Δa 和 $\Delta \boldsymbol{Q}$ 分别是系统的刚度矩阵、增量位移向量和不平衡力向量，分别由单元的各个对应量集成。

因此，有

$$\begin{cases} {}^t\boldsymbol{K} = \sum_e \int_{\Omega^e} \boldsymbol{G}^{e\mathrm{T}} \cdot \boldsymbol{B}^{\mathrm{T}} \cdot {}^t\boldsymbol{D} \cdot \boldsymbol{B} \cdot \boldsymbol{G}^e \mathrm{d}V \\[2mm] \Delta \boldsymbol{Q} = \sum_e \int_{\Omega^e} \boldsymbol{G}^{e\mathrm{T}} \cdot \boldsymbol{N}^{\mathrm{T}} \cdot \Delta \boldsymbol{f} \mathrm{d}V + \sum_e \int_{\Gamma_2^e} \boldsymbol{G}^{e\mathrm{T}} \cdot \boldsymbol{N}^{\mathrm{T}} \cdot \Delta \boldsymbol{q} \mathrm{d}s - \sum_e \int_{\Omega^e} \boldsymbol{G}^{e\mathrm{T}} \cdot \boldsymbol{B}^{\mathrm{T}} \cdot {}^t\boldsymbol{\sigma} \mathrm{d}V \\[2mm] \qquad + \sum_e \int_{\Omega^e} \boldsymbol{G}^{e\mathrm{T}} \cdot \boldsymbol{N}^{\mathrm{T}} \cdot {}^t\boldsymbol{f} \mathrm{d}V + \sum_e \int_{\Gamma_2^e} \boldsymbol{G}^{e\mathrm{T}} \cdot \boldsymbol{N}^{\mathrm{T}} \cdot {}^t\boldsymbol{q} \mathrm{d}s \end{cases}$$

$$\tag{6.27}$$

并且

$$\begin{cases} {}^t\boldsymbol{K}^e = \int_{\Omega^e} \boldsymbol{B}^{\mathrm{T}} \cdot {}^t\boldsymbol{D} \cdot \boldsymbol{B} \mathrm{d}V \\[2mm] {}^{t+\Delta t}\boldsymbol{Q}^e = \int_{\Omega^e} \boldsymbol{N}^{\mathrm{T}} \cdot {}^{t+\Delta t}\boldsymbol{f} \mathrm{d}V + \int_{\Gamma_2^e} \boldsymbol{N}^{\mathrm{T}} \cdot {}^{t+\Delta t}\boldsymbol{q} \mathrm{d}s \\[2mm] {}^t\boldsymbol{Q}^e = \int_{\Omega^e} \boldsymbol{B}^{\mathrm{T}} \cdot {}^t\boldsymbol{\sigma} \mathrm{d}V \end{cases} \tag{6.28}$$

式中，${}^{t+\Delta t}\boldsymbol{Q}^e$ 和 ${}^t\boldsymbol{Q}^e$ 分别代表 $t+\Delta t$ 时刻的外载荷向量和 t 时刻的内力向量，所以 $\Delta \boldsymbol{Q}$ 称为不平衡力向量。

如果 ${}^t\boldsymbol{Q}^e$ 满足平衡的要求，则 $\Delta \boldsymbol{Q}^e$ 表示载荷增量向量。表示成现在的形式是为了进行平衡矫正，以避免解的漂移。

6.4 ANSYS 用户自定义子程序 (UPFs) 简介

ANSYS 作为一款通用的商用有限元软件,不可能充分地了解每个用户的特定需求,但由于具备很强大的前后处理和计算分析能力,仍然为用户提供了多个二次开发工具。其中:APDL(参数化设计语言)主要用于完成一些通用性强的任务,如参数化建模、创建专用分析程序等;UIDL 和 TCL/TK 用于创建用户定制界面。本书所采用的工具为 UPFs(user programmable features,用户可编程特性)。它主要用于从 FORTRAN 源代码的层次对 ANSYS 进行二次开发,包括开发材料本构模型、开发新单元、定义用户载荷等。本书采用 UPFs 开发 CMCs 的本构模型。

由于 CMCs 材料制备工艺极其复杂,在宏观上表现出各向异性的特点,而且内部会不可避免地存在制备所带来的缺陷,因此对 CMCs 进行理论建模是一项困难的工作。USERMAT 用户子程序是 ANSYS 提供给用户开发材料模型最有力的工具,利用它可以对各种各样的弹塑性材料以及受损材料进行二次开发。本书基于连续介质损伤力学建立了 CMCs 的损伤本构关系,本质上采用的是一种宏观的方法。本书将开发的损伤本构关系写入可自行修改的子程序 USERMAT.F 中,再通过 ANSYS 调用就可以实现对 CMCs 进行结构分析。

6.4.1 UPFs 的构成及 USERMAT 子程序

UPFs 的子程序可以分为两类。一类子程序可供用户自行修改,ANSYS 在文件夹中为用户提供了这些程序。这类子程序存储在 C:\Program Files\Ansys Inc\v90\ANSYS\custom\user\intel 文件夹下。另一类子程序不可以修改,但 ANSYS 可以直接调用。这类子程序用以支持用户进行 UPFs 开发。

USERMAT 属于第一类子程序,本节的重点就是将提出的损伤本构关系编写至相关的 USERMAT 子程序中,而在做这些工作之前,我们需要知道 USERMAT 与 ANSYS 的调用方法,了解 USERMAT 中各参数的意义。

6.4.2 USERMAT 的任务

材料的本构行为表现为宏观上的应力-应变关系,因此,USERMAT 的主要任务就是定义材料的应力-应变关系。为了完成这个任务,可以从两方面入手。一方面,根据提出的模型,在给定应变增量(即 $\Delta\varepsilon$,ANSYS 内部自行传递)的前提下得到材料的应力增量(即 $\Delta\sigma$)。这个过程称为应力更新。另一方面,提供所提出本构关系的一致切线刚度张量,记作 ^tD,在 ANSYS 子程序中称作雅可比矩阵。它的定义如下:

$$^tD = \frac{\partial\Delta\boldsymbol{\sigma}_{ij}}{\partial\Delta\boldsymbol{\varepsilon}_{ij}} \tag{6.29}$$

对于不同的应力、应变状态,一致切线刚度张量存储的形式是不同的。对于三维应力状态,应力、应变张量的存储顺序为:11、22、33、12、23、13。雅可比矩阵的存储顺序如表 6.1 所示。

表 6.1　三维应力状态下一致切线刚度张量的存储顺序

应力状态	一致切线刚度张量的存储顺序					
三维	1111	1122	1133	1112	1123	1113
	2211	2222	2233	2212	2223	2213
	3311	3322	3333	3312	3323	3313
	1211	1222	1233	1212	1223	1213
	2311	2322	2333	2312	2323	2313
	1311	1322	1333	1312	1323	1313

6.4.3　USERMAT 输入、输出变量的说明

USERMAT 与 ANSYS 之间存在同参数名的数据交换,其中包括输入变量和输出变量以及输入/输出变量。输入变量是指由 ANSYS 传递至 USERMAT 的变量;输出变量是指由 USERMAT 传递至 ANSYS 的变量;而有些变量既可以充当输入变量,又可以当作输出变量,称为输入/输出变量。USERMAT 拥有表 6.2～表 6.4 所示的输入变量、输入/输出变量以及输出变量。这些变量在 USERMAT 中是不能改变的。

表 6.2　USERMAT 输入变量的声明

变 量 名	声 明
matId	整型变量,材料号
elemId	整型变量,单元号
kDomIntPt	整型变量,材料积分点号
kLayer	整型变量,单元层号,仅用于分层单元
kSectPt	整型变量,单元截面号
ldstep	整型变量,载荷步数
isubst	整型变量,载荷子步数
nDirect	整型变量,正应力或正应变分量的个数,与单元类型相关
nShear	整型变量,剪应力或剪应变分量的个数,与单元类型相关
ncomp	整型变量,应力分量或应变分量的个数,ncomp＝nDirect＋nShear
nStatev	整型变量,状态变量的个数,通过"TB,STATE"①命令定义
nProp	整型变量,材料常数个数,通过"TB,USER"命令定义
Temp	双精度,当前温度
dTemp	双精度,当前温度增量
Time	双精度,增量步开始时的时间
dTime	双精度,当前时间增量
Strain	双精度数组,增量步开始时的应变分量。各分量是总的应变,热应变(通过"MP, ALPHA"命令定义)如果存在,则已经在总应变中减去,传递到 USERMAT 中的应变只是机械应变

变　量　名	声　　明
dStrain	双精度数组,当前的应变增量。和应变一样,仅包括机械应变,热应变已经在总的应变中减去
prop	双精度数组,材料常数数组,由"TB,USER"及"TB,DATA"命令定义,可以定义不同温度下的材料常数
coords	双精度数组,当前材料积分点的坐标
dsfGrad_t	双精度矩阵,增量步开始时的变形梯度矩阵,为3×3矩阵
dsfGrad	双精度矩阵,增量步结束时的变形梯度矩阵,为3×3矩阵

注:① 实际编程时,不区分字母大小写,余同。

表 6.3　USERMAT 输入/输出变量的声明

变　量　名	声　　明
stress	双精度数组,应力分量,表示的是真实应力,在时间增量开始时传递的为应力的值,在时间增量结束时必须被更新
statev	双精度数组,状态变量,通过"TB,STATE"命令来定义,用于存储与材料模型相关的变量,如塑性因子、损伤变量、强化参数等
epsPl	双精度数组,塑性应变分量,值为真实应变
sedEl	双精度,弹性区标记,仅用于后处理,对计算过程无影响
sedPl	双精度,塑性区标记,仅用于后处理,对计算过程无影响

表 6.4　USERMAT 输出变量的声明

变　量　名	声　　明
keycut	整型变量,载荷切分控制参数,为 0 表示不切分,为 1 表示切分,默认情况下不进行载荷切分,当 ANSYS 检测到收敛困难时进行载荷切分,并输出 Reycut＝1
epsZZ	双精度变量,平面应力状态是垂直于平面方向的应变,仅在平面单元或壳单元考虑厚度变化时使用
tsstif(2)	双精度矩阵,横观剪切刚度,tssif(1)表示 GXZ,tssif(2)表示 GYZ
dsdePl (ncomp,ncomp)	双精度矩阵,材料雅可比矩阵,dsdePl(i,j)表示增量步结束时由第 j 个应变分量的改变引起的第 i 个应力分量的变化。在 ANSYS 中,默认雅可比矩阵式对称,因此必须提供一个对称的雅可比矩阵,即使不对称。如果要使用非对称的一致切线算子矩阵,需要使用"NPOR,UNSYM"命令打开非对称求解器

6.4.4　USERMAT 与 ANSYS 的接口

在 USERMAT 中自定义材料的本构模型之前,必须定义材料的性能参数和所需的状态变量的个数。状态变量是 UPFs 二次开发过程中经常用到的一个概念,它用来存储随着求解过程而不断更新的变量。本书提出的模型中所定义的损伤变量在 USERMAT 中就是一个状态变量。材料的参数通过"TB,USER"命令来定义,状态变量通过"TB,STATE"命令来定义。

"TB,USER"命令的语法如下:

`TB,USER,MAT,NTEMPS,NPTS`

其中,MAT 表示的是用户材料编号,NTEMPS 表示的是材料温度点的个数,NPTS 代表在每个温度点有几个材料常数。在温度点之间的温度值的材料属性通过两个温度点之间的线性插值得到,然后传递到 USERMAT 中。

材料温度点和材料常数通过"TBTEMP"和"TBDATA"命令来定义,如图 6.4 所示。

```
tb,user,1,2,4                    ! 自定义材料类型
                                 ! 材料具有两个温度点
                                 ! 每一个温度点
                                 ! 材料具有四个材料参数
tbtemp,1.0                       ! 第一个温度点
tbdata,1,19e5, 0.3, 1e3,100,     ! 四个材料常数
tbtemp,2.0                       ! 第二个温度点
tbdata,1,21e5, 0.3, 2e3,100,     ! 四个材料常数
```

图 6.4　USERMAT 材料参数的定义示例

"TB,STATE"命令的语法如下:

`TB,STATE,MAT,NPTS`

其中,MAT 表示的是用户材料编号,NPTS 代表打算采用的状态变量的个数。此命令仅仅声明状态变量的个数,并且要与材料编号对应起来,与温度无关。状态变量的初始值默认为 0。

USERMAT 状态变量的定义示例如图 6.5 所示。

```
tb,state,1,,8                    ! 定义材料1具有8个状态变量
tbdata,1,c1,c2,c3,c4,c5,c6,c7,c8 ! 分别定义8个状态变量的初始值
```

图 6.5　USERMAT 状态变量的定义示例

采用 UPFs 进行材料本构模型的开发时,单元的选择尤为重要,因为 UPFs 子程序仅支持当前的最新技术单元,传统单元不能应用于 ANSYS 二次开发中。最新的技术单元区别于传统的单元,是 ANSYS 建议使用的单元。目前最新技术单元包括 LINK180、BEAM188、BEAM189、PLANE182、PLANE183、SOLID185、SOLID186、SOLID187、SOLSH190、SHELL181、SHELL208、SHELL209、REINF264、REINF265、SHELL281、SOLID272、SOLID273、SOLID285、PIPE288、PIPE289 和 ELBOW290。

6.4.5　USERMAT 子程序结构

采用 ANSYS 对材料的本构模型进行二次开发时,USERMAT 子程序与 ANSYS 的接口程序如图 6.6 所示。从图中可以看出,USERMAT 子程序由两部分组成。其中,它的主结构部分是 ANSYS 与 USERMAT 子程序的接口部分,不允许用户修改。用户在用户自定义部分定义所建立的材料的本构模型。在这部分,用户要完成 USERMAT 子程序的任务,包括应力更新和一致切线算子矩阵的计算。

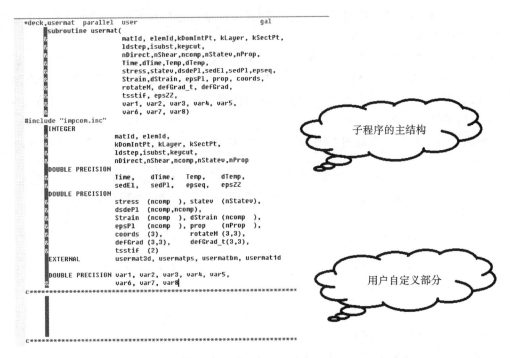

图 6.6 USERMAT 子程序结构

6.4.6 USERMAT 应用实例

现举例说明 USERMAT 子程序具体使用过程。假设某种材料为各向同性材料,弹性模量为 210 GPa,泊松比为 0.3,拉伸损伤门槛应力为 100 MPa。

对于三维应力状态,^tD 矩阵可以用拉梅常数 λ 和剪切模量 G 表示。

$$^tD = \begin{bmatrix} \lambda+2G & \lambda & \lambda & 0 & 0 & 0 \\ \lambda & \lambda+2G & \lambda & 0 & 0 & 0 \\ \lambda & \lambda & \lambda+2G & 0 & 0 & 0 \\ 0 & 0 & 0 & G & 0 & 0 \\ 0 & 0 & 0 & 0 & G & 0 \\ 0 & 0 & 0 & 0 & 0 & G \end{bmatrix} \tag{6.30}$$

当拉伸应力达到门槛应力后,^tD 对角元前三项折减为 $0.8(\lambda+2G)$,即

$$^tD = \begin{bmatrix} 0.8(\lambda+2G) & \lambda & \lambda & 0 & 0 & 0 \\ \lambda & 0.8(\lambda+2G) & \lambda & 0 & 0 & 0 \\ \lambda & \lambda & 0.8(\lambda+2G) & 0 & 0 & 0 \\ 0 & 0 & 0 & G & 0 & 0 \\ 0 & 0 & 0 & 0 & G & 0 \\ 0 & 0 & 0 & 0 & 0 & G \end{bmatrix} \tag{6.31}$$

USERMAT 子程序具体内容如下:

```
*deck,usermat  parallel  user                        gal
      subroutine usermat(
     &                    matId,elemId,kDomIntPt,kLayer,kSectPt,
     &                    ldstep,isubst,keycut,
     &                    nDirect,nShear,ncomp,nStatev,nProp,
     &                    Time,dTime,Temp,dTemp,
     &                    stress,statev,dsdePl,sedEl,sedPl,epseq,
     &                    Strain,dStrain,epsPl,prop,coords,
     &                    rotateM,defGrad_t,defGrad,
     &                    tsstif,epsZZ,
     &                    var1,var2,var3,var4,var5,
     &                    var6,var7,var8)
c***************************************************************
#include "impcom.inc"
c
      INTEGER
     &                    matId,elemId,
     &                    kDomIntPt,kLayer,kSectPt,
     &                    ldstep,isubst,keycut,
     &                    nDirect,nShear,ncomp,nStatev,nProp
      DOUBLE PRECISION
     &                    Time,dTime,Temp,dTemp,
     &                    sedEl,sedPl,epseq,epsZZ
      DOUBLE PRECISION
     &                    stress  (ncomp ),statev (nStatev),
     &                    dsdePl  (ncomp,ncomp),
     &                    Strain  (ncomp ),dStrain(ncomp ),
     &                    epsPl   (ncomp ),prop   (nProp ),
     &                    coords(3),rotateM(3,3),
     &                    defGrad(3,3),defGrad_t(3,3),
     &                    tsstif(2)
      DOUBLE PRECISION    var1,var2,var3,var4,var5,
     &                    var6,var7,var8
c----------------------------用户自定义----------------------------
c
c------------------------------用户自定义变量------------------------
c---------------EMOD(弹性模量),NU(泊松比),SO(门槛应力)--------------
c---------------------EG(剪切模量),ELAM(拉梅常数)-------------------
```

```
      DOUBLE PRECISION   EMOD,NU,SO,EG,ELAM
      INTEGER            k1,k2
```

c----------------------------材料参数赋值---------------------------

```
    EMOD=prop(1)
    NU=prop(2)
    SO=prop(3)
    EG=EMOD/(2*(1+NU))
    ELAM=EMOD*NU/((1+NU)*(1-2*NU))
```

c----------------------------计算一致切线算子---------------------------

```
    DO k1=1,3
        If(stress(k1).LE.EPO)THEN              -门槛值判断
            dsdepl(k1,k1)=2*EG+ELAM            -主应力方向
        ELSE
            dsdepl(k1,k1)=0.8*(2*EG+ELAM)
        END IF
    END DO

    DO k1=4,6
        dsdepl(k1,k1)=EG                        -剪切方向
    END DO
        dsdepl(1,2)=ELAM
        dsdepl(1,3)=ELAM
        dsdepl(2,1)=ELAM
        dsdepl(2,3)=ELAM
        dsdepl(3,1)=ELAM
        dsdepl(3,2)=ELAM
```
c----------------------------更新应力---------------------------
```
    DO k1=1,ncomp
    DO k2=1,ncomp
    stress(k2)=stress(k2)+dsdepl(k2,k1)*dStrain(k1)
    END DO
    END DO

    RETURN
    END
```

　　完成 USERMAT 编写后,采用上一小节介绍的方法进行子程序的编译连接,弹出 ANSYS
主程序窗口后开始建模分析。

按照图 6.7 所示尺寸建立有限元模型,且模型一端施加约束,另外一端施加拉伸载荷。

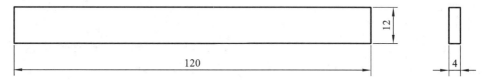

图 6.7　有限元模型尺寸

命令流如下:

```
finish
/clear
/PREP7
et,1,solid185                    ! 定义单元类型
tb,user,1,1,3                    ! 自定义材料类型,一个温度点,三个材料常数
tbdata,1,210e9,0.3,1e8           ! 给出弹性模量、泊松比及应力门槛值
K,1,0,6,0,                       ! 建立几何模型
K,2,0,-6,0,
K,3,120,-6,0,
K,4,120,6,0,
K,4,120,6,0,
LSTR,        1,        2
LSTR,        2,        3
LSTR,        3,        4
LSTR,        4,        1
FLST,2,4,4
FITEM,2,4
FITEM,2,2
FITEM,2,1
FITEM,2,3
AL,P51X
VOFFST,1,4,,
LESIZE,1,,,6                     ! 划分网格密度
LESIZE,2,,,30
LESIZE,9,,,4
VSWEEP,ALL                       ! 扫略划分网格
FINISH
/SOL                            ! 进入求解器
FLST,2,1,5,ORDE,1
FITEM,2,4
```

```
DA,P51X,ALL,0                        ! 约束一端面
FLST,2,1,5,ORDE,1
FITEM,2,6
DA,P51X,UX,0.15                      ! 另一端面施加拉伸载荷 (此处为位移载荷)
time,1
pred,on                             ! 打开线性预测
nsubst,40,100,10                    ! 定义载荷子步数
outres,all,all                      ! 输出所有子步结果
solve
```

提取模型某一节点结果,获得该节点的应力-应变曲线,如图 6.8 所示。由图可知,当应力值小于 100 MPa 时,材料应力-应变曲线的斜率保持不变;应力值达到 100 MPa 后,材料应力-应变曲线的斜率发生折减。本算例验证了 USERMAT 子程序用于材料非线性有限元计算的可行性。

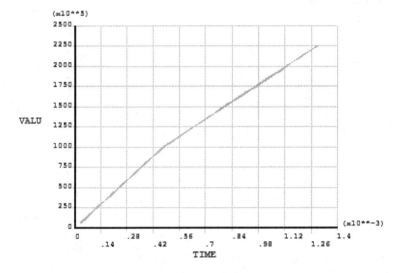

图 6.8　由 USERMAT 子程序计算出来的应力-应变曲线

6.5　连续介质损伤力学理论

6.5.1　损伤的测量与定义

采用损伤力学原理研究材料内部的不可逆过程,首先需要定义可以描述损伤状态的内变量,即损伤变量。不同于弹塑性应变、温度等,损伤变量无法直接测出,因此,通常的做法是采用间接测量获取中间量,从而间接定义损伤变量。

建立损伤理论的前提是了解损伤演化的最终形态。损伤的最终形态主要对应于宏观裂纹的形成,即连续介质元素的破裂。裂纹萌生的定义具有较大的不确定性,特别是研究疲劳损伤时,新生成的裂纹与材料微观结构自检存在复杂的相互影响。

基于断裂力学理论研究宏观裂纹时,假设缺陷与微观结构的不均匀性相比较大。同时,为在几何形状、尺寸和方向上呈现明显的宏观均匀性,需假设宏观主裂纹横穿多个晶粒,以便使用断裂力学进行分析。

损伤变量的间接测量及定义方法主要包括以下三种。

(1) 剩余寿命测量法。

由于结构寿命是工程设计及运用当中非常重要的概念,因此,采用剩余寿命定义损伤变量也较为常见。采用这种方法时,损伤变量最普遍的定义是它是指疲劳寿命之比 N/N_f,即给定载荷下的已有循环数与发生裂纹萌生时的循环数之比。另一种定义是,当材料经过某一损伤演化过程后,测量该固定载荷下的标称寿命 N_f 与剩余寿命 N_2 即可获得损伤值:

$$D = 1 - N_2/N_f \tag{6.32}$$

(2) 微观结构测量法。

损伤变量的第二种定义方法是测量不可逆缺陷,包括蠕变晶粒间孔洞、疲劳微裂纹、韧性断裂孔洞等。一般借助净面积减小的方法定义与方向 n 相关的损伤变量,定义式为

$$D = (S - S^0)/S \tag{6.33}$$

式中,S 表示某一损伤状态下减去孔洞面积的净面积,S^0 表示初始面积,$D = 0$ 表示无损伤状态。

(3) 等效应力法。

等效应力可以定义为:在所受应力为 σ 时,若材料内部损伤造成的应变响应与应力 $\tilde{\sigma}$ 的作用相同,则 $\tilde{\sigma}$ 为 σ 的等效应力。等效应力定义式为

$$\tilde{\sigma} = \sigma/(1 - D) \tag{6.34}$$

目前,该方法已获得一定的应用。例如,在韧性破坏状态下测量材料弹性模量的变化时,材料损伤状态与无损伤状态下的弹性本构方程分别为 $\sigma = \tilde{E}\varepsilon$ 与 $\tilde{\sigma} = E\varepsilon$,由此推出:

$$\tilde{\sigma} = \sigma/(1 - D) = (E/\tilde{E})\sigma \tag{6.35}$$

从而得

$$D = 1 - (\tilde{E}/E) \tag{6.36}$$

6.5.2　热力学理论

(1) 热力学势。

在连续损伤力学理论中,可以通过比自由能 Ψ 表示弹塑性解耦的热力学势。与损失变量耦合的热弹性公式为

$$\Psi = \Psi_e(\varepsilon, D, T) + \Psi_p(\gamma, T) \tag{6.37}$$

损伤的弹性性能通过等效应力及应变当量给出,即

$$\Psi_e = \frac{1}{2\rho}(1 - D)\Lambda : \varepsilon_e : \varepsilon_e \tag{6.38}$$

因而应力表示为

$$\sigma = \rho \partial \Psi/\partial \varepsilon_e = (1 - D)\Lambda : \varepsilon_e \tag{6.39}$$

热力学共轭力为 $Y = \rho \partial \Psi/\partial D$,热力学力为 $R = \partial \Psi/\partial \gamma$。

（2）耗散势。

由热力学第二定律可知，材料内部耗散必须为正值，即

$$\sigma : \dot{\varepsilon}_p - R\dot{\gamma} - Y\dot{D} > 0 \tag{6.40}$$

由于硬化与损伤相解耦，因此可以认为

$$-Y\dot{D} > 0 \tag{6.41}$$

$-Y$ 为二次函数，因此 $\dot{D} > 0$。

由式可知，耗散势是通量变量 $\dot{\gamma}$、$\dot{D}$、$\dot{\varepsilon}_p$ 及热通量 q 的凸函数，而状态变量则起参量作用，即

$$\phi(\sigma, Y, R; \varepsilon_e, p, D, T) \tag{6.42}$$

由此可以推出耗散变量的本构方程：

$$\dot{\varepsilon}_e = \frac{\partial \phi^*}{\partial \sigma}, \quad \dot{\gamma} = -\frac{\partial \phi^*}{\partial \sigma}, \quad \dot{D} = \frac{\partial \phi^*}{\partial Y} \tag{6.43}$$

若 ϕ^* 为 $-Y$ 的凸函数，则耗散势必为正值。

6.6 针刺 CMCs 损伤本构方程的建立

6.6.1 损伤变量的定义

根据连续介质损伤力学原理，在运用损伤力学研究材料受载过程中内部的受损情况时，首先需要定义损伤变量用以描述材料内部的不可逆过程。实际 CMCs 是典型的各向异性材料，且一般应用于复杂载荷环境中。CMCs 内部的损伤萌生及演化存在明显的方向性，因此难以用各向同性损伤本构模型或单一损伤标量描述 CMCs 的各向异性损伤特征。

结合材料的各向异性结构特性，本书建立了式（6.44）所示六阶损伤矩阵 $\boldsymbol{D}$ 以描述针刺CMCs 的各向异性损伤特征。

$$\boldsymbol{D} = \begin{bmatrix} D_{1111} & D_{1122} & D_{1233} & 0 & 0 & 0 \\ D_{2211} & D_{2222} & D_{2233} & 0 & 0 & 0 \\ D_{1133} & D_{2233} & D_{3333} & 0 & 0 & 0 \\ 0 & 0 & 0 & D_{1212} & 0 & 0 \\ 0 & 0 & 0 & 0 & D_{2323} & 0 \\ 0 & 0 & 0 & 0 & 0 & D_{1313} \end{bmatrix} \tag{6.44}$$

6.6.2 本构方程的定义

图 6.9 所示为典型的针刺 CMCs 拉伸、剪切应力-应变曲线。由图可知，材料各方向本构曲线均呈现明显的非线性特征。根据对试件断口的失效分析可知，伴随着材料的受力过程，材料内部将会出现多种细观损伤，包括基体开裂、纤维脱黏拔出、断裂等。细观损伤的演化过程消耗了材料内部所存储的能量，进而导致材料刚度下降。

从图 6.9 中可以看出，各方向宏观本构响应大都可以分为三个过程，即初始弹性段、非线性过渡段和第二线性段。当外载荷在比例极限以内时，材料内部无明显损伤，材料本构响应表现为弹性；当外载荷达到一定数值后，材料内部衍生出细观基体裂纹，这些裂纹在外载荷作用下逐

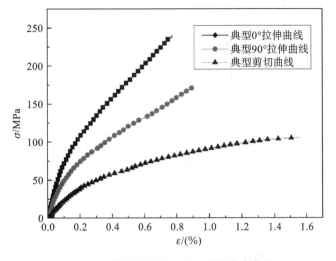

图 6.9　典型的针刺 CMCs 本构响应曲线

渐演化,导致材料刚度下降;当基体裂纹达到饱和时,基体完全失去承载能力,导致纤维脱黏、拔出,此时材料主要由纤维承载,因此它的宏观应力-应变关系又重新表现为线性,直至纤维断裂。

　　由上述分析可知,针刺 CMCs 的本构响应曲线受损伤影响呈现一定的双线性特征。基于这一特征,本书根据连续介质力学原理建立可表征双线性的损伤本构模型。

　　由损伤力学可知,亥姆霍兹自由能 $\Psi(\boldsymbol{\varepsilon}^e, \boldsymbol{D})$ 是 $\boldsymbol{\varepsilon}^e$ 的二次函数,且与损伤变量 $\boldsymbol{D}$ 保持线性关系。根据材料的双线性特征,本书选取切线模量来表征材料达到比例极限后的力学响应,因此将材料的亥姆霍兹自由能 Ψ 定义为如下形式:

$$\Psi = \frac{1}{2\rho} \cdot \boldsymbol{\varepsilon} \cdot \left[\boldsymbol{C}(\boldsymbol{D}) + \boldsymbol{C}^t(\boldsymbol{D}) \right] \cdot \boldsymbol{\varepsilon}^{\mathrm{T}} \tag{6.45}$$

式中,$\boldsymbol{\varepsilon}$ 表示材料弹性应变矩阵,$\boldsymbol{C}(\boldsymbol{D})$ 表示初始弹性刚度矩阵,$\boldsymbol{C}^t(\boldsymbol{D})$ 表示第二线性段切线模量矩阵。

　　$\boldsymbol{C}(\boldsymbol{D})$ 及 $\boldsymbol{C}^t(\boldsymbol{D})$ 具体表达形式如下:

$$\boldsymbol{C}(\boldsymbol{D}) = \begin{bmatrix} (1-D_{1111})C_{1111} & (1-D_{1122})C_{1122} & (1-D_{1122})C_{1133} & 0 & 0 & 0 \\ (1-D_{2211})C_{2211} & (1-D_{2222})C_{2222} & (1-D_{2233})C_{2233} & 0 & 0 & 0 \\ (1-D_{3311})C_{3311} & (1-D_{3322})C_{3322} & (1-D_{3333})C_{3333} & 0 & 0 & 0 \\ 0 & 0 & 0 & (1-D_{2323})C_{2323} & 0 & 0 \\ 0 & 0 & 0 & 0 & (1-D_{3131})C_{3131} & 0 \\ 0 & 0 & 0 & 0 & 0 & (1-D_{1212})C_{1212} \end{bmatrix}$$

$$\tag{6.46}$$

$$\boldsymbol{C}^t(\boldsymbol{D}) = \begin{bmatrix} D_{1111}C^t_{1111} & D_{1122}C^t_{1122} & D_{1133}C^t_{1133} & 0 & 0 & 0 \\ D_{2211}C^t_{2211} & D_{2222}C^t_{2222} & D_{2233}C^t_{2233} & 0 & 0 & 0 \\ D_{3311}C^t_{3311} & D_{3322}C^t_{3322} & D_{3333}C^t_{3333} & 0 & 0 & 0 \\ 0 & 0 & 0 & D_{2323}C^t_{2323} & 0 & 0 \\ 0 & 0 & 0 & 0 & D_{3131}C^t_{3131} & 0 \\ 0 & 0 & 0 & 0 & 0 & D_{1212}C^t_{1212} \end{bmatrix} \tag{6.47}$$

式(6.46)和式(6.47)中,刚度系数 $C_{ijmn}(i,j,m,n=1,2,3)$ 由正交各向异性材料刚度矩阵求得。由式(6.48)算出刚度折减系数,再由式(6.49)算出第二线性段对应的切线模量 $C_{ijmn}^t(i,j,m,n=1,2,3)$。式(6.48)中,$E_{ij}$、$E_{ij}^t$ 分别表示实验曲线初始线性段斜率(弹性模量或剪切模量)及第二线性段切线模量,ζ_{ijij} 表示刚度折减系数,在不考虑损伤的材料方向上,刚度折减系数为 1。

$$\zeta_{ijij} = \frac{E_{ij}^t}{E_{ij}} \tag{6.48}$$

$$C_{ijij}^t = \zeta_{ijij} \cdot C_{ijij} \tag{6.49}$$

通过对亥姆霍兹自由能公式求解关于 ε 的偏导,即可得到材料的本构关系形式,即

$$\sigma = [\boldsymbol{C}(\boldsymbol{D}) + \boldsymbol{C}^t(\boldsymbol{D})] \cdot \boldsymbol{\varepsilon} \tag{6.50}$$

另外,表征损伤演化过程的一个重要的热力学对偶力公式为

$$Y_{ij} = -\rho \frac{\partial \Psi}{\partial D_{ijij}} \tag{6.51}$$

6.6.3　损伤演化方程的定义

根据试验结果分析,当外载荷超过比例极限以后,损伤逐渐演化并收敛于一个特定值。为完善本构模型,必须给出损伤变量的演化方程。在热力学框架下,损伤演化方程与外载荷无关,是热力学对偶力 Y 的凸函数。所以,本书采用如下方程式,即耗散势方程表征材料损伤演化过程:

$$f_{ij} = |Y_{ij}| + \frac{\mathrm{tr}(\boldsymbol{C} - \boldsymbol{C}^t)[D_{ijij}(\varepsilon_{0ij}k_{ijij} - 1) - \varepsilon_{0ij}k_{ijij}]}{2k_{ijij}^2(1 - D_{ijij})^2} - k_{0ijij} \tag{6.52}$$

式中,k_{ijij}、k_{0ijij} 用来控制损伤演化趋势,ε_{0ij} 表示损伤起始应变。

根据最小耗散势原理推导出损伤演化方程:

$$\dot{D}_{ijij} = \lambda_{ijij} \frac{\partial f_{ij}}{\partial Y_{ij}} \tag{6.53}$$

上式中的参数 λ_{ijij} 根据库恩-塔克条件 $\dot{f}_{ijij} = 0$ 得到。由于本书本构关系中各项材料的参数都是温度的函数,因此库恩-塔克条件定义如下:

$$\dot{f}_{ij} = \frac{\partial f_{ij}}{\partial Y_{ij}}\dot{Y}_{ij} + \frac{\partial f_{ij}}{\partial D_{ij}}\dot{D}_{ijij} + f_{Tij} \cdot \dot{T} = 0 \tag{6.54}$$

式中,

$$f_{Tij} = \sum_n^3 \frac{\partial f_{ij}}{\partial C_{mnn}} \cdot \frac{\partial C_{mnn}}{\partial T} + \sum_n^3 \frac{\partial f_{ij}}{\partial C_{mnn}^t} \cdot \frac{\partial C_{mnn}^t}{\partial T} + \frac{\partial f_{ij}}{\partial \varepsilon_{0ij}} \cdot \frac{\partial \varepsilon_{0ij}}{\partial T} + \frac{\partial f_{ij}}{\partial k_{ijij}} \cdot \frac{\partial k_{ijij}}{\partial T} + \frac{\partial f_{ij}}{\partial k_{0ijij}} \cdot \frac{\partial k_{0ijij}}{\partial T} \tag{6.55}$$

将式(6.53)代入式(6.54)可得

$$\lambda_{ij} = \begin{cases} -\left(f_{Tij} \cdot \dot{T} + \dfrac{\partial f_{ij}}{\partial Y_{ij}}\dot{Y}_{ij}\right) \Big/ \left(\dfrac{\partial f_{ij}}{\partial D_{ijij}}\dfrac{\partial f_{ij}}{\partial Y_{ij}}\right), & f_{ij} \geqslant 0 \\ 0, & f_{ij} < 0 \end{cases} \tag{6.56}$$

将上式代入式(6.53)可得损伤增量公式:

$$\dot{D}_{ijij} = \begin{cases} -\left(f_{Tij} \cdot \dot{T} + \dfrac{\partial f_{ij}}{\partial Y_{ij}}\dot{Y}_{ij}\right) \Big/ \dfrac{\partial f_{ij}}{\partial D_{ijij}}, & f_{ij} \geqslant 0 \\ 0, & f_{ij} < 0 \end{cases} \tag{6.57}$$

热力学对偶力全微分公式可以表示为

$$\dot{Y}_{ij} = \frac{\partial Y_{ij}}{\partial \varepsilon_{ij}}\dot{\varepsilon}_{ij} + \left(\frac{\partial Y_{ij}}{\partial C^t_{mnkl}}\frac{\partial C^t_{mnkl}}{\partial T} + \frac{\partial Y_{ij}}{\partial C_{mnkl}}\frac{\partial C_{mnkl}}{\partial T} \right)\dot{T} \tag{6.58}$$

综合上述公式即可推导出损伤增量公式的最终表达式：

$$\dot{D}_{ijij} = \begin{cases} -\dfrac{\dfrac{\partial f_{ij}}{\partial Y_{ij}}\dfrac{\partial Y_{ij}}{\partial \varepsilon_{ij}}\dot{\varepsilon}_{ij}}{\dfrac{\partial f_{ij}}{\partial D_{ijij}}} - \dfrac{f_{Tij} + \dfrac{\partial f_{ij}}{\partial Y_{ij}}\dfrac{\partial Y_{ij}}{\partial C^t_{mnkl}}\dfrac{\partial C^t_{mnkl}}{\partial T} + \dfrac{\partial f_{ij}}{\partial Y_{ij}}\dfrac{\partial Y_{ij}}{\partial C_{mnkl}}\dfrac{\partial C_{mnkl}}{\partial T}}{\dfrac{\partial f_{ij}}{\partial D_{ijij}}}\dot{T}, & f_{ij} \geqslant 0 \\[4mm] 0, & f_{ij} < 0 \end{cases}$$

$$\tag{6.59}$$

由式(6.50)可求出应力增量公式为

$$\dot{\sigma}_{ij} = \left(\frac{\partial \sigma_{ijij}}{\partial C_{ijkl}}\frac{\partial C_{ijkl}}{\partial T} + \frac{\partial \sigma_{ijij}}{\partial C^t_{ijkl}}\frac{\partial C^t_{ijkl}}{\partial T} \right)\dot{T} + \frac{\partial \sigma_{ij}}{\partial D_{ijkl}}\dot{D}_{ijkl} + \frac{\partial \sigma_{ij}}{\partial \varepsilon_{kl}}\dot{\varepsilon}_{kl} \tag{6.60}$$

将式(6.59)代入上式即可得到应力增量公式的最终表达式：

$$\dot{\sigma}_{ij} = A_{ijkl}\dot{\varepsilon}_{kl} + B_{ij}\dot{T} \tag{6.61}$$

式中，

$$A_{ijkl} = \frac{\partial \sigma_{ij}}{\partial \varepsilon_{kl}} - \frac{\dfrac{\partial \sigma_{ij}}{\partial D_{ijkl}}\dfrac{\partial f_{ij}}{\partial Y_{ij}}\dfrac{\partial Y_{ij}}{\partial \varepsilon_{kl}}}{\dfrac{\partial f_{ij}}{\partial D_{ijkl}}} \tag{6.62}$$

$$B_{ij} = \frac{\partial \sigma_{ij}}{\partial C_{ijkl}}\frac{\partial C_{ijkl}}{\partial T} + \frac{\partial \sigma_{ij}}{\partial C^t_{ijkl}}\frac{\partial C^t_{ijkl}}{\partial T} - \frac{\partial \sigma_{ij}}{\partial D_{ijkl}}\frac{f_{Tij} + \dfrac{\partial f_{ij}}{\partial Y_{ij}}\dfrac{\partial Y_{ij}}{\partial C^t_{mnkl}}\dfrac{\partial C^t_{mnkl}}{\partial T} + \dfrac{\partial f_{ij}}{\partial Y_{ij}}\dfrac{\partial Y_{ij}}{\partial C_{mnkl}}\dfrac{\partial C_{mnkl}}{\partial T}}{\dfrac{\partial f_{ij}}{\partial D_{ijkl}}}$$

$$\tag{6.63}$$

6.7　针刺 CMCs 二次开发计算流程

6.7.1　MATLAB 本构参数调试

本节中的损伤本构模型子程序是基于一种损伤演化模型进行编写的,程序中包含 k_{ijij}、k_{0ijij}、ε_{0ijij} 等参数,这些参数的数值直接影响计算所得本构曲线与试验值的吻合程度,因此在损伤本构模型子程序的编写过程中需要对这些参数的数值进行调节。相比 USERMAT 子程序,用 MATLAB 进行编写调试相对简单快捷,因此,本节首先采用 MATLAB 对本构模型进行编程,通过不断调试上述参数,找到使计算结果最接近试验结果的参数值,再代入子程序进行进一步计算。为了更好地说明本书提出的损伤本构模型的程序设计编译过程,这里结合图 6.10 所示流程图进行说明。

当利用 MATLAB 对针刺 CMCs(ceramic matrix composites)本构模型进行编程时,将应变增量设为自变量,首先判定在当前应变下材料耗散势值是否达到损伤条件,若耗散势小于 0,即

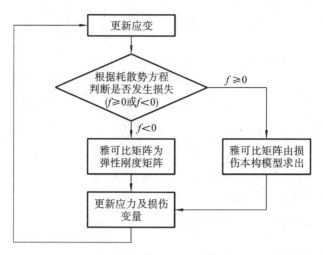

图 6.10　MATLAB 计算流程图

没有出现损伤,则此时材料的一致切线刚度矩阵为材料的初始弹性刚度矩阵;如果产生了损伤,则需要根据所建立的损伤本构模型计算出一致切线刚度矩阵,由该一致切线刚度矩阵计算在当前应变下材料的应力增量,并进行应力更新,同时更新损伤变量值。如此不断增大应变值,迭代计算,直至应变达到材料破坏应变时停止加载,最终得到材料的应力-应变曲线。

如前文所述,k_{ijij}、k_{0ijij}、ε_{0ijij} 等参数的数值直接影响计算所得本构曲线的走向及与实验值的吻合程度,因此,为保证 USERMAT 的可靠性,需在 MATLAB 中通过不断调试各参数值以修正模型。下面重点分析各参数值对本构曲线走势的影响。

(1)图 6.11、图 6.12 所示为保持其他参数不变、改变 k_{ijij} 值时,得到的不同 k_{ijij} 值下的应力-应变曲线和损伤-应变曲线。

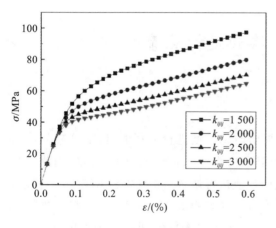

图 6.11　k_{ijij} 对应力-应变曲线的影响

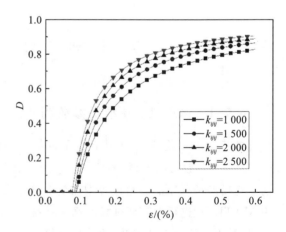

图 6.12　k_{ijij} 对损伤-应变曲线的影响

从图 6.11 可以看出,随着 k_{ijij} 值的增大,应力-应变曲线非线性段下降,材料刚度折减也随之增大,导致模拟的材料最终的破坏强度减小。图 6.12 描述了 k_{ijij} 变化对损伤增量和损伤的影响。k_{ijij} 的变化首先直接影响了损伤初始点发生的位置,随着 k_{ijij} 值的增大,损伤初始发生的位置前移。从图 6.12 中可以直观地了解到损伤对 k_{ijij} 值的反应十分敏感,在 k_{ijij} 值达到一个合适的值之前损伤的增长速度较为缓慢,一旦 k_{ijij} 到达临界值,损伤的发展便增长很快,并且发展趋势大体可以分为三段,符合陶瓷基复合材料在受外载荷作用时内部损伤的发展规律。因此,k_{ijij} 值的确定非常重要,对后续 USERMAT 子程序的编写能够提供很好的借鉴作用。

（2）图 6.13、图 6.14 所示为保持其他参数不变、改变 k_{0ijij} 值时,得到的不同 k_{0ijij} 值下的应力-应变曲线和损伤-应变曲线。

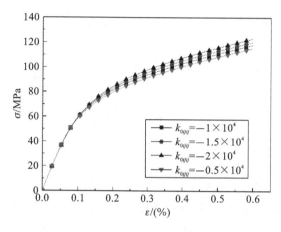

图 6.13　k_{0ijij} 对应力-应变曲线的影响

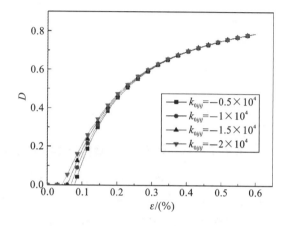

图 6.14　k_{0ijij} 对损伤-应变曲线的影响

从图 6.13 可以看出,随着 k_{0ijij} 值的增大,应力-应变曲线有下降趋势,材料拉伸方向刚度的折减也随之增大,但从 k_{0ijij} 的数量级可以看出,它的变化对于应力-应变曲线走势的影响相比 k_{ijij} 值要小得多。

图 6.14 表示的是 k_{0ijij} 变化对损伤增量和损伤的影响。k_{0ijij} 虽然能够影响损伤初始点发生的位置,但影响相对较小,k_{0ijij} 在较大范围内变化时才能体现出明显的影响,但大体趋势为随着 k_{0ijij} 值的增大,损伤初始点发生位置后移,而最终破坏时,材料的损伤基本相同。因此,k_{0ijij} 值主要起着对损伤本构关系微调的作用。合理地选择 k_{0ijij} 值能够更好地模拟 CMCs 的应力-应变曲线,使之更符合材料的力学行为特征。

（3）图 6.15、图 6.16 所示为保持其他参数不变、改变 ε_{0ijij} 值时,得到的不同 ε_{0ijij} 值下的应力-应变曲线和损伤-应变曲线。

图 6.15 描述了当 ε_{0ijij} 取不同数值,而其他参数保持取值不变时,拉伸应力-应变曲线的变化趋势。从图中可以看出,随着 ε_{0ijij} 的增大,应力-应变曲线呈下降趋势,材料刚度折减幅度较之前有所下降。

图 6.16 为 ε_{0ijij} 变化对损伤和损伤增量的影响的定量说明。从图中可以很明显看出,随着 ε_{0ijij} 的增大,损伤初始点发生的位置也发生明显变化,渐渐向后推移;同时,随着 ε_{0ijij} 的增大,损伤增加的速率也有所提高。但在不同 ε_{0ijij} 条件下,损伤增长的趋势是基本相同的,在最开始阶段都没有损伤的出现;在 ε_{0ijij} 达到临界值后,有一个损伤快速发展的阶段;最后,当基体微裂纹密度达到饱和之后,损伤变量值基本趋向于一个定值。

有限元法程序设计及应用

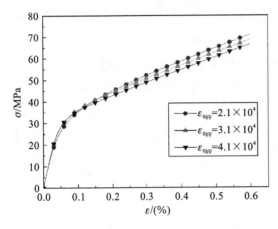

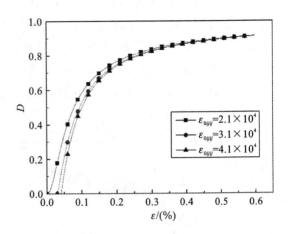

图 6.15 ε_{0iji} 对应力-应变曲线的影响   图 6.16 ε_{0iji} 对损伤-应变曲线的影响

6.7.2 USERMAT 子程序编写流程

前文介绍了本构模型中重要参数的拟合调试方法,为 USERMAT 子程序的编写提供了借鉴。获得损伤本构模型参数值后,即可将包含参数值的本构模型以 FORTRAN 源代码形式写入 USERMAT 子程序。USERMAT 子程序编写流程与 MATLAB 大体相似,二者的主要区别在于,USERMAT 子程序中必须写出一致切线刚度矩阵,计算出应力增量,然后进行应力更新。USERMAT 子程序编写流程如图 6.17 所示。

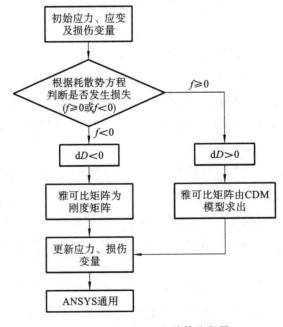

图 6.17 USERMAT 计算流程图

146

6.7.3　USERMAT 子程序编译连接

完成子程序的编写后,下一步工作就是进行子程序的编译连接,以生产可以随时调用子程序内本构模型的用户定制版 ANSYS 软件。ANSYS 二次开发技术主要涉及 ANSYS 软件自身以及 FORTRAN 源代码,且两者的版本需相匹配,二者之中任意一个版本偏高或偏低都可能造成编译连接失败。本书选取的版本分别为 ANSYS 9.0 与 Visual Fortran 6.6C。

编译连接过程如下。

(1) 安装 Visual Fortran 6.6C 及 ANSYS 9.0,其中 ANSYS 软件必须选择 custom 安装。

(2) 建立一个新的用户文件夹,把 ANSYS 9.0 及 Visual Fortran 6.6C 安装目录下的 anscust. bat、ansysex. def、ansyslarge. def、ansyssmall. def、ask. exe、defconsol. lib、deformd. lib、defport. lib、MAKEFILE、USOLBEG. F 以及 USERMAT. F 子程序复制到工作目录文件夹中。

(3) 运行"anscust. bat"进行编译连接。编译连接成功之后,在工作目录文件夹下会生成 ansys. exe 文件,这就是用户定制版 ANSYS。

(4) 运行用户定制版 ANSYS,按确认键,接着输入命令"/show,on"和"/menu,on",启动 ANSYS。

(5) 通过步骤(4)启动 ANSYS 并进入交互界面之后,就实现了 ANSYS 包含损伤本构模型的子程序的互联,并且通过 APDL 命令流即可实现对损伤本构模型材料参数的输入和损伤变量的初始化。参数输入及损伤变量初始化示例如图 6.18 所示。图中给出了两个温度下的材料参数,其他温度下的参数由这两组参数通过线性插值得到。

```
tb,user,1,2,12                              ! 定义材料参数,包括两个温度点
                                            ! 每个温度点下包含 12 个材料参数
tbtemp,27                                   ! 第一个温度点,温度 27
tbdata,1,9e10,2e10,7e9,6e10,6e10,8e9,       ! 第一个温度点下的材料参数,每行限写 6 个
tbdata,7,7e9,8e9,4e10,2e10,2e10,2e10
tbtemp,800                                  ! 第二个温度点,温度 800
tbdata,1,7e10,1e10,6e9,5e10,5e10,7e9,
tbdata,7,6e9,7e9,4e10,1e10,1e10,1e10
tb,state,1,,6                               ! 定义损伤变量初始值,本文起始值为 0
```

图 6.18　USERMAT 子程序材料参数输入与损失变量初始化

6.8　本构模型验证

6.8.1　本构模型材料参数

本书所用针刺 CMCs 常温下的弹性参数如表 6.5 所示。

表 6.5　针刺 CMCs 常温下的弹性常数

E_1/GPa	E_2/GPa	E_3/GPa	G_{12}/GPa	G_{23}/GPa	G_{13}/GPa	ν_{12}	ν_{23}	ν_{13}
90.7	66.1	44.36	21.3	20.94	20.76	0.101	0.109	0.068

由表 6.5 中的数据即可根据各向异性材料刚度矩阵求出材料的刚度系数,计算所得刚度系数如表 6.6 所示。

表 6.6　针刺 CMCs 常温下的刚度系数(单位:GPa)

C_{1111}	C_{1122}	C_{1133}	C_{2211}	C_{2222}	C_{2233}
93.22	10.63	7.50	10.63	68.50	8.19
C_{3311}	C_{3322}	C_{3333}	C_{1212}	C_{2323}	C_{3131}
7.50	8.19	45.76	21.30	20.94	20.76

由于受原材料尺寸限制,本书只开展了 0°、90°拉伸及面内剪切试验,且获得了相应的刚度折减系数,依次为 0.254 5、0.210 3 和 0.098,其他方向暂不考虑损伤,因此对应刚度折减系数都定义为 1。由刚度折减系数即可求得针刺 CMCs 常温下的切线模量,如表 6.7 所示。

表 6.7　针刺 CMCs 常温下的切线模量(单位:GPa)

C_{1111}^t	C_{1122}^t	C_{1133}^t	C_{2211}^t	C_{2222}^t	C_{2233}^t
24.31	11.43	9.64	11.43	14.83	7.11
C_{3311}^t	C_{3322}^t	C_{3333}^t	C_{1212}^t	C_{2323}^t	C_{1313}^t
9.64	7.11	17.77	4.51	3.4	3.4

本书经研究获取了 0°及 90°方向 1 000 ℃下的弹性模量值,且两者相对常温数值分别下降了 16.4% 和 18.9%,数值较为接近,因此两个纤维铺层方向刚度折减系数即采用弹性模量折减比例,其他方向刚度折减系数取两者的平均值 17.65%,具体如表 6.8 所示。

表 6.8　针刺 CMCs 在 1 000 ℃下的刚度系数(单位:GPa)

C_{1111}	C_{1122}	C_{1133}	C_{2211}	C_{2222}	C_{2233}
77.93	8.75	6.18	8.75	54.86	6.74
C_{3311}	C_{3322}	C_{3333}	C_{1212}	C_{2323}	C_{3131}
6.18	6.74	37.68	17.54	17.24	17.09

针刺 CMCs 在 1 000 ℃下的切线模量如表 6.9 所示。

表 6.9　针刺 CMCs 在 1 000 ℃下的切线模量(单位:GPa)

C_{1111}^t	C_{1122}^t	C_{1133}^t	C_{2211}^t	C_{2222}^t	C_{2233}^t
14.10	8.75	6.18	8.75	12.99	6.74
C_{3311}^t	C_{3322}^t	C_{3333}^t	C_{1212}^t	C_{2323}^t	C_{1313}^t
6.18	6.74	37.68	17.54	17.24	17.09

6.8.2　常温正轴拉伸算例

建立损伤本构模型的最终目的是将它应用于实际结构件的有限元模型计算。为验证 MATLAB 拟合参数以及本构模型有限元计算的可行性,本书首先开展简单应力状态下的有限元模拟。

为使用有限元软件模拟针刺 CMCs 0°方向及 90°方向正轴拉伸应力-应变曲线,本书采用常温正轴拉伸试件几何尺寸建立狗骨状拉伸有限元模型,且模型网格划分及载荷施加如图 6.19 所示,并在模型一端夹持段施加全约束,另一端施加位移载荷模拟拉伸试验过程。表 6.10 给出了 MATLAB 拟合曲线所得损伤演化参数值。计算所得本构曲线如图 6.20 及图 6.21 所示。

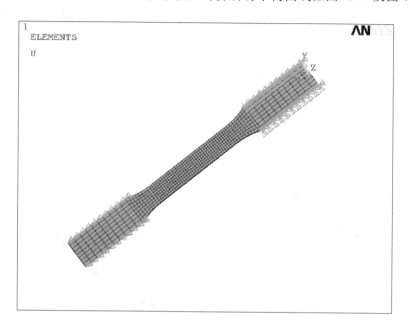

图 6.19　常温正轴拉伸试件有限元模型及其网格划分和载荷施加

表 6.10　常温正轴拉伸损伤演化参数值

k_{1111}	k_{01111}	ε_{01111}	k_{2222}	k_{02222}	ε_{02222}
1 100	850	0.000 284	1 050	30 000	0.000 3

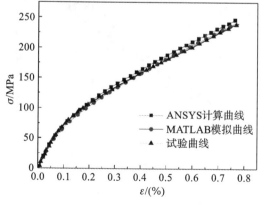

图 6.20　0°方向常温正轴拉伸计算应力-应变曲线

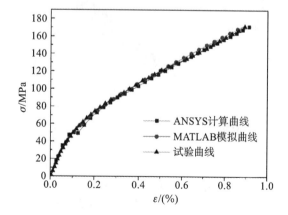

图 6.21　90°方向常温正轴拉伸计算应力-应变曲线

通过对比 ANSYS 计算曲线、MATLAB 模拟曲线以及试验曲线可知,本构模型计算曲线与试验曲线的吻合性较好。0°方向 ANSYS 与 MATLAB 计算所得破坏强度值分别为 239.4 MPa 与 238.76 MPa,与试验值破坏强度 238.12 MPa 的相对误差分别为 0.54% 和 0.27%;90°方向

ANSYS 与 MATLAB 计算所得破坏强度值分别为 174.50 MPa 与 171.66 MPa，与试验值破坏强度 170.71 MPa 的相对误差分别为 2.2％和 0.56％，证明了本书所提出的本构模型具有较好的准确性。

图 6.22、图 6.23、图 6.24 及图 6.25 分别给出了相同外载荷作用下损伤本构模型与弹性本构模型计算所得应力分布云图。通过对比可知，两种模型计算所得应力分布相似，但相同位置的应力值存在明显差异，0°方向损伤本构模型计算所得的最大应力值为 239.4 MPa，弹性本构模型计算所得的最大应力值为 736.2 MPa，前者相比后者下降了 67.5％；90°方向损伤本构模型计算所得的最大应力值为 174.5 MPa，弹性本构模型计算所得的最大应力值为 599 MPa，前者相比后者下降了 70.87％。

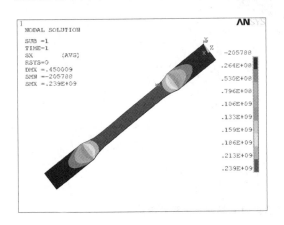

图 6.22 损伤本构模型计算 0°方向
常温正轴拉伸应力云图

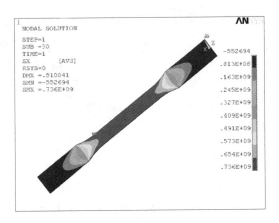

图 6.23 弹性本构模型计算 0°方向
常温正轴拉伸应力云图

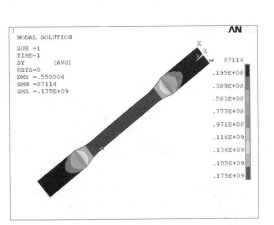

图 6.24 损伤本构模型计算 90°方向
常温正轴拉伸应力云图

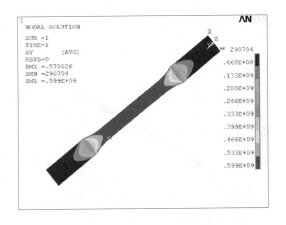

图 6.25 弹性本构模型计算 90°方向
常温正轴拉伸应力云图

图 6.26 和图 6.27 进一步给出了 0°及 90°方向常温正轴拉伸损伤变量分布云图。由图可知，损伤变量分布规律与应力分布规律十分吻合，表明损伤演化与应力值密切关联，与实际情况相符。

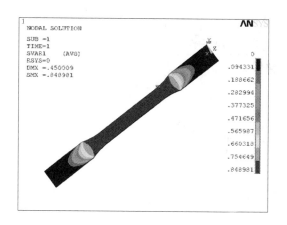

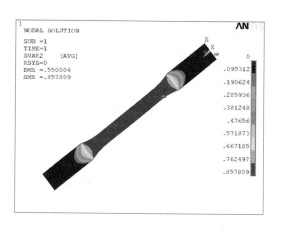

图 6.26　0°方向常温正轴拉伸损伤变量分布云图　　　图 6.27　90°方向常温正轴拉伸损伤变量分布云图

6.8.3　常温剪切算例

面内剪切试件有限元模型及其网格划分和载荷施加如图 6.28 所示,在模型缺口左侧上下面施加固定约束,在右侧上下面施加横向位移载荷。表 6.11 给出了 MATLAB 拟合曲线所得面内剪切方向损伤演化参数,计算曲线如图 6.29 所示。

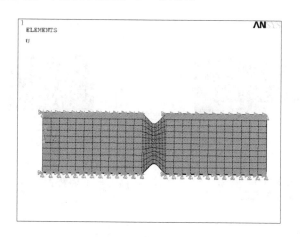

图 6.28　面内剪切试件有限元模型及其网格划分和载荷施加

表 6.11　面内剪切方向拉伸损伤演化参数值

k_{1212}	k_{01212}	ε_{01212}
590	$-50\,000$	0.000 96

通过对比 ANSYS 计算曲线、MATLAB 模拟曲线以及试验曲线可知,本构模型计算曲线与试验曲线的吻合性较好,ANSYS 计算值略大于试验值。ANSYS 与 MATLAB 计算所得破坏强度值分别为 114 MPa 与 107 MPa,与试验值破坏强度 105.34 MPa 的相对误差分别为 8.2％和 1.58％,证明了本书所提出的本构模型具有较好的准确性。

图 6.30、图 6.31 分别给出了损伤本构模型与弹性本构模型计算所得轴向应变云图,图 6.32、图 6.33 分别给出了两种模型计算所得应力分布云图。通过对比可知,两种模型计算所得

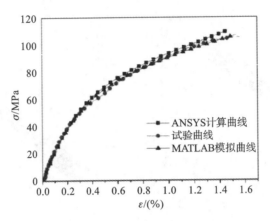

图 6.29　面内剪切计算应力-应变曲线

应变及应力分布都比较相似,但在相同位移载荷下,相同位置的应力值存在明显差异,损伤本构模型计算所得的最大应力值为 114 MPa,弹性本构模型计算所得的最大应力值为 335 MPa,前者相比后者下降了 65.97%。

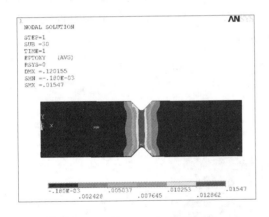

图 6.30　损伤本构模型计算面内
剪切应变分布云图

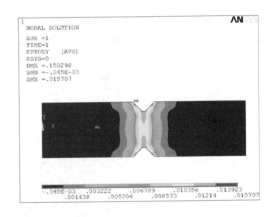

图 6.31　弹性本构模型计算面内
剪切应变分布云图

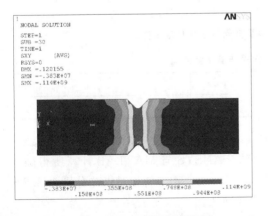

图 6.32　损伤本构模型计算面内
剪切应力分布云图

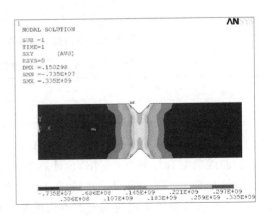

图 6.33　弹性本构模型计算面内
剪切应力分布云图

图 6.34 进一步给出了面内剪切方向损伤变量分布云图。由图可知,损伤变量分布规律与应力分布规律十分吻合,表明剪切损伤演化与剪切应力值密切关联,与实际情况相符。

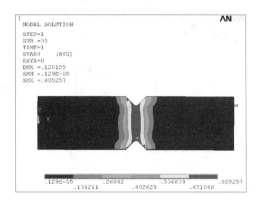

图 6.34　面内剪切方向损伤变量分布云图

6.8.4　高温拉伸算例

为使用有限元软件模拟针刺 CMCs 在高温下 0°方向及 90°方向正轴拉伸应力-应变曲线,本书采用高温拉伸试件几何尺寸建立加长狗骨状拉伸有限元模型,且模型网格划分及载荷施加如图 6.35 所示,并在模型一端夹持段施加全约束,另一端施加载荷模拟拉伸试验过程。表6.12给出了 MATLAB 模拟曲线所得损伤演化参数值。计算所得本构曲线如图 6.36 和图 6.37所示。

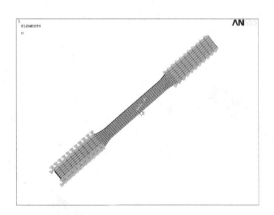

图 6.35　高温拉伸试件有限元模型及其网格划分和载荷施加

表 6.12　高温拉伸损伤演化参数值

k'_{1111}	k'_{01111}	ε'_{01111}	k'_{2222}	k'_{02222}	ε'_{02222}
600	20 500	0.000 282 9	1 220	20 000	0.000 288 6

通过对比 ANSYS 计算曲线、MATLAB 模拟曲线以及试验曲线可知,本构模型计算曲线与试验曲线的吻合性较好。0°方向 ANSYS 与 MATLAB 计算所得破坏强度值分别为 150.00 MPa 与 145.52 MPa,与试验值破坏强度 133.98 MPa 的相对误差分别为 11.96% 和 8.61%;

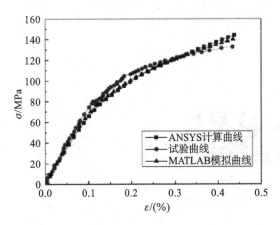

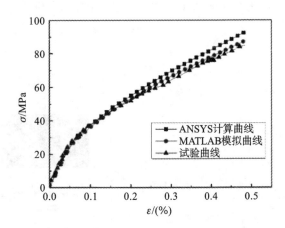

图 6.36　0°方向高温拉伸计算应力-应变曲线　　　　**图 6.37　90°方向高温拉伸计算应力-应变曲线**

90°方向 ANSYS 与 MATLAB 计算所得破坏强度值分别为 89.7 MPa 与 87.20 MPa，与试验值破坏强度 84.85 MPa 的相对误差分别为 5.72％和 2.77％，证明了本书所提出的本构模型具有较好的准确性。

　　图 6.38、图 6.39、图 6.40 及图 6.41 分别给出了相同载荷作用下损伤本构模型与弹性本构模型计算所得应力分布云图。通过对比可知，两种模型计算所得应力分布相似，但相同位置的应力值存在明显差异，0°方向损伤本构模型计算所得的最大应力值为 150 MPa，弹性本构模型计算所得的最大应力值为 305 MPa，前者相比后者下降了 50.82％；90°方向损伤本构模型计算所得的最大应力值为 87.9 MPa，弹性本构模型计算所得的最大应力值为 228 MPa，前者相比后者下降了 61.45％。

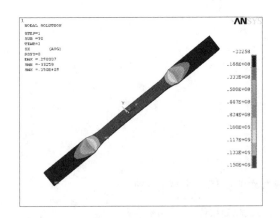

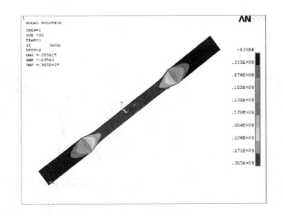

图 6.38　损伤本构模型计算 0°方向　　　　　　**图 6.39　弹性本构模型计算 0°方向**
**　　　　高温拉伸应力云图**　　　　　　　　　　　**　　　　高温拉伸应力云图**

　　图 6.42 和图 6.43 进一步给出了 0°及 90°方向损伤变量分布云图。由图可知，损伤变量分布规律与应力分布规律十分吻合，表明损伤演化与应力值密切关联，与实际情况相符。

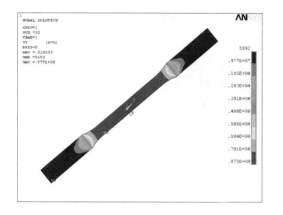

图 6.40　损伤本构模型计算 90°方向
高温拉伸应力云图

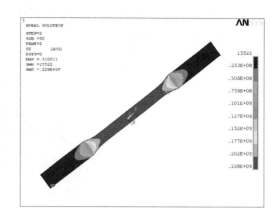

图 6.41　弹性本构模型计算 90°方向
高温拉伸应力云图

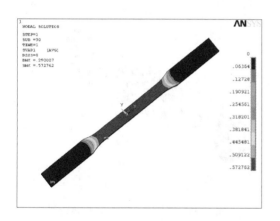

图 6.42　0°方向高温拉伸损伤变量分布云图

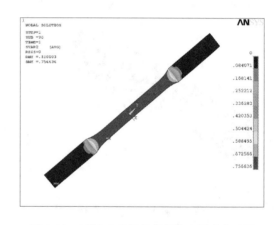

图 6.43　90°方向高温拉伸损伤变量分布云图

6.8.5　升降温算例

实际陶瓷基复合材料往往处于复杂温度环境下,即在工作过程中往往伴随着温度的升降过程,从而产生热应力。为验证本书所提出的本构模型能否适用于温度载荷下的结构计算,建立图 6.44 所示有限元模型进行自由升降温模拟,模型一侧施加固定约束,其余方向不受限制。设置模型参考温度为 0 ℃,模型首先升至 1 000 ℃,随后降温至 0 ℃。

图 6.45～图 6.50 给出了在升降温过程中 3 个温度下的位移云图。由图可知,不论是升温过程还是降温过程,相同温度下的应变分布及最大热应变都相同,且不同温度下的最大热应变与温度之比都等于一固定值,即材料热膨胀系数。

$$\frac{0.022\ 5}{50\times250}\approx\frac{0.045}{50\times500}\approx\frac{0.067\ 8}{50\times750}\approx1.8\times10^{-6}$$

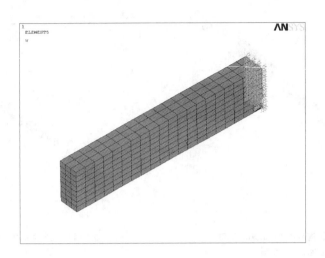

图 6.44　自由升降温有限元模型及其约束

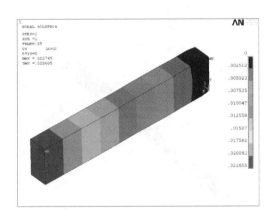

图 6.45　升温至 250 ℃时位移云图

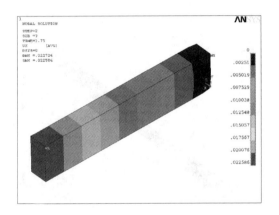

图 6.46　降温至 250 ℃时位移云图

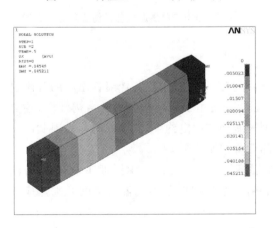

图 6.47　升温至 500 ℃时位移云图

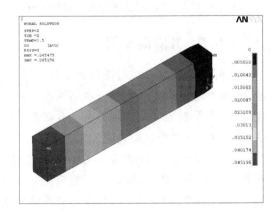

图 6.48　降温至 500 ℃时位移云图

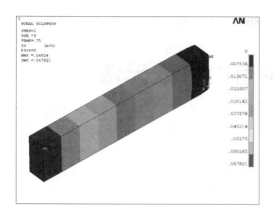

图 6.49　升温至 750 ℃时位移云图

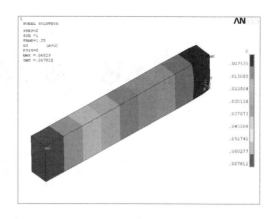

图 6.50　降温至 750 ℃时位移云图

第7章 动力学问题的有限元法

7.1 基本方程

前文介绍的都属于静力学问题。静力学问题与动力学问题的本质区别就是:静力学问题中不考虑自身加速度的作用;而对于动力学问题,加速度的影响不可忽略。根据运动学原理,连续体 Ω 内部任意一点应该满足如下条件。

① 平衡方程:

$$\sigma_{ij,j} + f_i - \rho\ddot{u}_i - \mu\dot{u}_i = 0 \quad (i,j = 1,2,3) \tag{7.1}$$

式中,$\sigma_{ij,j} = \dfrac{\partial \sigma_{ij}}{\partial x_j}$,$f_i$ 是沿方向的体积力密度,ρ 是质量密度,$\ddot{u}_i$ 是沿 i 方向的加速度,$\dot{u}_i$ 是沿 i 方向的速度,μ 是阻尼系数。

② 几何方程:

$$\varepsilon_{ij} = \frac{1}{2}(u_{i,j} + u_{j,i}) \quad (i,j = 1,2,3) \tag{7.2}$$

式中,$u_{i,j} = \dfrac{\partial u_i}{\partial x_j}$。

③ 物理方程:

$$\sigma_{ij} = D_{ijkl}\varepsilon_{kl} \quad (i,j,k,l = 1,2,3) \tag{7.3}$$

式中,D_{ijkl} 是弹性参数。

④ 边界条件:

$$u_i = \overline{u}_i(在 \Gamma_1 边界上); \quad \sigma_{ij}n_j = q_i(在 \Gamma_2 边界上) \tag{7.4}$$

⑤ 初始条件:

$$u_i(x,y,z,t=0) = u_i(x,y,z), \quad \dot{u}_i(x,y,z,t=0) = \dot{u}_i(x,y,z) \tag{7.5}$$

我们的目标是求解任意一个时刻 t 的平衡方程(7.1)并让它满足边界条件(7.4)。根据加权余量法的原理,同时满足平衡方程(7.1)和边界条件(7.4)与满足积分式(7.6)是等价的。理由如下:如果应力严格满足方程(7.1)和边界条件(7.4),那么积分号内部全为 0,因此方程等号两边恒等。如果应力在任意虚位移 δu_i 下都满足式(7.6),那么必然要求 $\sigma_{ij,j} + f_i - \rho\ddot{u}_i - \mu\dot{u}_i = 0$,且 $\sigma_{ij}n_j - q_i = 0$,即满足平衡满足方程(7.1)和边界条件(7.4)。

$$\int_{\Omega} \delta u_i(\sigma_{ij,j} + f_i - \rho\ddot{u}_i - \mu\dot{u}_i)\mathrm{d}v - \int_{\Gamma_2} \delta u_i(\sigma_{ij}n_j - q_i)\mathrm{d}s = 0 \tag{7.6}$$

式中,δu_i 是微元的任意虚位移。

积分式第一项采用分部积分进行计算得

$$\int_{\Omega} \delta u_i \sigma_{ij,j} dv = \int_{\Omega} (\delta u_i \sigma_{ij})_{,j} dv - \int_{\Omega} \delta u_{i,j} \sigma_{ij} dv \qquad (7.7)$$

再用高斯定律可以将 $\int_{\Omega} (\delta u_i \sigma_{ij})_{,j} dv$ 转化为面积分的形式,即

$$\int_{\Omega} (\delta u_i \sigma_{ij})_{,j} dv = \int_{\Gamma} \delta u_i \sigma_{ij} n_j ds = \int_{\Gamma_2} \delta u_i \sigma_{ij} n_j ds \qquad (7.8)$$

式中,Γ 是区域 Ω 的边界,$\Gamma = \Gamma_1 + \Gamma_2$。因为在 Γ_1 上位移是确定的,所以 $\delta u_i = 0$,$\int_{\Gamma} \delta u_i \sigma_{ij} n_j ds = \int_{\Gamma_2} \delta u_i \sigma_{ij} n_j ds$。将式(7.8)代入式(7.7)后得

$$\int_{\Omega} \delta u_i f_i dv + \int_{\Gamma_2} \delta u_i q_i ds = \int_{\Omega} (\delta u_{i,j} \sigma_{ij} + \delta u_i \rho \ddot{u}_i + \delta u_i \mu \dot{u}_i) dv \qquad (7.9)$$

式中,$\delta u_{i,j} \sigma_{ij} = \delta \varepsilon_{ij} \sigma_{ij}$。如果材料是线弹性的,则满足物理(本构)方程(7.3),$\delta \varepsilon_{ij} \sigma_{ij} = \delta \varepsilon_{ij} D_{ijkl} \varepsilon_{kl}$。

$$\int_{\Omega} \delta u_i f_i dv + \int_{\Gamma_2} \delta u_i q_i ds = \int_{\Omega} (\delta \varepsilon_{ij} D_{ijkl} \varepsilon_{kl} + \delta u_i \rho \ddot{u}_i + \delta u_i \mu \dot{u}_i) dv \qquad (7.10)$$

接下来,我们采用有限元法求解方程(7.10)。首先将研究区域 Ω 进行离散化得

$$\sum_e \int_{\Omega^e} \delta u_i f_i dv + \sum_e \int_{\Gamma_2^e} \delta u_i q_i ds = \sum_e \int_{\Omega^e} (\delta \varepsilon_{ij} D_{ijkl} \varepsilon_{kl} + \delta u_i \rho \ddot{u}_i + \delta u_i \mu \dot{u}_i) dv \qquad (7.11)$$

采用形函数插值的方法,可以建立节点位移 $\boldsymbol{a}^e$ 和单元内位移 $\boldsymbol{u}$ 之间的关系:

$$\boldsymbol{u} = \boldsymbol{N} \cdot \boldsymbol{a}^e, \quad \dot{\boldsymbol{u}} = \boldsymbol{N} \cdot \dot{\boldsymbol{a}}^e, \quad \ddot{\boldsymbol{u}} = \boldsymbol{N} \cdot \ddot{\boldsymbol{a}}^e \qquad (7.12)$$

单元内应变与节点位移之间的关系为

$$\boldsymbol{\varepsilon} = \boldsymbol{B} \cdot \boldsymbol{a}^e \qquad (7.13)$$

将式(7.12)和式(7.13)代入式(7.11)后得

$$\sum_e \int_{\Omega^e} \delta \boldsymbol{a}^{e\mathrm{T}} \cdot \boldsymbol{N}^{\mathrm{T}} \cdot \boldsymbol{f} dv + \sum_e \int_{\Gamma_2^e} \delta \boldsymbol{a}^{e\mathrm{T}} \cdot \boldsymbol{N}^{\mathrm{T}} \cdot \boldsymbol{q} ds$$

$$= \sum_e \int_{\Omega^e} (\delta \boldsymbol{a}^{e\mathrm{T}} \cdot \boldsymbol{B}^{\mathrm{T}} \cdot \boldsymbol{D} \cdot \boldsymbol{B} \cdot \boldsymbol{a}^e + \delta \boldsymbol{a}^{e\mathrm{T}} \cdot \boldsymbol{N}^{\mathrm{T}} \cdot \boldsymbol{N} \cdot \ddot{\boldsymbol{a}}^e \rho + \delta \boldsymbol{a}^{e\mathrm{T}} \cdot \boldsymbol{N}^{\mathrm{T}} \cdot \boldsymbol{N} \cdot \dot{\boldsymbol{a}}^e \mu) dv$$

$$(7.14)$$

我们可以通过抽取矩阵 $\boldsymbol{G}^e$ 建立 $\boldsymbol{a}^e$ 与 $\boldsymbol{a}$ 之间的关系:

$$\boldsymbol{a}^e = \boldsymbol{G}^e \cdot \boldsymbol{a}, \quad \dot{\boldsymbol{a}}^e = \boldsymbol{G}^e \cdot \dot{\boldsymbol{a}}, \quad \ddot{\boldsymbol{a}}^e = \boldsymbol{G}^e \cdot \ddot{\boldsymbol{a}} \qquad (7.15)$$

将式(7.15)代入式(7.14)后得

$$\delta \boldsymbol{a}^{\mathrm{T}} \cdot \left(\sum_e \int_{\Omega^e} \boldsymbol{G}^{e\mathrm{T}} \cdot \boldsymbol{N}^{\mathrm{T}} \cdot \boldsymbol{f} dv \right) + \delta \boldsymbol{a}^{\mathrm{T}} \cdot \left(\sum_e \int_{\Gamma_2^e} \boldsymbol{G}^{e\mathrm{T}} \cdot \boldsymbol{N}^{\mathrm{T}} \cdot \boldsymbol{q} ds \right)$$

$$= \delta \boldsymbol{a}^{\mathrm{T}} \cdot \sum_e \int_{\Omega^e} (\boldsymbol{G}^{e\mathrm{T}} \cdot \boldsymbol{B}^{\mathrm{T}} \cdot \boldsymbol{D} \cdot \boldsymbol{B} \cdot \boldsymbol{G}^e) dv \cdot \boldsymbol{a}$$

$$(7.16)$$

$$+ \delta \boldsymbol{a}^{\mathrm{T}} \cdot \sum_e \int_{\Omega^e} (\boldsymbol{G}^{e\mathrm{T}} \cdot \boldsymbol{N}^{\mathrm{T}} \cdot \boldsymbol{N} \cdot \boldsymbol{G}^e \rho) dv \cdot \ddot{\boldsymbol{a}}$$

$$+ \delta \boldsymbol{a}^{\mathrm{T}} \cdot \sum_e \int_{\Omega^e} (\boldsymbol{G}^{e\mathrm{T}} \cdot \boldsymbol{N}^{\mathrm{T}} \cdot \boldsymbol{N} \cdot \boldsymbol{G}^e \mu) dv \cdot \dot{\boldsymbol{a}}$$

由于在任意 δa^{T} 下方程(7.16)都是成立的,因此

$$\sum_e \int_{\Omega^e} \boldsymbol{G}^{e\mathrm{T}} \cdot \boldsymbol{N}^{\mathrm{T}} \cdot \boldsymbol{f} \mathrm{d}v + \sum_e \int_{\Gamma_2^e} \boldsymbol{G}^{e\mathrm{T}} \cdot \boldsymbol{N}^{\mathrm{T}} \cdot \boldsymbol{q} \mathrm{d}s$$

$$= \sum_e \int_{\Omega^e} (\boldsymbol{G}^{e\mathrm{T}} \cdot \boldsymbol{B}^{\mathrm{T}} \cdot \boldsymbol{D} \cdot \boldsymbol{B} \cdot \boldsymbol{G}^e) \mathrm{d}v \cdot \boldsymbol{a}$$

$$+ \sum_e \int_{\Omega^e} (\boldsymbol{G}^{e\mathrm{T}} \cdot \boldsymbol{N}^{\mathrm{T}} \cdot \boldsymbol{N} \cdot \boldsymbol{G}^e \rho) \mathrm{d}v \cdot \ddot{\boldsymbol{a}}$$

$$+ \sum_e \int_{\Omega^e} (\boldsymbol{G}^{e\mathrm{T}} \cdot \boldsymbol{N}^{\mathrm{T}} \cdot \boldsymbol{N} \cdot \boldsymbol{G}^e \mu) \mathrm{d}v \cdot \dot{\boldsymbol{a}} \qquad (7.17)$$

将上式简化为

$$\boldsymbol{M} \cdot \ddot{\boldsymbol{a}} + \boldsymbol{C} \cdot \dot{\boldsymbol{a}} + \boldsymbol{K} \cdot \boldsymbol{a} = \boldsymbol{Q} \qquad (7.18)$$

式中,

$$\boldsymbol{M} = \sum_e \int_{\Omega^e} (\boldsymbol{G}^{e\mathrm{T}} \cdot \boldsymbol{N}^{\mathrm{T}} \cdot \boldsymbol{N} \cdot \boldsymbol{G}^e \rho) \mathrm{d}v \qquad (7.19\mathrm{a})$$

$$\boldsymbol{C} = \sum_e \int_{\Omega^e} (\boldsymbol{G}^{e\mathrm{T}} \cdot \boldsymbol{N}^{\mathrm{T}} \cdot \boldsymbol{N} \cdot \boldsymbol{G}^e \mu) \mathrm{d}v \qquad (7.19\mathrm{b})$$

$$\boldsymbol{K} = \sum_e \int_{\Omega^e} (\boldsymbol{G}^{e\mathrm{T}} \cdot \boldsymbol{B}^{\mathrm{T}} \cdot \boldsymbol{D} \cdot \boldsymbol{B} \cdot \boldsymbol{G}^e) \mathrm{d}v \qquad (7.19\mathrm{c})$$

$$\boldsymbol{Q} = \sum_e \int_{\Omega^e} \boldsymbol{G}^{e\mathrm{T}} \cdot \boldsymbol{N}^{\mathrm{T}} \cdot \boldsymbol{f} \mathrm{d}v + \sum_e \int_{\Gamma_2^e} \boldsymbol{G}^{e\mathrm{T}} \cdot \boldsymbol{N}^{\mathrm{T}} \cdot \boldsymbol{q} \mathrm{d}s \qquad (7.19\mathrm{d})$$

$$\begin{cases} \boldsymbol{M}^e = \int_{\Omega^e} (\boldsymbol{N}^{\mathrm{T}} \cdot \boldsymbol{N} \rho) \mathrm{d}v \\[2mm] \boldsymbol{C}^e = \int_{\Omega^e} (\boldsymbol{N}^{\mathrm{T}} \cdot \boldsymbol{N} \cdot \mu) \mathrm{d}v \\[2mm] \boldsymbol{K}^e = \int_{\Omega^e} (\boldsymbol{B}^{\mathrm{T}} \cdot \boldsymbol{D} \cdot \boldsymbol{B}) \mathrm{d}v \\[2mm] \boldsymbol{Q}^e = \int_{\Omega^e} \boldsymbol{N}^{\mathrm{T}} \cdot \boldsymbol{f} \mathrm{d}v + \sum_e \int_{\Gamma_2^e} \boldsymbol{N}^{\mathrm{T}} \cdot \boldsymbol{q} \mathrm{d}s \end{cases} \qquad (7.20)$$

方程(7.18)就是动力学的有限元方程。

7.2 有限元方程的解法

  方程(7.18)是二阶常微分方程组,理论上求解该方程组可以采用各类有限差分方法。本书介绍最常用的中心差分法。加速度和速度可以表示为位移的表达式:

$$\ddot{\boldsymbol{a}}_t = \frac{1}{\Delta t^2}(\boldsymbol{a}_{t-\Delta t} - 2\boldsymbol{a}_t + \boldsymbol{a}_{t+\Delta t}), \quad \dot{\boldsymbol{a}}_t = \frac{1}{2\Delta t}(-\boldsymbol{a}_{t-\Delta t} + \boldsymbol{a}_{t+\Delta t}) \qquad (7.21)$$

  假设 t 时刻满足式(7.18)所示的运动方程,则

$$\boldsymbol{M} \cdot \ddot{\boldsymbol{a}}_t + \boldsymbol{C} \cdot \dot{\boldsymbol{a}}_t + \boldsymbol{K} \cdot \boldsymbol{a}_t = \boldsymbol{Q}_t \qquad (7.22)$$

将式(7.21)代入方程(7.22)后得

$$\boldsymbol{M} \cdot \frac{1}{\Delta t^2}(\boldsymbol{a}_{t-\Delta t} - 2\boldsymbol{a}_t + \boldsymbol{a}_{t+\Delta t}) + \boldsymbol{C} \cdot \frac{1}{2\Delta t}(-\boldsymbol{a}_{t-\Delta t} + \boldsymbol{a}_{t+\Delta t}) + \boldsymbol{K} \cdot \boldsymbol{a}_t = \boldsymbol{Q}_t \qquad (7.23)$$

合并同类项后得

$$\left(\boldsymbol{M} \cdot \frac{1}{\Delta t^2} + \boldsymbol{C} \cdot \frac{1}{2\Delta t}\right) \boldsymbol{a}_{t+\Delta t} = \boldsymbol{Q}_t - \left(\boldsymbol{K} - \frac{2\boldsymbol{M}}{\Delta t^2}\right) \cdot \boldsymbol{a}_t - \left(\frac{\boldsymbol{M}}{\Delta t^2} - \frac{\boldsymbol{C}}{2\Delta t}\right) \cdot \boldsymbol{a}_{t-\Delta t} \tag{7.24}$$

由此可见，已知 $\boldsymbol{a}_t$ 和 $\boldsymbol{a}_{t-\Delta t}$ 即可根据式(7.24)计算出 $\boldsymbol{a}_{t+\Delta t}$。在 $t=0$ 时刻，由于并不知道 $\boldsymbol{a}_{t-\Delta t}$ 的数值，因此需要一个起步过程。由于在 $t=0$ 时刻，我们知道 $\boldsymbol{a}_0$、$\dot{\boldsymbol{a}}_0$ 和 $\ddot{\boldsymbol{a}}_0$，因此根据式(7.21)可知：

$$\boldsymbol{a}_{-\Delta t} = \boldsymbol{a}_0 - \Delta t \dot{\boldsymbol{a}}_0 + \frac{\Delta t^2}{2} \ddot{\boldsymbol{a}}_0 \tag{7.25}$$

其中 $\boldsymbol{a}_0$ 和 $\dot{\boldsymbol{a}}_0$ 可从给定的初始条件得到，而 $\ddot{\boldsymbol{a}}_0$ 则可以利用 $t=0$ 时的运动方程(7.22)得到：

$$\ddot{\boldsymbol{a}}_0 = \boldsymbol{M}^{-1} \cdot (\boldsymbol{Q}_0 - \boldsymbol{C} \cdot \dot{\boldsymbol{a}}_0 - \boldsymbol{K} \cdot \boldsymbol{a}_0) \tag{7.26}$$

此时，可将利用中心差分法逐步求解运动方程的算法步骤归结如下。

(1) 根据研究对象的几何和物理特性以及单元划分的情况建立刚度矩阵 $\boldsymbol{K}$、质量矩阵 $\boldsymbol{M}$ 和阻尼矩阵 $\boldsymbol{C}$。

(2) 给定初始位移 $\boldsymbol{a}_0$ 和初始速度 $\dot{\boldsymbol{a}}_0$。

(3) 根据方程(7.26)计算 $\ddot{\boldsymbol{a}}_0$。

(4) 选择计算时间步长 Δt，$\Delta t < \Delta t_\alpha$，并计算积分常数 $c_0 = \dfrac{1}{\Delta t^2}$，$c_1 = \dfrac{1}{2\Delta t}$，$c_2 = 2c_0$，$c_3 = 1/c_2$。

(5) 采用式(7.25)计算 $\boldsymbol{a}_{-\Delta t}$。

(6) 由式(7.24)计算出 Δt 时刻的位移 $\boldsymbol{a}_{\Delta t}$。

(7) 不断由式(7.24)计算出各个时刻的位移 $\boldsymbol{a}_{\Delta t}$，$\boldsymbol{a}_{2\Delta t}$，$\boldsymbol{a}_{3\Delta t}$，$\cdots$。

7.3　弹性杆振动的程序实现

本节以弹性杆的轴向振动为例来说明动力学有限元的计算过程。图 7.1 所示的弹性杆，左端固支，右端受到轴向力的作用。我们要计算杆的端点在不同时刻的位移(采用有限元法求解)。

图 7.1　弹性杆的轴向振动问题

如图 7.2 所示，首先将弹性杆离散成一系列两节点杆单元。该模型一共包含 n 个两节点杆单元。单元内位移可以用形函数矩阵表示，如式(7.26)所示。

$$\boldsymbol{u} = \boldsymbol{N}^e \cdot \boldsymbol{a}^e = \begin{bmatrix} 1 - \dfrac{x}{l} & \dfrac{x}{l} \end{bmatrix} \cdot \begin{bmatrix} u_\alpha^e \\ u_\beta^e \end{bmatrix}, \quad \boldsymbol{N}^e = \begin{bmatrix} 1 - \dfrac{x}{l} & \dfrac{x}{l} \end{bmatrix}, \quad \boldsymbol{a}^e = \begin{bmatrix} u_\alpha^e \\ u_\beta^e \end{bmatrix} \tag{7.27}$$

式中，x 表示单元内一点到节点 α 的距离，l 是杆单元的长度，$\boldsymbol{a}^e$ 是单元 e 的节点位移。

单元内应变可以用几何矩阵与节点位移向量的乘积来计算，即

$$\boldsymbol{\varepsilon} = \boldsymbol{B}^e \cdot \boldsymbol{a}^e = \begin{bmatrix} -\dfrac{1}{l} & \dfrac{1}{l} \end{bmatrix} \cdot \begin{bmatrix} u_\alpha^e \\ u_\beta^e \end{bmatrix}, \quad \boldsymbol{B}^e = \begin{bmatrix} -\dfrac{1}{l} & \dfrac{1}{l} \end{bmatrix}, \quad \boldsymbol{a}^e = \begin{bmatrix} u_\alpha^e \\ u_\beta^e \end{bmatrix} \tag{7.28}$$

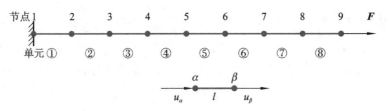

图 7.2　弹性杆的有限元模型

刚度矩阵为

$$\boldsymbol{K}^e = \int_0^l \boldsymbol{B}^\mathrm{T} EA\boldsymbol{B}\,\mathrm{d}x = \frac{EA}{l}\begin{bmatrix} 1 & -1 \\ -1 & 1 \end{bmatrix} = \begin{bmatrix} K_{11}^e & K_{12}^e \\ K_{21}^e & K_{22}^e \end{bmatrix} \tag{7.29}$$

质量矩阵为

$$\boldsymbol{M}^e = \int_0^l \boldsymbol{N}^\mathrm{T} \rho A \boldsymbol{N}\,\mathrm{d}x = \frac{\rho Al}{6}\begin{bmatrix} 2 & 1 \\ 1 & 2 \end{bmatrix} = \begin{bmatrix} M_{11}^e & M_{12}^e \\ M_{21}^e & M_{22}^e \end{bmatrix} \tag{7.30}$$

忽略阻尼的影响,$\boldsymbol{C}$ 为零矩阵。若单元长度相同,则每个单元的形函数、几何矩阵、刚度矩阵和质量矩阵都相同,我们统一用 $\boldsymbol{K}^e$ 和 $\boldsymbol{M}^e$ 来表示每个单元的单元刚度矩阵和单元质量矩阵。

一端固支、一端受简谐力的杆的边界条件为

$$\begin{cases} u(0,t) = 0 \\ -EA\,\dfrac{\partial u(L,t)}{\partial x} = F(t) \end{cases} \tag{7.31}$$

令单元载荷向量 $\boldsymbol{Q}^e = \begin{bmatrix} q_\alpha^e \\ q_\beta^e \end{bmatrix}$,则 $\boldsymbol{Q}^1 = \boldsymbol{Q}^2 = \cdots = \boldsymbol{Q}^n = \begin{bmatrix} 0 \\ 0 \end{bmatrix}$,$\boldsymbol{Q}^{n+1} = \begin{bmatrix} 0 \\ F(t) \end{bmatrix}$。

将单元质量矩阵和单元刚度矩阵合成,得总体质量矩阵、总体刚度矩阵、总体载荷矩阵:

$$\boldsymbol{M} = \begin{bmatrix} M_{11}^e & M_{12}^e & & & & \\ M_{21}^e & M_{22}^e + M_{11}^e & M_{12}^e & & & \\ & M_{21}^e & M_{22}^e + M_{11}^e & & & \\ & & & \ddots & & \\ & & & & \ddots & \\ & & & & & \ddots \\ & & & & M_{22}^e + M_{11}^e & M_{12}^e \\ & & & & M_{21}^e & M_{22}^e \end{bmatrix}_{n+1,\,n+1} \tag{7.32}$$

$$\boldsymbol{K} = \begin{bmatrix} K_{11}^e & K_{12}^e & & & & \\ K_{21}^e & K_{22}^e + K_{11}^e & K_{12}^e & & & \\ & K_{21}^e & K_{22}^e + K_{11}^e & & & \\ & & & \ddots & & \\ & & & & \ddots & \\ & & & & & \ddots \\ & & & & K_{22}^e + K_{11}^e & K_{12}^e \\ & & & & K_{21}^e & K_{22}^e \end{bmatrix}_{n+1,\,n+1} \tag{7.33}$$

$$\boldsymbol{Q} = \begin{bmatrix} 0 & 0 & \cdots & 0 & F(t) \end{bmatrix}^\mathrm{T} \tag{7.34}$$

$$a = \begin{bmatrix} u_1 & u_2 & \cdots & u_n & u_{n+1} \end{bmatrix}^T \tag{7.35}$$

因为节点 1 固支,所以令 $u_1 = 0$。可将 M 和 K 的第一行和第一列划去,分别形成 $\hat{M}$ 和 $\hat{K}$。然后将 Q 和 a 的第一个元素除去,分别形成 $\hat{Q}$ 和 $\hat{a}$。

$$\hat{M} = \begin{bmatrix} M_{22}^e + M_{11}^e & M_{12}^e & & & \\ M_{21}^e & M_{22}^e + M_{11}^e & & & \\ & & \ddots & \ddots & \\ & & \ddots & \ddots & \\ & & & M_{22}^e + M_{11}^e & M_{12}^e \\ & & & M_{21}^e & M_{22}^e \end{bmatrix}_{n,n} \tag{7.36}$$

$$\hat{K} = \begin{bmatrix} K_{22}^e + K_{11}^e & K_{12}^e & & & \\ K_{21}^e & K_{22}^e + K_{11}^e & & & \\ & & \ddots & \ddots & \\ & & \ddots & \ddots & \\ & & & K_{22}^e + K_{11}^e & K_{12}^e \\ & & & K_{21}^e & K_{22}^e \end{bmatrix}_{n,n} \tag{7.37}$$

$$\hat{Q} = \begin{bmatrix} 0 & 0 & \cdots & 0 & F(t) \end{bmatrix}^T \tag{7.38}$$

$$\hat{a} = \begin{bmatrix} u_1 & u_2 & \cdots & u_n & u_{n+1} \end{bmatrix}^T \tag{7.39}$$

式中,$\hat{Q}$ 和 $\hat{a}$ 均为 $n \times 1$ 的列向量。

采用中心差分法计算,根据式(7.24),可得

$$\hat{a}_{t+\Delta t} = \hat{M}^{-1}\hat{Q}_t \Delta t^2 - (\hat{M}^{-1}\hat{K}\Delta t^2 - 2I) \cdot \hat{a}_t - \hat{a}_{t-\Delta t} \tag{7.40}$$

在起步阶段,$\hat{a}_0, \dot{\hat{a}}_0$ 已知,于是有

$$a_{-\Delta t} = \hat{a}_0 - \Delta t \dot{\hat{a}}_0 + \frac{\Delta t^2}{2}\ddot{\hat{a}}_0 \tag{7.41}$$

式中,

$$\ddot{\hat{a}} = M^{-1} \cdot (Q_0 - C \cdot \dot{\hat{a}}_0 - K \cdot \hat{a}_0) \tag{7.42}$$

下面给出了计算程序。弹性杆的长度为 0.1 m,横截面积 $A = 1 \times 10^{-4}$ mm²,$E = 70$ GPa,杆在长度方向划分为 8 个杆单元,时间步长 $\Delta t = 1 \times 10^{-7}$ s。外载荷 $F(t) = a\sin(2\pi ft)$,其中 $a = 1$ N,$f = 1.272\,9 \times 10^4$ Hz。

由杆振动的解析解可知杆的固有频率:$\omega_n = \frac{n\pi}{2l}\sqrt{\frac{E}{\rho}}$,$n = 1, 2, 3, \cdots, n$。杆的第一阶固有频率为 $1.272\,9 \times 10^4$ Hz,C++程序计算得到第八节点的位移响应如图 7.3 所示。其中,图 7.3(a)所示是除了节点 1 外其余节点的位移-时间响应,节点 2 到节点 9 的振幅依次增大。从图中可以看出,由于外载荷频率等于固有频率,因此位移响应随时间逐步增大,表现出能量逐步累积的过程,并不是如解析解给出的振幅那样直接为无限大。图 7.3(b)所示是不同时刻杆的位移响应,分布形态与第一阶振型相似。

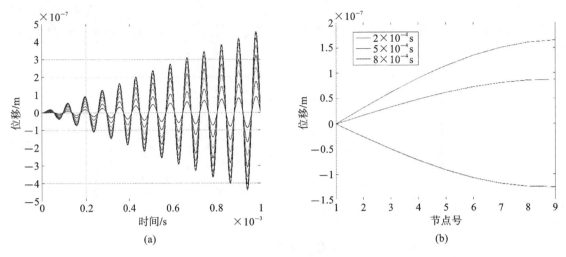

图 7.3　杆的振动响应曲线

7.4　弹性杆振动的 C＋＋程序

其中,int mx_inver(double ＊mx_a,int N)函数的具体代码见 1.3.5 节。

```cpp
#include <stdio.h>
#include <iostream>
#include <iomanip>
#include <fstream>
#include <cmath>
#include <cstdlib>

using namespace std;

#define pi 3.141592653589793
double fp(double tn);
int mx_inver(double* mx_a,int N);

//外载荷幅值、频率
double a=1,f=12729;
int main()
{
    FILE* file=NULL;
    file=fopen("w.txt","w");
    if(NULL==file)
```

```
    {
        cout<<"创建文件失败";
        return-1;//要返回错误代码
    }
    fclose(file);
    const int n=8;
    double ru=2700,A=1e-4,L=0.1,E=70e9;
    double l=L/n,t=0;
    double step=1e-7;//步长
    int total=10000;
    double M[n*n]={0};//总体质量
    double K[n][n]={0};//总体刚度
    double MK[n][n]={0};//中间量 M 逆*K
    double m[2][2]={0};//单元质量
    double k[2][2]={0};//单元刚度
    double*w=(double*)malloc(n*total*sizeof(double));//所有节点位移
    double F[n]={0};//载荷矩阵

    m[0][0]=ru*A*l/6*2;m[0][1]=ru*A*l/6;m[1][0]=m[0][1];m[1][1]=m[0][0];

    k[0][0]=E*A/l;k[0][1]=-E*A/l;k[1][0]=k[0][1];k[1][1]=k[0][0];

    int i,j,kk;
    for(i=0;i<n-1;i++)
    {
        K[i][i]+=k[0][0];  K[i][i+1]=k[0][1];  K[i+1][i]=k[1][0];
        K[i+1][i+1]+=k[1][1];

        M[i*n+i]+=m[0][0];  M[i*n+i+1]=m[0][1];  M[(i+1)*n+i]=m[1][0];
        M[(i+1)*n+i+1]+=m[1][1];

    }
    K[0][0]+=k[0][0];  M[0]+=m[0][0];
    //M求逆,结果仍在 M
    mx_inver(M,n);
    for(i=0;i<n;i++)
        for(j=0;j<n;j++)
            for(kk=0;kk<n;kk++)
```

```
                        MK[i][j]+=M[i*n+kk]*K[kk][j];

    for(i=0;i<n*total;i++)
        w[i]=0;
    int jishu=0;
    while(jishu<total)
    {
        jishu++;  t=step*jishu;  F[n-1]=fp(t);
        if(jishu==1)
        {
            for(i=0;i<n;i++)
            {
                w[i*total+jishu]=0;
                for(j=0;j<n;j++)
                {
w[i*total+jishu]+=M[i*n+j]*F[j]*step*step-MK[i][j]*w[j*total+(jishu
                    -1)]*step*step;
                }
                w[i*total+jishu]+=2*w[i*total+jishu-1];
            }
        }
        else
        {
            for(i=0;i<n;i++)
            {
                w[i*total+jishu]=0;
                for(j=0;j<n;j++)
                {
w[i*total+jishu]+=M[i*n+j]*F[j]*step*step-MK[i][j]*w[j*total+(jishu
                    -1)]*step*step;
                }
                w[i*total+jishu]+=2*w[i*total+jishu-1]-w[i*total+jishu
                            -2];
            }
        }


    fstream write;
```

```
//位移
write.open("w.txt",ios::out | ios::in);
if(!write)
{
        cout<<"打开 w 文件失败";
        exit(0);
}
for(i=0;i<total;++i)
{
    write.seekp(0L,ios::end);
    write<<i<<' '<<setprecision(10)<<w[(n-1)*total+i]<<'\n';
}
write.close();
return 1;
}
//外载
double fp(double tn)
{
    return a*sin(2*pi*f*tn);
}
```

7.5　有限元模态分析

连续体有限元形式的运动控制方程如式(7.18)所示。求解该式除了采用 7.2 节介绍的直接积分法外,还可使用振型叠加法。振型叠加法可获得比直接积分法高的计算效率。该法首先进行模态计算,若忽略阻尼的影响,系统的自由振动方程可表示为

$$\boldsymbol{M} \cdot \ddot{\boldsymbol{a}} + \boldsymbol{K} \cdot \boldsymbol{a} = 0 \tag{7.43}$$

由振动理论相关知识可知,连续体自由振动时做固有频率下的周期运动,即

$$\boldsymbol{a} = \boldsymbol{\phi} \sin(\omega t) \tag{7.44}$$

将式(7.44)代入式(7.43)中,可得到一个广义特征值问题,即

$$(\boldsymbol{K} - \omega^2 \boldsymbol{M})\boldsymbol{\phi} = 0 \tag{7.45}$$

求解上式即可得到各阶固有频率 ω_i 和各阶固有振型 $\boldsymbol{\phi}_i$。振型叠加法基于模态分析结果,将位移向量从以节点位移为基向量的空间转换到以固有振型为基向量的空间,将二阶常微分方程组成功解耦成独立的单自由度控制方程。振型叠加法首先将计算出的固有振型正则化,即使得

$$\boldsymbol{\phi}_i^{\mathrm{T}} \boldsymbol{M} \boldsymbol{\phi}_j = \begin{cases} 1, & i = j \\ 0, & i \neq j \end{cases} \tag{7.46}$$

同时满足

$$\boldsymbol{\phi}_i^{\mathrm{T}} \boldsymbol{K} \boldsymbol{\phi}_j = \begin{cases} \omega_i^2, & i = j \\ 0, & i \neq j \end{cases} \tag{7.47}$$

为使阻尼矩阵能被解耦计算,常采用 Rayleigh 阻尼模型进行简化,即 $\boldsymbol{C} = \alpha \boldsymbol{M} + \beta \boldsymbol{K}$,其中 α 和 β 是常系数。正则化的固有振型使得

$$\boldsymbol{\phi}_i^{\mathrm{T}} \boldsymbol{C} \boldsymbol{\phi}_j = \boldsymbol{\phi}_i^{\mathrm{T}} (\alpha \boldsymbol{M} + \beta \boldsymbol{K}) \boldsymbol{\phi}_j = \begin{cases} 2\omega_i \zeta_i, & i = j \\ 0, & i \neq j \end{cases} \tag{7.48}$$

式中,ω_i、$\boldsymbol{\phi}_i$、ζ_i 分别是第 i 阶的固有频率、固有振型向量、振型阻尼比。

进一步,以固有振型矩阵引入坐标变换:

$$\boldsymbol{a} = \boldsymbol{\Phi} \cdot \boldsymbol{x} \tag{7.49}$$

式中,$\boldsymbol{\Phi}$ 是由各阶振型向量组成的矩阵,$\boldsymbol{x}$ 是由各阶广义位移值组成的向量,即

$$\boldsymbol{\Phi} = \begin{bmatrix} \boldsymbol{\phi}_1 & \boldsymbol{\phi}_2 & \cdots & \boldsymbol{\phi}_n \end{bmatrix} \tag{7.50}$$

$$\boldsymbol{x} = \begin{bmatrix} x_1 & x_2 & \cdots & x_n \end{bmatrix}^{\mathrm{T}} \tag{7.51}$$

将式(7.49)代入控制方程(7.18)中,并在两端左乘 $\boldsymbol{\Phi}^{\mathrm{T}}$,结合式(7.46)和式(7.48),可得模态坐标下的运动方程:

$$\ddot{x}_i + 2\zeta_i \omega_i \dot{x}_i + \omega_i^2 x_i = \boldsymbol{\phi}_i^{\mathrm{T}} \boldsymbol{Q} \quad (i = 1, 2, \cdots, n) \tag{7.52}$$

以上就使控制方程得以解耦,将式(7.52)的各解回代式(7.49)即可得到总响应。以上是振型叠加法的求解步骤,振型叠加法是线性系统动力学响应的重要求解方法。

接下来我们以某航空发动机涡轮叶片为例来进行模态分析。如图 7.4 所示,首先将涡轮叶片划分成一系列的二十节点六面体单元。

二十节点六面体单元示意图如图 7.5 所示,其中 $\xi\eta\gamma$ 为单元的局部坐标系。

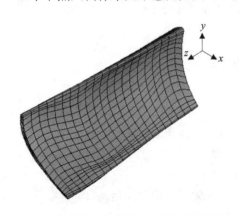

图 7.4　航空发动机涡轮叶片有限元模型图

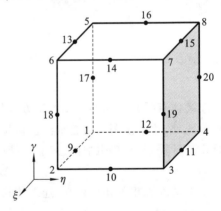

图 7.5　二十节点六面体单元示意图

式(7.12)中的形函数可以表示为

$$\begin{cases} N_i(\xi, \eta, \gamma) = \dfrac{1}{4}(1 - \xi^2)(1 + \eta_i \eta)(1 + \gamma_i \gamma), & i = 9, 11, 13, 15 \\[2mm] N_i(\xi, \eta, \gamma) = \dfrac{1}{4}(1 - \eta^2)(1 + \xi_i \xi)(1 + \gamma_i \gamma), & i = 10, 12, 14, 16 \\[2mm] N_i(\xi, \eta, \gamma) = \dfrac{1}{4}(1 - \gamma^2)(1 + \eta_i \eta)(1 + \xi_i \xi), & i = 17, 18, 19, 20 \\[2mm] N_i(\xi, \eta, \gamma) = \dfrac{1}{8}(1 + \xi_i \xi)(1 + \eta_i \eta)(1 + \gamma_i \gamma)(\xi_i \xi + \eta_i \eta + \gamma_i \gamma - 2), & i = 1 \sim 8 \end{cases} \tag{7.53}$$

形函数确定后,单元位移、单元坐标均可通过形函数用节点位移、节点坐标插值获得。式(7.13)中单元几何矩阵 $\boldsymbol{B}$ 的形式为 $\boldsymbol{B} = \{\boldsymbol{B}_1 \quad \boldsymbol{B}_2 \quad \cdots \quad \boldsymbol{B}_{20}\}$,其中,

$$\boldsymbol{B}_i = \begin{bmatrix} \dfrac{\partial N_i}{\partial x} & 0 & 0 & \dfrac{\partial N_i}{\partial y} & 0 & \dfrac{\partial N_i}{\partial z} \\ 0 & \dfrac{\partial N_i}{\partial y} & 0 & \dfrac{\partial N_i}{\partial x} & \dfrac{\partial N_i}{\partial z} & 0 \\ 0 & 0 & \dfrac{\partial N_i}{\partial z} & 0 & \dfrac{\partial N_i}{\partial y} & \dfrac{\partial N_i}{\partial x} \end{bmatrix}^{\mathrm{T}} \quad (i = 1, 2, \cdots, 20) \tag{7.54}$$

求解上式时,需建立局部坐标系和总体坐标系之间的关系,即

$$\begin{bmatrix} \dfrac{\partial N_i}{\partial \xi} \\ \dfrac{\partial N_i}{\partial \eta} \\ \dfrac{\partial N_i}{\partial \gamma} \end{bmatrix} = \begin{bmatrix} \displaystyle\sum_{i=1}^{20} \dfrac{\partial N_i}{\partial \xi} x_i & \displaystyle\sum_{i=1}^{20} \dfrac{\partial N_i}{\partial \xi} y_i & \displaystyle\sum_{i=1}^{20} \dfrac{\partial N_i}{\partial \xi} z_i \\ \displaystyle\sum_{i=1}^{20} \dfrac{\partial N_i}{\partial \eta} x_i & \displaystyle\sum_{i=1}^{20} \dfrac{\partial N_i}{\partial \eta} y_i & \displaystyle\sum_{i=1}^{20} \dfrac{\partial N_i}{\partial \eta} z_i \\ \displaystyle\sum_{i=1}^{20} \dfrac{\partial N_i}{\partial \gamma} x_i & \displaystyle\sum_{i=1}^{20} \dfrac{\partial N_i}{\partial \gamma} y_i & \displaystyle\sum_{i=1}^{20} \dfrac{\partial N_i}{\partial \gamma} z_i \end{bmatrix} \begin{bmatrix} \dfrac{\partial N_i}{\partial x} \\ \dfrac{\partial N_i}{\partial y} \\ \dfrac{\partial N_i}{\partial z} \end{bmatrix} = \boldsymbol{J} \begin{bmatrix} \dfrac{\partial N_i}{\partial x} \\ \dfrac{\partial N_i}{\partial y} \\ \dfrac{\partial N_i}{\partial z} \end{bmatrix} \tag{7.55}$$

式中,$\boldsymbol{J}$ 是雅可比矩阵。

将计算得到的雅可比矩阵代入上式即可确定单元几何矩阵。通过雅可比矩阵同样可以将总体坐标系下的微元体积 $\mathrm{d}v$ 转换到局部坐标系中,即

$$\mathrm{d}v = \mathrm{d}x\mathrm{d}y\mathrm{d}z = |\boldsymbol{J}| \, \mathrm{d}\xi\mathrm{d}\eta\mathrm{d}\gamma \tag{7.56}$$

式中,$|\boldsymbol{J}|$ 是雅可比矩阵的行列式。

将上式代入式(7.20)中,并结合高斯积分公式即可确定有限元程序中的单元质量矩阵 $\boldsymbol{M}^e$ 和单元刚度矩阵 $\boldsymbol{K}^e$。进一步,通过抽取矩阵组装总体质量矩阵 $\boldsymbol{M}$ 和总体刚度矩阵 $\boldsymbol{K}$。求解叶片固有频率,只需将 $\boldsymbol{M}$ 和 $\boldsymbol{K}$ 矩阵代入式(7.45)求解广义特征值问题即可。

下一节给出了计算程序。该叶片密度是 $7\,850\ \mathrm{kg/m^3}$,$E = 200\ \mathrm{GPa}$,有限元模型总计包含 $1\,134$ 个单元、$6\,041$ 个节点,叶片根部施加固支约束。设置求解前六阶,C++程序将结果输出到 txt 文件中,结果如图 7.6 所示。

阶数	频率(Hz)
第1阶	1586.9154
第2阶	2589.8132
第3阶	4834.21
第4阶	5311.0819
第5阶	6901.8572
第6阶	7444.6239

图 7.6　C++程序的输出结果

进一步采用 Workbench 软件进行模态分析,并与 C++程序的计算结果进行了对比,如图 7.7 所示。

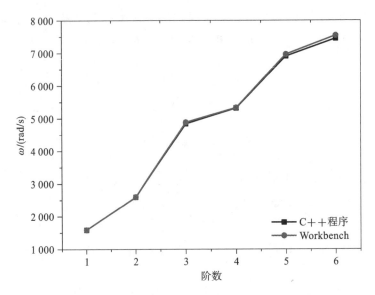

图 7.7　C＋＋程序和 Workbench 计算结果对比图

由图 7.7 可知,C＋＋程序与 Workbench 软件计算结果接近,误差在 5％以内。

7.6　叶片模态分析的 C＋＋程序

```
#define EIGEN_USE_MKL_ALL
#define EIGEN_VECTORIZE_SSE4_2
#include <iostream>
#include <fstream>
#include <cassert>
#include <string>
#include <stdlib.h>
#include <Eigen/Dense>
#include <Eigen/Sparse>
#include <time.h>
#include <math.h>
#include <vector>
#include <iomanip>
#include"Eigen/SPQRSupport"
using namespace std;
using namespace Eigen;
char fileName[30];
double ru=7850;//材料密度
double E=2e11;//弹性模量
```

```
double v=0.3;//泊松比
int num_elem=1134;//单元数
int num_node=6041;//节点数
int nodes=0;///自由度
MatrixXi elem=MatrixXi::Zero(num_elem,20);
MatrixXd node=MatrixXd::Zero(num_node,9);
MatrixXi uvid=MatrixXi::Zero(num_node,3);
//读取 elem 信息
void readfile_elem()
{
    ifstream infile;
    int i,j;
    infile.open("elem.txt");
    assert(infile.is_open());
    while(!infile.eof())
    {
        for(i=0;i<elem.rows();i++)
        {
            for(j=0;j<elem.cols()/2;j++)
            {
                infile>>elem(i,j);
            }
        }
        for(i=0;i<elem.rows();i++)
        {
            for(j=elem.cols()/2;j<elem.cols();j++)
            {
                infile>>elem(i,j);
            }
        }
    }
    infile.close();
}
//读取 node 信息
void readfile_node()
{
    ifstream infile;
    int i,j;
```

```
    infile.open("node.txt");
    assert(infile.is_open());
    while(!infile.eof())
    {
        for(i=0;i<node.rows();i++)
        {
            for(j=0;j<node.cols();j++)
            {
                infile>>node(i,j);
            }
        }
    }
    infile.close();
    for(i=0;i<num_node;i++)
    {
        for(j=0;j<3;j++)
        {
            node(i,j)/=1000;///将单位由 mm 变成 m
        }
    }
}
//自由度衰减
void dof_reduce()
{
    for(int i=0;i<node.rows();i++)
    {
        for(int j=0;j<3;j++)
        {
            if(node(i,3+j)!=0)
            {
                uvid(i,j)=nodes;
                nodes++;
            }
            else
            {
                uvid(i,j)=-1;
            }
        }
```

```
        }
    }
//求质量矩阵和刚度矩阵
void solve_MK(SparseMatrix<double> &M_sparse,SparseMatrix<double> &K_
            sparse)
{
    int i,j,m,n,o;
    int elment_id;
    double J[2]={-0.577350269189626,0.577350269189626};
    double H[2]={ 1,1 };
    double X,Y,Z;
    double N_element[20]={ 0 };
    MatrixXd N=MatrixXd::Zero(3,60);
    VectorXd position_x=VectorXd::Zero(20);////每个单元 20 个节点的 x 坐标
    VectorXd position_y=VectorXd::Zero(20);////每个单元 20 个节点的 y 坐标
    VectorXd position_z=VectorXd::Zero(20);////每个单元 20 个节点的 z 坐标
    VectorXd N_x=VectorXd::Zero(20);/////N 对 x 局部坐标求导
    VectorXd N_y=VectorXd::Zero(20);/////N 对 y 局部坐标求导
    VectorXd N_z=VectorXd::Zero(20);/////N 对 z 局部坐标求导
    Vector3d N_global=Vector3d::Zero();
    MatrixXd Jacques=MatrixXd::Zero(3,3);
    double Jacques_det=0;
    double sum_element=0;
    double sum_trace=0;
    MatrixXd Me=MatrixXd::Zero(60,60);
    MatrixXd M=MatrixXd::Zero(nodes,nodes);
    MatrixXd D=MatrixXd::Zero(6,6);
    MatrixXd Be0=MatrixXd::Zero(6,60);
    MatrixXd Ke0=MatrixXd::Zero(60,60);
    MatrixXd K0=MatrixXd::Zero(nodes,nodes);
    int id[60];
    ///弹性矩阵 D
    double lmta=E*v/(1+v)/(1-2*v);
    double G=E/2/(1+v);
    D(0,0)=D(1,1)=D(2,2)=lmta+2*G;
    D(0,1)=D(1,0)=D(0,2)=D(2,0)=D(1,2)=D(2,1)=lmta;
    D(3,3)=D(4,4)=D(5,5)=G;
    ////形成单元质量矩阵、单元刚度矩阵
```

```
for(elment_id=0;elment_id<num_elem;elment_id++)
{
    Me.fill(0);
    Ke0.fill(0);
    ///单元20节点坐标向量
    for(i=0;i<20;i++)
    {
        position_x(i)=node(elem(elment_id,i)-1,0);
        position_y(i)=node(elem(elment_id,i)-1,1);
        position_z(i)=node(elem(elment_id,i)-1,2);
    }
    ///高斯积分
    for(m=0;m<2;m++)
    {
        for(n=0;n<2;n++)
        {
            for(o=0;o<2;o++)
            {
                X=J[m];Y=J[n];Z=J[o];
                /////求N矩阵
                N_element[0]=(1-X)*(1-Y)*(1-Z)*(-X-Y-Z-2)/8;///N1
                N_element[1]=(1+X)*(1-Y)*(1-Z)*(X-Y-Z-2)/8;///N2
                N_element[2]=(1+X)*(1+Y)*(1-Z)*(X+Y-Z-2)/8;///N3
                N_element[3]=(1-X)*(1+Y)*(1-Z)*(-X+Y-Z-2)/8;///N4
                N_element[4]=(1-X)*(1-Y)*(1+Z)*(-X-Y+Z-2)/8;
                N_element[5]=(1+X)*(1-Y)*(1+Z)*(X-Y+Z-2)/8;
                N_element[6]=(1+X)*(1+Y)*(1+Z)*(X+Y+Z-2)/8;
                N_element[7]=(1-X)*(1+Y)*(1+Z)*(-X+Y+Z-2)/8;
                N_element[8]=(1-X*X)*(1-Y)*(1-Z)/4;
                N_element[9]=(1+X)*(1-Y*Y)*(1-Z)/4;
                N_element[10]=(1-X*X)*(1+Y)*(1-Z)/4;
                N_element[11]=(1-X)*(1-Y*Y)*(1-Z)/4;
                N_element[12]=(1-X*X)*(1-Y)*(1+Z)/4;
                N_element[13]=(1+X)*(1-Y*Y)*(1+Z)/4;
                N_element[14]=(1-X*X)*(1+Y)*(1+Z)/4;
                N_element[15]=(1-X)*(1-Y*Y)*(1+Z)/4;
                N_element[16]=(1-X)*(1-Y)*(1-Z*Z)/4;
                N_element[17]=(1+X)*(1-Y)*(1-Z*Z)/4;
```

```
N_element[18]=(1+X)*(1+Y)*(1-Z*Z)/4;
N_element[19]=(1-X)*(1+Y)*(1-Z*Z)/4;
for(i=0;i<3;i++)
{
    for(j=0;j<20;j++)
    {
        N(i,3*j+i)=N_element[j];
    }
}
```

//N 对局部坐标 X 求导

```
N_x(0)=(1-Y)*(1-Z)*(2*X+Y+Z+1)/8;
N_x(1)=(1-Y)*(1-Z)*(2*X-Y-Z-1)/8;
N_x(2)=(1+Y)*(1-Z)*(2*X+Y-Z-1)/8;
N_x(3)=(1+Y)*(1-Z)*(2*X-Y+Z+1)/8;
N_x(4)=(1-Y)*(1+Z)*(2*X+Y-Z+1)/8;
N_x(5)=(1-Y)*(1+Z)*(2*X-Y+Z-1)/8;
N_x(6)=(1+Y)*(1+Z)*(2*X+Y+Z+1)/8;
N_x(7)=(1+Y)*(1+Z)*(2*X-Y-Z+1)/8;
N_x(8)=-X*(1-Y)*(1-Z)/2;
N_x(9)=(1-Y*Y)*(1-Z)/4;
N_x(10)=-X*(1+Y)*(1-Z)/2;
N_x(11)=-(1-Y*Y)*(1-Z)/4;
N_x(12)=-X*(1-Y)*(1+Z)/2;
N_x(13)=(1-Y*Y)*(1+Z)/4;
N_x(14)=-X*(1+Y)*(1+Z)/2;
N_x(15)=-(1-Y*Y)*(1+Z)/4;
N_x(16)=-(1-Y)*(1-Z*Z)/4;
N_x(17)=(1-Y)*(1-Z*Z)/4;
N_x(18)=(1+Y)*(1-Z*Z)/4;
N_x(19)=-(1+Y)*(1-Z*Z)/4;
```

//N 对局部坐标 Y 求导

```
N_y(0)=(1-X)*(1-Z)*(X+2*Y+Z+1)/8;
N_y(1)=(1+X)*(1-Z)*(-X+2*Y+Z+1)/8;
N_y(2)=(1+X)*(1-Z)*(X+2*Y-Z-1)/8;
N_y(3)=(1-X)*(1-Z)*(-X+2*Y-Z-1)/8;
N_y(4)=(1-X)*(1+Z)*(X+2*Y-Z+1)/8;
N_y(5)=(1+X)*(1+Z)*(-X+2*Y-Z+1)/8;
N_y(6)=(1+X)*(1+Z)*(X+2*Y+Z-1)/8;
```

```
N_y(7)=(1-X)*(1+Z)*(-X+2*Y+Z-1)/8;

N_y(8)=-(1-X*X)*(1-Z)/4;

N_y(9)=-2*Y*(1+X)*(1-Z)/4;

N_y(10)=(1-X*X)*(1-Z)/4;

N_y(11)=-2*Y*(1-X)*(1-Z)/4;

N_y(12)=-(1-X*X)*(1+Z)/4;

N_y(13)=-2*Y*(1+X)*(1+Z)/4;

N_y(14)=(1-X*X)*(1+Z)/4;

N_y(15)=-2*Y*(1-X)*(1+Z)/4;

N_y(16)=-(1-X)*(1-Z*Z)/4;

N_y(17)=-(1+X)*(1-Z*Z)/4;

N_y(18)=(1+X)*(1-Z*Z)/4;

N_y(19)=(1-X)*(1-Z*Z)/4;

//N对局部坐标 z 求导
N_z(0)=(1-X)*(1-Y)*(X+Y+2*Z+1)/8;

N_z(1)=(1+X)*(1-Y)*(-X+Y+2*Z+1)/8;

N_z(2)=(1+X)*(1+Y)*(-X-Y+2*Z+1)/8;

N_z(3)=(1-X)*(1+Y)*(X-Y+2*Z+1)/8;

N_z(4)=(1-X)*(1-Y)*(-X-Y+2*Z-1)/8;

N_z(5)=(1+X)*(1-Y)*(X-Y+2*Z-1)/8;

N_z(6)=(1+X)*(1+Y)*(X+Y+2*Z-1)/8;

N_z(7)=(1-X)*(1+Y)*(-X+Y+2*Z-1)/8;

N_z(8)=-(1-X*X)*(1-Y)/4;

N_z(9)=-(1+X)*(1-Y*Y)/4;

N_z(10)=-(1-X*X)*(1+Y)/4;

N_z(11)=-(1-X)*(1-Y*Y)/4;

N_z(12)=(1-X*X)*(1-Y)/4;

N_z(13)=(1+X)*(1-Y*Y)/4;

N_z(14)=(1-X*X)*(1+Y)/4;

N_z(15)=(1-X)*(1-Y*Y)/4;

N_z(16)=-2*Z*(1-X)*(1-Y)/4;

N_z(17)=-2*Z*(1+X)*(1-Y)/4;

N_z(18)=-2*Z*(1+X)*(1+Y)/4;

N_z(19)=-2*Z*(1-X)*(1+Y)/4;

/////求雅可比矩阵
Jacques(0,0)=N_x.dot(position_x);

Jacques(1,0)=N_y.dot(position_x);

Jacques(2,0)=N_z.dot(position_x);
```

```
            Jacques(0,1)=N_x.dot(position_y);
            Jacques(1,1)=N_y.dot(position_y);
            Jacques(2,1)=N_z.dot(position_y);
            Jacques(0,2)=N_x.dot(position_z);
            Jacques(1,2)=N_y.dot(position_z);
            Jacques(2,2)=N_z.dot(position_z);
            //////求雅可比矩阵的行列式
            Jacques_det=Jacques.determinant();
            //////求单元 B 矩阵
            for(i=0;i<20;i++)
            {
                N_global=Jacques.inverse()*(Vector3d()<<N_x(i),N_y
                         (i),N_z(i)).finished();
                Be0(5,3*i+2)=Be0(3,3*i+1)=Be0(0,3*i)=N_global(0);
                Be0(4,3*i+2)=Be0(3,3*i)=Be0(1,3*i+1)=N_global(1);
                Be0(5,3*i)=Be0(4,3*i+1)=Be0(2,3*i+2)=N_global(2);
            }
            Me+=N.transpose()*N*ru*Jacques_det*H[m]*H[n]*H[o];
            ///求单元质量矩阵
            Ke0+=Be0.transpose()*D*Be0*Jacques_det*H[m]*H[n]*H[o];
            ///求单元刚度矩阵
        }
    }
}
sum_element=Me.sum();
sum_trace=Me.trace();
for(i=0;i<60;i++)
{
    for(j=0;j<60;j++)
    {
        if(i!=j)
        {
            Me(i,j)=0;
        }
        else
        {
            Me(i,j)=sum_element/sum_trace*Me(i,j);///集中质量矩阵
        }
    }
}
```

```
    for(i=0;i<20;i++)
    {
        for(j=0;j<3;j++)
        {
            id[3*i+j]=uvid(elem(elment_id,i)-1,j);
        }
    }
    for(i=0;i<60;i++)
    {

        for(j=0;j<60;j++)
        {
            if(id[i]>=0&&id[j]>=0)
            {
                M(id[i],id[j])+=Me(i,j);///合成总体质量矩阵
                K0(id[i],id[j])+=Ke0(i,j);///合成总体刚度矩阵
            }
        }
    }
    M_sparse=M.sparseView();///稠密矩阵转成稀疏矩阵
    K_sparse=K0.sparseView();
}
//计算模态
void Eig(SparseMatrix<double>&K_sparse,SparseMatrix<double>&M_sparse,
        int&num_solve)
{
    int i,j;
    ofstream outfile;
    cout<<"开始计算特征值"<<endl;
    K_sparse.makeCompressed();
    MatrixXd X=MatrixXd::Random(nodes,30);
    MatrixXd Y=MatrixXd::Zero(nodes,30);
    Y=M_sparse*X;
    MatrixXd Xnew=MatrixXd::Zero(nodes,30);
    MatrixXd Mnew=MatrixXd::Zero(30,30);
    MatrixXd Knew=MatrixXd::Zero(30,30);
    MatrixXd Knewni=MatrixXd::Zero(30,30);
```

```
MatrixXd DL=MatrixXd::Zero(30,30);

MatrixXd D=MatrixXd::Zero(30,30);

MatrixXd V=MatrixXd::Zero(30,30);

VectorXd Eigenvalue_new=VectorXd::Zero(30);

VectorXd Eigenvalue_old=VectorXd::Zero(30);

VectorXd Eigenvalue_precision=VectorXd::Zero(30);

MatrixXd Eigenvector_initial=MatrixXd::Zero(30,30);

MatrixXd Eigenvector_later=MatrixXd::Zero(nodes,30);

double judgment;

SimplicialLDLT<SparseMatrix<double>>  solver;

solver.compute(K_sparse);

while(1)///求特征值

{

    Xnew=solver.solve(Y);

    Mnew=Xnew.transpose()*M_sparse*Xnew;

    Knew=Xnew.transpose()*K_sparse*Xnew;

    Knewni=Knew.inverse();

    DL=Knewni*Mnew;

    EigenSolver<MatrixXd>es(DL);

    D=es.pseudoEigenvalueMatrix();

    V=es.pseudoEigenvectors();

    //////对特征值进行排序

    VectorXi ind=VectorXi::LinSpaced(D.rows(),0,D.rows()-1);//[0 1 2
                3 ...N-1]

    auto rule=[D](int i,int j)->bool

    {

        return D(i,i)>D(j,j);///w 从小到大排序

    };

    std::sort(ind.data(),ind.data()+ind.size(),rule);

    for(i=0;i<D.rows();i++)

    {

        Eigenvalue_new(i)=1/sqrt(D(ind(i),ind(i)));

        for(j=0;j<D.rows();j++)

        {

            Eigenvector_initial(j,i)=V(j,ind(i));

        }

    }
```

```
            //设置判断条件
            for(i=0;i<30;i++)
            {
                Eigenvalue_precision(i)=fabs(Eigenvalue_new(i)-Eigenvalue_
                                    old(i))/Eigenvalue_new(i);
            }
            judgment=Eigenvalue_precision.maxCoeff();
            ///设置下一步的迭代条件
            Y=M_sparse*Xnew*Eigenvector_initial;
            Eigenvalue_old=Eigenvalue_new;
            if(judgment<pow(10,-2))break;
        }
        ///输出特征值
        for(i=0;i<num_solve;i++)
        {
            sprintf(fileName,"Eigenvalue.txt");
            outfile.open(fileName,ios::app);
            outfile<<"第"<<i+1<<"阶"<<"\t"<<std::setprecision(8)<<Eigenvalue_
                    old(i)/2/3.1415926<<"Hz"<<endl;
            outfile.close();
        }
}
//主函数
int main(int argc,char* argv[])
{
    mkl_set_dynamic(2);//指定计算使用CPU数量
    int num_solve;///求解的阶数
    cout<<"请输入求解的阶数:"<<endl;
    cin>>num_solve;
    cout<<endl<<"计算开始"<<endl;
    ///读取数据
    cout<<"读取数据"<<endl;
    readfile_elem();
    readfile_node();
    dof_reduce();
    SparseMatrix<double>M_sparse(nodes,nodes);///定义质量矩阵
    SparseMatrix<double>K_sparse(nodes,nodes);///定义刚度矩阵
    solve_MK(M_sparse, K_sparse);
```

```
    Eig(K_sparse,M_sparse,num_solve);
    cout<<"计算结束"<<endl;
    return nodes;
}
```

第8章　结构优化设计的有限元实现

8.1　结构优化设计的基本概念

在结构设计过程中,设计师通常会考虑一个问题,即在保证功能和可靠性的条件下,关键尺寸取多少才能使该结构的重量最轻,或者用料最省。这就属于结构优化设计的范畴。为了加深理解,我们再来看一个例子。

图 8.1 所示是一个矩形水池,水池的长度和宽度分别用 l 和 w 来表示,深度为 1 m。采用铁皮作为水池围挡。假设铁皮厚度一定,由于资金有限,围成水池的铁皮总长度是一定的。这意味着水池的周长是一定的。如果水池的总周长为 24 m,那么问 l 和 w 分别取多少时水池的面积最大?

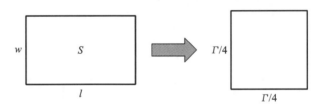

图 8.1　水池的结构拓扑优化设计

假设水池的面积为 S,周长为 Γ,根据简单的几何关系可得 $S = l \cdot w, \Gamma = 2(l+w)$。我们利用周长公式,在 S 的表达式中消去 l 后得 $S = \dfrac{\Gamma}{2}w - w^2$。根据极值条件 $\dfrac{\partial S}{\partial w} = \dfrac{\Gamma}{2} - 2w = 0$,得 $w = \dfrac{\Gamma}{4}$。由此可见,当水池的长和宽相等时,围成的面积最大。

上述例子尽管简单,但是包含了优化设计的所有要素。首先我们希望面积最大,因此面积 S 是我们优化的对象,称为目标函数。由于我们要通过调整水池的长和宽来改变面积,因此 l 和 w 是我们要设计的,称为设计变量。另外,l 和 w 并不能够能随便取值,还需要满足周长的限制,因此周长方程就称为约束条件。由此,我们可以总结出优化设计的三要素:目标函数,设计变量,约束条件。在任何一个优化问题中,上述三要素缺一不可。

我们再来看一个例子。如果图 8.1 中水池的形状不限于矩形,而是可以用正多边形来设计,那么边长多大时 S 最大呢? 如图 8.2 所示,假设用正 n 边形来建造水池,那么水池的边长 $l = \dfrac{\Gamma}{n}$,水池的面积 $S = \dfrac{l^2 \cdot n}{4\tan\left(\dfrac{360°}{2n}\right)} = \dfrac{\Gamma^2}{4 \cdot n \cdot \tan\left(\dfrac{360°}{2n}\right)}$。我们画出 S 随 n 变化的曲线,如图8.3

所示。可见,随着 n 增大,S 也增大。在极端情况下,当 $n \to \infty$ 时 S 最大。因此,在周长一定的条件下,圆形水池的面积最大。该算例与图 8.1 所示算例的不同之处在于,该算例以结构的形状作为设计变量,而图 8.1 所示算例以结构的尺寸作为设计变量。

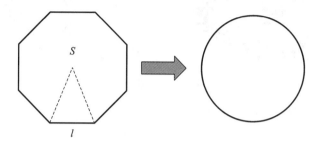

图 8.2 水池的形状优化设计

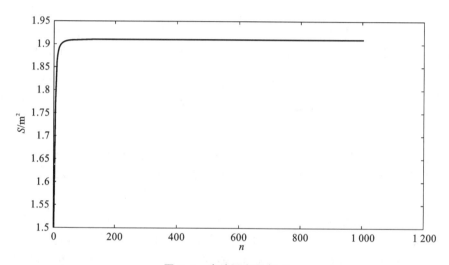

图 8.3 水池面积函数 S

尺寸优化和形状优化是结构优化的两类基本问题。事实上,还有一类更为复杂的优化设计问题,称为拓扑优化。该类型问题通过改变研究对象区域内材料的有无和分布来得到拓扑类型。图 8.4 所示为典型的长悬臂梁问题。其中,$L=2H$,梁的右端面中点受到竖直方向的集中力作用。

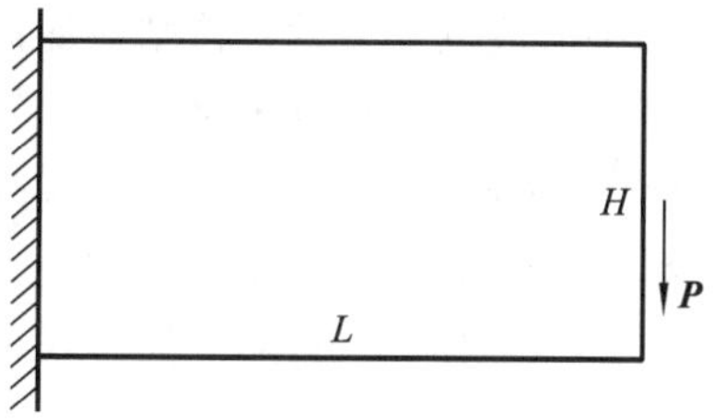

问题是,保持载荷 P 大小不变,如何设计矩形梁内部的拓扑结构使得梁的重量最轻,并且保证作用点

图 8.4 长悬臂梁的拓扑优化问题

的位移不超过规定值。这是一个最经典的拓扑优化问题。研究者采用不同的优化方法得到了如图 8.5 所示的集中拓扑结构。可见,拓扑结构已经超越了尺寸优化和形状优化,真正实现了结构从无到有的创新设计。

总结起来,结构优化设计的类型主要包括三种:尺寸优化、形状优化和拓扑优化。目标函数、设计变量和约束条件是实现结构优化的三要素。一个结构优化问题可以概括为如下数学问题。

设目标函数 W 和约束条件 $g_j(j=1\sim m)$ 是设计变量 $x_i(i=1\sim n)$ 的函数。结构优化问题

 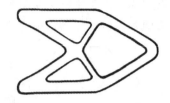

图 8.5　长悬臂梁的拓扑优化结果

表述为寻找一组最佳的设计变量 x_i^*（$i=1\sim n$），使得 $W(x_1^*,x_2^*,\cdots,x_i^*,\cdots,x_n^*)$ 取最小值（或最大值），并且设计变量还同时满足约束条件 $g_j(x_1^*,x_2^*,\cdots,x_i^*,\cdots,x_n^*)$（$j=1\sim m$）。有时，约束条件采用不等式来表示，如 $g_j(x_1^*,x_2^*,\cdots,x_i^*,\cdots,x_n^*)\leqslant 0$。

　　获得最佳设计（$x_1^*,x_2^*,\cdots,x_i^*,\cdots,x_n^*$）的过程就是寻优的过程。我们采用优化算法来获得最优解。有关优化算法的详细介绍，读者可以参考各类结构优化的文献，本书仅介绍最常用的适用范围较广的遗传算法。以此为例子介绍如何应用有限元法实现结构的优化设计。

8.2　遗　传　算　法

　　遗传算法（GA）是由美国学者 John H. Holland 及其学生在 20 世纪 60 年代末至 70 年代初提出的一种智能优化方法。它的基本思想来源于自然界中"物竞天择，适者生存"这一生物进化法则。

　　生物在其延续生存的过程中，逐渐适应其生存环境，使其品质不断得到改良，这种生命现象称为进化。生物的进化是以集团的形式共同进行的，这样的一个集团称为种群。组成种群的单个生物称为个体。每个个体对其生存环境都有不同的适应能力，称为适应度。按照达尔文进化论，那些具有较强适应度的个体具有更高的生存能力，容易存活下来，并有较多的机会产生后代；而那些适应度较低的个体则容易被淘汰，产生后代的机会较少。通过进化过程，种群的平均适应度越来越高，物种越来越优良。

　　生物进化的本质体现在染色体的改变上。有性生物在繁殖下一代时，两个同源染色体之间通过交叉而重组，即两个染色体的某一相同位置处的染色体被切断，其前后两串分别交叉组合而形成两个相同的染色体。另外，在进行复制时，可能以很小的概率产生某些差错，即染色体会产生变异。

　　遗传算法借鉴了生物进化这一过程，根据问题的目标函数构造一个适值函数，对一个由多个解（每个解对应一个个体）构成的种群进行评估、选择和遗传运算，经过多代繁殖，获得适值最好的个体作为问题的最优解。

8.2.1　构成要素

　　（1）种群和种群大小。

　　种群是个体的集合，每个个体就是一个染色体，每个染色体对应着问题的一个解。种群中个体的数量称为种群大小或种群规模。种群大小通常是恒定的，并且一般种群规模越大越好，但种群规模的增大将导致运算时间的增加。

（2）编码方案。

在遗传算法中,种群中的每个个体即染色体对应着最优化问题的一个解,染色体由基因组成。染色体与问题的解之间的对应关系即是染色体的编码方案。正确地对染色体进行编码来表示问题的解是遗传算法的基础工作。

（3）适值函数。

适值函数与优化问题的目标函数并不完全一致,但适值函数是根据目标函数进行设计的。

（4）遗传算子。

遗传算子包括交叉和变异两种。遗传算子模拟了每一代生物繁殖后代的过程,是遗传算法的精髓。

交叉是对两个染色体进行操作,组合二者的特性产生新的后代。最简单的交叉方式是在双亲的染色体上随机地选择一个断点,将断点的右端相互交换,从而形成两个新的后代。遗传算法的性能在很大程度上取决于采用的交叉运算的性能。双亲的染色体是否进行交叉由交叉率来控制。交叉率定义为各代中进行交叉操作的个体数与种群中总的个体数之比。

变异是在染色体上自发地产生随机的变化。最简单的变异方式是在染色体上替换一个或多个基因。在遗传算法中,变异可以提供初始种群中不含有的基因,或者找到在进化过程中丢失的基因。染色体是否进行变异由变异率来控制。变异率定义为种群中产生变异的个体数与种群中总的个体数之比。

（5）选择策略。

选择过程是从当前种群中选择适应值高的个体以生成交配池的过程。使用最多的选择策略是正比选择策略。选择过程体现了生物进化过程中的"物竞天择,适者生存"的思想。

（6）停止准则。

一般使用最大迭代次数作为停止准则。

8.2.2　算法流程

遗传算法一般过程的流程图如图 8.6 所示。

由图 8.6 可以看到,遗传算法实现过程中的要素包括:①编码方案;②初始种群的产生;③选择策略;④适值函数;⑤遗传运算;⑥停止准则。

（1）编码方案。

本书采用二进制编码,染色体长度为 7,即用长度为 7 的 0-1 字符串表示一个染色体。例如,

$$X = (0110010)$$

就可以表示一个染色体。二进制编码的优点是便于进行位值计算,且包括的实数范围大。

（2）初始种群的产生。

初始种群的产生一般是随机的。本书采用二进制编码方法,染色体长度为 7,种群中个体数为 N。因此,本书产生初始种群的方法是利用计算机产生 N 个长度为 7 的 0-1 随机字符串。这样就产生了初始种群。

（3）选择策略。

本书采用的选择策略是正比选择策略,即每个个体被选中进行遗传运算的概率为该个体的适应值和种群中所有个体适应值总和的比值。对于个体 i,设其适应值为 F_i,种群大小为 N,则

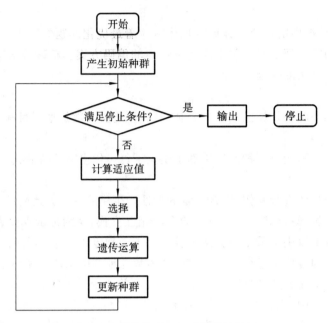

图 8.6　遗传算法一般过程的流程图

该个体被选择的概率可以表示为

$$P_i = \frac{F_i}{\sum\limits_{j=1}^{N} F_j} \tag{8.1}$$

（4）适值函数。

前文已说明，适值函数是根据目标函数来设计的。本书的优化目标是回转盘体积最小化，但采用的选择策略是正比选择策略，即个体的适应值越大，个体被选中的概率也越大。因此，适值函数与目标函数间应呈负相关关系。本书设计的适值函数为

$$F(x) = M - \text{volume}(x) \tag{8.2}$$

式中，M 为一很大的正数。

（5）遗传运算。

①交叉。

切点　　　　　　　　　　　　　　　　　切点

$P_1 = 001|1011$ 　　单切点交叉　　　$C_1 = 001|0010$
$P_2 = 101|0010$ 　　⟹　　　　　　　$C_2 = 101|1011$

图 8.7　单切点交叉示意图

本书采用的交叉方案是单切点交叉。从种群中选出两个个体 P_1 和 P_2，随机选择一个切点，将切点两侧分别看作两个子串，将右侧的子串交换，则得到两个新的个体 C_1 和 C_2，如图 8.7 所示。

②变异。

变异是在种群中按照变异概率任选若干基因位改变其位值。由于本书采用的是二进制编码方法，变异操作就是将基因位的值进行 0-1 反转。

（6）停止准则。

本书采用的停止准则是设定最大迭代次数即种群最大代数。

8.2.3　约束的处理

对于有约束条件的优化问题,遗传算法优化过程中可能会产生不在可行域中的个体。对此,遗传算法有如下几种处理约束的方法。

(1) 拒绝策略。

拒绝策略是指抛弃优化过程中产生的所有不可行解。这种方法简单,但效率低。

(2) 修复策略。

修复策略是指在优化过程中获得不可行解后,将其修复为可行解。对于很多组合优化问题,创建修复过程相对容易,但是可能导致失去种群多样性。

(3) 惩罚策略。

惩罚策略是对约束进行处理的最一般的方法,是指通过对不可行解的惩罚来将约束问题转化为无约束问题。任何对约束的违反都要在目标函数中添加惩罚项,这就要设计惩罚函数。

(4) 特殊的编码和遗传策略。

也可以使用特殊的编码策略。在编码时就充分考虑约束问题,使得编码产生的都是符合约束的染色体。为了使染色体在遗传操作后仍然保持可行性,也要使用特殊的遗传策略,使遗传后染色体仍然保持可行。

本书对约束的处理采用惩罚策略,定义适值函数为

$$F(x) = [M - \text{volume}(x)]P(x) \tag{8.3}$$

与式(8.2)相比较可发现,本式只是将原适值函数乘以了 $P(x)$,$P(x)$ 称为惩罚函数。

本书中 $P(x)$ 定义如下:

$$P(x) = \begin{cases} 1, & \sigma_{\max}(x) \leqslant [\sigma] \text{ 且 } U_{\max}(x) \leqslant [U] \\ 0.1, & \sigma_{\max}(x) > [\sigma] \text{ 或 } U_{\max}(x) > [U] \end{cases} \tag{8.4}$$

8.3　形状优化的程序实现

8.3.1　计算流程

本节将借助有限元计算软件 ANSYS 以及前文介绍的遗传算法实现回转盘的形状优化。回转盘是工程机械中一种比较常见的零件类型。图 8.8(a)所示是某种回转盘的三维模型。它由图 8.8(b)所示的截面围绕旋转轴旋转 360°形成。

回转盘的材料参数如表 8.1~表 8.4 所示。

表 8.1　回转盘的弹性模量

$\theta/℃$	400	500	650
E/GPa	170.5	166	155

旋转轴

(a) 三维模型   (b) 截面模型

图 8.8　回转盘的三维模型和截面模型

表 8.2　回转盘的泊松比

$\theta/℃$	200	300	400	500	600
λ	0.3	0.3	0.31	0.32	0.32

表 8.3　回转盘的线膨胀系数

$\theta/℃$	100	200	300	400	500	600
$\alpha/(\times10^{-6}/℃)$	11.8	13.0	13.5	14.1	14.4	14.8

表 8.4　回转盘的屈服应力

$\theta/℃$	400	500	650
$\sigma_{0.2}/MPa$	932.52	875.06	700.26

由于回转盘模型是三维的,为了使网格划分比较规整,先对回转盘的剖面进行网格划分。采用 SOLID95 单元,回转盘实体模型被划分为 7 518 个单元,共 23 220 个节点。回转盘受到的载荷参数为:①轴向力为 $F=2.880\ 7\times10^{3}$ N;②扭矩为 $T=8.054\ 0\times10^{3}$ N·m;③温度分布为 $T=\dfrac{600\ ℃-400\ ℃}{R_{b}-R_{0}}(R-R_{0})+400\ ℃$;④转速为 $\omega=400$ rad/s。

其中,轴向力以均布力施加在图 8.9(a)所示端面 A 处,扭矩以节点力的形式施加在图 8.9(a)B 所指的外缘处。力的方向与圆周相切,如图 8.9(b)所示。

回转盘的温度分布采用公式 $T=\dfrac{600\ ℃-400\ ℃}{R_{b}-R_{0}}(R-R_{0})+400\ ℃$ 计算,其中 R 是回转盘中任意一点到旋转轴的距离,R_{0} 是回转盘内半径,R_{b} 是回转盘外半径。由于已知模型内部温度分布,因此模型内各节点的温度值可求出。本书利用 APDL 语言中的循环语句为每个节点赋予温度值,即可求出回转盘内的热应力分布情况。APDL 是 ANSYS 的参数化设计语言,每条语句对应 ANSYS 的一个命令,详细内容见 ANSYS 帮助文件。为了便于进行受力分析和尽量模拟实际情况,本书采取的约束方法是:建模时将回转盘与一段轴建为一体,在轴的另一端施加固支约束。二维模型如图 8.10 所示。

结合回转盘材料的屈服极限和实际情况,本书对回转盘强度和刚度的要求是:

最大应力：　　　　　　　　　　　　$\sigma_{max}\leqslant650$ MPa

最大位移：　　　　　　　　　　　　$U_{max}\leqslant8.0$ mm

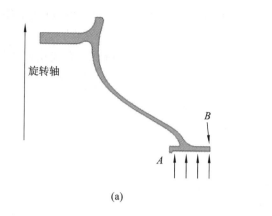

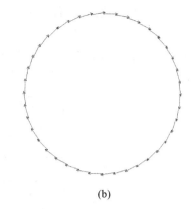

(a)　　　　　　　　　　　　　　(b)

图 8.9　回转盘的受力

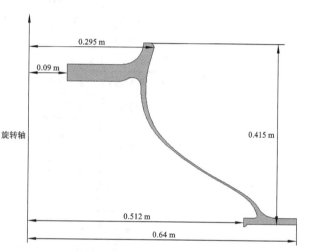

图 8.10　约束和主要尺寸示意图

共有 8 个设计变量,含义如图 8.11 所示。其中:前 7 个设计变量(如图中黑点所示)用于表征两个样条曲线的形状,定义为每个点到旋转轴的距离;第 8 个设计变量(如图中箭头所示)用于表征回转盘前端的厚度。样条回转盘的结构优化问题的数学模型为

$$\min \quad f(x) = \mathrm{volume}(x)$$
$$\mathrm{s.\,t.} \quad -\sigma_{\max}(x) \geqslant -[\sigma]$$
$$-U_{\max}(x) \geqslant -[U]$$
$$x_k^{\mathrm{L}} \leqslant x_k \leqslant x_k^{\mathrm{U}}, \quad k = 1,2,\cdots,8$$
$$x_k \in \mathbf{R}$$

$$(8.5)$$

因为质量最轻即体积最小,所以把回转盘的体积作为目标函数。约束条件是:回转盘的最大

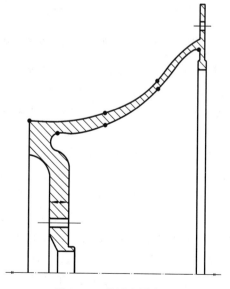

图 8.11　设计变量含义

应力小于最大允许应力(强度条件),回转盘内部的最大位移小于最大允许位移(刚度条件)以及设计变量的取值在一定的范围内。

我们采用遗传算法寻找方程(8.5)的最优解,计算流程如图 8.12 所示。在优化算法的每个迭代步中调用 ANSYS 程序实现有限元分析。

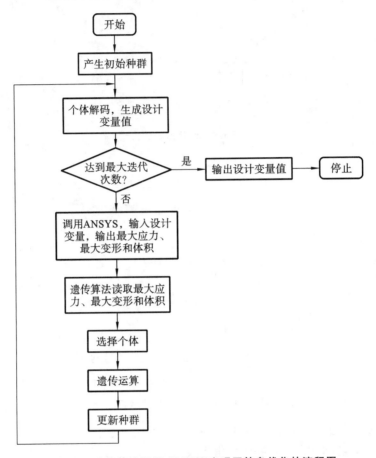

图 8.12 遗传算法调用 ANSYS 实现回转盘优化的流程图

本书中,遗传算法用 C 语言编写,使用函数"system("ANSYS×××.exe-b-p ane3fl-i huizhuanpan.txt-o output.out")"调用函数。函数中的×××表示版本号,如果是 11.0 的版本,则×××用 110 代替。在调用该函数之前,C 语言程序将设计变量数值写入 ZHI.txt。执行 system("ANSYS×××.exe-b-p ane3fl-i huizhuanpan.txt-o output.out")命令后,ANSYS 将自动读取 huizhuanpan.txt 作为输入文件,并且按照 huizhuanpan.txt 中记录的命令进行建模、计算并输出结果。注意,在 huizhuanpan.txt 中 ANSYS 读取 ZHI.txt 获得设计变量的数值。system 函数中指定的 output.out 文件只记录了 ANSYS 运行的状态。ANSYS 在运行过程中会产生以下文件:MAXEQV.txt,用以保存当前结构的最大应力;MAXU.txt,用以保存当前结构的最大变形;VOLUME.txt,用以保存当前结构的体积。然后用采用 C 语言编写的遗传算法读取 MAXEQV.txt、MAXU.txt 和 VOLUME.txt 文件中的计算结果,再根据此结果作为下一步计算的依据。采用 C 语言编写的遗传算法还会产生 currentbestfitness.txt,用以保存每一步迭代的结果(包括设计变量值和种群最大适应值)。另外,采用 C 语言编写的程序还会每隔 5 迭代步将当前最佳设计的设计变量保存在 ZHI2. txt 中,然后使用命令 system ("ANSYS110. exe-b-p ane3fl-i ImageOutput. txt-o output. out")产生一幅当前回转盘形状的图片。

C 语言编写的计算程序附后。

目标函数值(回转盘与短轴体积之和,下同)随迭代次数增加的变化情况如表 8.5 和图 8.13 所示。回转盘的体积(不含短轴)为 0.024 98 m³,最大应力为 633.17 MPa,最大位移为 7.0 mm,满足最大约束条件。最终的几何形状如图 8.14 所示。

表 8.5　遗传算法目标函数值随迭代次数增加的变化情况　　　　　　　　　　单位:m³

迭 代 次 数	第 1 次目标函数值	第 2 次目标函数值	第 3 次目标函数值
1	0.035 10	0.041 77	0.054 55
2	0.034 23	0.040 83	0.053 95
3	0.034 23	0.035 81	0.044 66
4	0.033 93	0.034 57	0.044 42
5	0.033 93	0.034 57	0.042 59
6	0.033 21	0.034 41	0.042 59
7	0.033 21	0.034 18	0.042 59
8	0.033 21	0.034 18	0.040 19
9	0.033 21	0.034 18	0.040 19
10	0.033 21	0.034 18	0.040 19
11	0.033 21	0.034 18	0.038 51
12	0.033 21	0.031 42	0.038 07
13	0.033 21	0.030 66	0.038 07
14	0.033 21	0.030 66	0.038 07
15	0.032 81	0.030 66	0.037 91
16	0.032 81	0.030 39	0.037 91
17	0.032 81	0.029 34	0.037 91
18	0.032 81	0.029 34	0.037 85
19	0.032 81	0.029 34	0.035 81
20	0.032 81	0.029 34	0.035 81
21	0.032 81	0.029 34	0.035 81
22	0.032 81	0.028 43	0.034 79
23	0.032 81	0.028 43	0.034 79
24	0.032 40	0.028 43	0.034 79
25	0.032 40	0.028 43	0.034 79
26	0.032 36	0.028 43	0.034 79
27	0.032 36	0.028 43	0.034 79

迭 代 次 数	第 1 次目标函数值	第 2 次目标函数值	第 3 次目标函数值
28	0.032 31	0.028 43	0.033 03
29	0.030 09	0.028 43	0.031 85
30	0.030 09	0.028 43	0.030 62

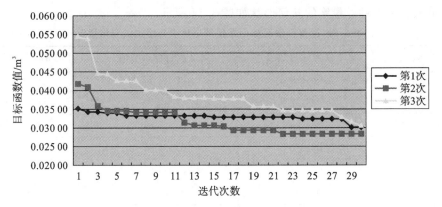

图 8.13　遗传算法目标函数值随迭代次数增加的变化情况

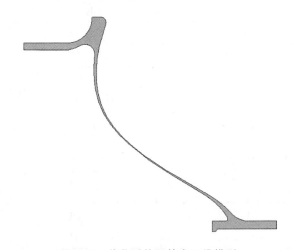

图 8.14　优化后的回转盘二维模型

8.3.2　C 语言代码

```
# include <iostream>
# include <fstream>
# include <stdlib.h>
# include <ctime>
# include <math.h>
# include <process.h>
using namespace std;
```

```cpp
#define PopSize 10//群体规模
#define NVARS 8//变量个数
#define LENGTH 7
#define CHROMLENGTH NVARS*LENGTH
#define MaxGeneration 2000//运行的最大迭代次数
double Pc=0.5;//交叉率
double Pm=0.15;//变异率
struct individual
{
    char chrom[CHROMLENGTH+1];
    double value;
    double fitness;
    double yueshu1;
    double yueshu2;
};
int generation;
int best_index;
int worst_index;
struct individual bestindividual;
struct individual worstindividual;
struct individual currentbest;
struct individual population[PopSize];
void GenerateInitialPopulation(void);
void GenerateNextPopulation(int generation);
void EvaluatePopulation(void);
double DecodeChromosome(char*,int,int);
void CalculateObjectValue(void);
void FindBestAndWorstIndividual(void);
void SelectionOperator(void);
void CrossoverOperator(int generation);//交叉操作
void MutationOperator(int generation);//变异操作
int random(int n);
void display(void);
void main()
{
    int chushi;
    chushi=0;
    cout<<"Solving..."<<endl;
```

```
    time_t time0=time(0);
    char time1[64];
    strftime(time1,sizeof(time1),"%Y/%m/%d%X",localtime(&time0));
    fstream out,out1;
    double temp[NVARS],x[NVARS];
    out.open("currentbestfitness.txt",ios::out);
    cout<<time1<<endl;
    out<<time1<<endl;
    generation=0;
    GenerateInitialPopulation();
    EvaluatePopulation();
    while(generation<MaxGeneration)
    {
        generation++;
        GenerateNextPopulation(generation);
        EvaluatePopulation();
        for(int k=0;k<NVARS;k++)
        {
                temp[k] = DecodeChromosome (currentbest. chrom, k * LENGTH,
                                            LENGTH);
        }
        x[0]=(temp[0]+300)/1000;//AA
        x[1]=(temp[1]+300)/1000;//BB
        x[2]=(temp[2]+400)/1000;//CC
        x[3]=0.56-(temp[3]+5)/1000;//EE
        x[4]=x[2]-(temp[4]+5)/1000;//FF
        x[5]=x[1]-(temp[5]+5)/1000;//GG
        x[6]=x[0]-(temp[6]+5)/1000;//HH
        x[7]=temp[7]/3000;//DD

cout<<generation<<','<<x[0]<<','<<x[1]<<','<<x[2]<<','<<x[3]<<','<
    <x[4]<<','<<x[5]<<','<<x[6]<<','<<x[7]<<','<<endl<<
    currentbest.fitness<<endl;

out<<generation<<','<<x[0]<<','<<x[1]<<','<<x[2]<<','<<x[3]<<','<<x
    [4]<<','<<x[5]<<','<<x[6]<<','<<x[7]<<','<<endl<<currentbest.
    fitness<<endl;
        //
```

```
if(((chushi==0)||(generation%5==1))&&(currentbest.fitness>0.0011))
        //if((generation%5==1)&&(currentbest.fitness>0.002))
        {
            chushi=1;
            out1.open("ZHI2.txt",ios::out);
out1<<"AA="<<x[0]<<endl<<"BB="<<x[1]<<endl<<"CC="<<x[2]<<endl<<"EE
    ="<<x[3]<<endl<<"FF="<<x[4]<<endl<<"GG="<<x[5]<<endl<<"HH="
    <<x[6]<<endl<<"DD="<<x[7];
            out1.close();
            system("ANSYS110.exe-b-p ane3fl-i ImageOutput.txt-o output.
                out");
        }
    }
    time0=time(0);
    strftime(time1,sizeof(time1),"%Y/%m/%d%X",localtime(&time0));
    cout<<time1<<endl;
    out<<time1<<endl;
    out.close();
    cout<<"Solution done..."<<endl;
}
void GenerateInitialPopulation(void)
{
    int i,j;
    for(i=0;i<PopSize;i++)
    {
        for(j=0;j<CHROMLENGTH;j++)
        {
            population[i].chrom[j]=(rand()%10<5? '0':'1');
        }
        population[i].chrom[CHROMLENGTH]='\0';
    }
}
void GenerateNextPopulation(int generation)
{
    SelectionOperator();
    CrossoverOperator(generation);
    MutationOperator(generation);
```

```cpp
}
void EvaluatePopulation(void)
{
    CalculateObjectValue();
    FindBestAndWorstIndividual();
}
double DecodeChromosome(char* string,int point,int length)
{
    int i;
    double decimal=0,temp;
    char* pointer;
    temp=1;
    for(i=0,pointer=string+point+length-1;i<length;i++,pointer--)
    {
        decimal+=(*pointer-'0')*temp;
        temp*=2;
    }
    return(decimal);
}
void CalculateObjectValue(void)
{
    fstream in,out;
    int i,k;
    double temp[NVARS];
    double x[NVARS],s,p;
    for(i=0;i<PopSize;i++)
    {
        for(k=0;k<NVARS;k++)
        {
        temp[k]=DecodeChromosome(population[i].chrom,k*LENGTH,LENGTH);
        }
        x[0]=(temp[0]+300)/1000;//AA
        x[1]=(temp[1]+300)/1000;//BB
        x[2]=(temp[2]+400)/1000;//CC
        x[3]=0.56-(temp[3]+5)/1000;//EE
        x[4]=x[2]-(temp[4]+5)/1000;//FF
        x[5]=x[1]-(temp[5]+5)/1000;//GG
        x[6]=x[0]-(temp[6]+5)/1000;//HH
```

```
            x[7]=temp[7]/3000;//DD
            out.open("ZHI.txt",ios::out);
out<<"AA="<<x[0]<<endl<<"BB="<<x[1]<<endl<<"CC="<<x[2]<<endl<<"EE
    ="<<x[3]<<endl<<"FF="<<x[4]<<endl<<"GG="<<x[5]<<endl<<"HH="<
    <x[6]<<endl<<"DD="<<x[7];
            out.close();
            out.open("VOLUME.txt",ios::out);
            out<<0.099;
            out.close();
            out.open("MAXEQV.txt",ios::out);
            out<<1.0;
            out.close();
            out.open("MAXU.txt",ios::out);
            out<<0.01;
            out.close();
             system("ANSYS110.exe-b-p ane3fl-i huizhuanpan.txt-o output.
                    out");
            in.open("VOLUME.txt",ios::_Nocreate);
            in>>s;
            in.close();
            s=1.0-s-0.9;
            in.open("MAXEQV.txt",ios::_Nocreate);
            in>>population[i].yueshu1;
            in.close();
            in.open("MAXU.txt",ios::_Nocreate);
            in>>population[i].yueshu2;
            in.close();
p=((4.0e9>population[i].yueshu1)&&(0.02>population[i].yueshu2))? 1:0.1;
            s=s*p;
            population[i].fitness=s;
        }
}
void FindBestAndWorstIndividual(void)
{
    int i;
    bestindividual=population[0];
    worstindividual=population[0];
```

```
    for(i=1;i<PopSize;i++)
    {
        if(population[i].fitness>bestindividual.fitness)
        {
            bestindividual=population[i];
            best_index=i;
        }
        else
            if(population[i].fitness<worstindividual.fitness)
            {
                worstindividual=population[i];
                worst_index=i;
            }
    }
    if(generation==0)
    {
        currentbest=bestindividual;
    }
    else
    {
        if(bestindividual.fitness>currentbest.fitness)
        {
            currentbest=bestindividual;
        }
    }
}
void SelectionOperator(void)
{
    int i,index;
    double p,sum=0.0;
    double cfitness[PopSize];//cumulative fitness value
    struct individual newpopulation[PopSize];
    for(i=0;i<PopSize;i++)
    {
        sum+=population[i].fitness;
    }
    for(i=0;i<PopSize;i++)
    {
```

```
        cfitness[i]=population[i].fitness/sum;
    }
    for(i=1;i<PopSize;i++)
    {
        cfitness[i]=cfitness[i-1]+cfitness[i];
    }
    for(i=0;i<PopSize;i++)
    {
        p=rand()%1000/1000.0;
        index=0;
        while(p>cfitness[index])
        {
            index++;
        }
        newpopulation[i]=population[index];
    }
    for(i=0;i<PopSize;i++)
    {
        population[i]=newpopulation[i];
    }
}
void CrossoverOperator(int generation)
{
    int i,j;
    int index[PopSize];
    int point,temp;
    double p;
    char ch;
    for(i=0;i<PopSize;i++)
    {
        index[i]=i;
    }
    for(i=0;i<PopSize;i++)
    {
        point=random(PopSize-i);
        temp=index[i];
        index[i]=index[point+i];
        index[point+i]=temp;
```

```
        }
    if(generation%2==1)
        for(i=0;i<PopSize-1;i+=2)
        {
            p=rand()%1000/1000.0;
            if(p<Pc)
            {
                point=random(CHROMLENGTH-1)+1;
                for(j=point;j<CHROMLENGTH;j++)
                {
                    ch=population[index[i]].chrom[j];
population[index[i]].chrom[j]=population[index[i+1]].chrom[j];
                    population[index[i+1]].chrom[j]=ch;
                }
            }
        }
    else
        for(i=0;i<PopSize;i++)
        {
            p=rand()%1000/1000.0;
            if(p<Pc)
            {
                point=random(CHROMLENGTH-1)+1;
                for(j=point;j<CHROMLENGTH;j++)
                {
                    population[i].chrom[j]=currentbest.chrom[j];
                }
            }
        }
}
void MutationOperator(int generation)
{
    int i,j;
    double p;
    if(generation%2==1)
        for(i=0;i<PopSize;i++)
        {
```

```
                for(j=0;j<CHROMLENGTH;j++)
                {
                    p=rand()%1000/1000.0;
                    if(p<Pm)
                    {
population[i].chrom[j]=(population[i].chrom[j]=='0')? '1':'0';
                    }
                }
        }
    else
        for(i=0;i<PopSize;i++)
        {
            j=0;
            while(population[i].chrom[j]==currentbest.chrom[j])
                j++;
            for(;j<CHROMLENGTH;j++)
            {
                p=rand()%1000/1000.0;
                if(p<Pm)
                {
                    population[i].chrom[j]=currentbest.chrom[j];
                }
            }
        }
}
int random(int n)
{
    return rand()%n;
}
void display()
{
        for(int i=0;i<PopSize;i++)
        {
            for(int j=0;j<CHROMLENGTH;j++)
            {
                cout<<population[i].chrom[j]<<"";
            }
            cout<<endl;
```

```
            }
}
```

8.3.3 输入文件：huizhuanpan.txt

```
FINISH
/INPUT,ZHI,TXT
/PREP7
ET,1,MESH200
KEYOPT,1,1,7
ET,2,21
KEYOPT,2,3,0
R,2,1E-6
ET,3,SOLID95
MP,EX,1,2.0E11
MP,PRXY,1,0.3
MP,DENS,1,8200
MP,ALPX,1,1.40E-5
MP,PRXY,2,0.3

K,1,AA,0
K,2,BB,-0.20
K,3,CC,-0.35
K,4,0.56,-0.40
k,5,0.60,-0.40
K,6,0.64,-0.40
K,7,0.64,-0.415
k,8,0.60,-0.415
K,9,0.52,-0.415
K,10,0.515,-0.42
K,11,EE-0.035,-0.42
K,12,EE-0.035,-0.4
K,13,EE,-0.4
K,14,FF,-0.35
K,15,GG,-0.20
K,16,HH,0
K,17,0.22,-0.05-DD
K,18,0.15,-0.05-DD
K,19,0.13,-0.05-DD
```

```
K,20,0.11,-0.05-DD
K,21,0.09,-0.05-DD
K,22,0.09,-0.05
K,23,0.13,-0.05
K,24,0.22,-0.05
K,25,0.27,0
K,26,0.22,0.01
K,27,0,0
K,28,0,-0.45

BSPLIN,1,2,3,4
L,4,6
L,6,7
L,7,9
LARC,9,10,12,0.005
L,10,11
L,11,12
L,12,13
BSPLIN,13,14,15,16
L,17,18
L,18,20
L,20,21
L,21,22
L,22,24
LARC,24,25,26,0.05

LARC,16,17,24,0.1
LFILLT,10,16,0.05
LCOMB,16,17
LSBL,9,16,,DELETE,KEEP
LSBL,16,17,,DELETE,KEEP
LDELE,18,18,,1
LDELE,9,9,,1
LFILLT,17,19,0.02
L,1,25
LFILLT,1,16,0.01
LFILLT,8,17,0.005
LFILLT,1,2,0.05
```

```
NUMMRG,ALL
AL,ALL
L,5,8
L,19,23

MSHAPE,1,2D
ESIZE,0.01
MSHKEY,0
AMESH,ALL

TYPE,3
EXTOPT,ESIZE,5,0
EXTOPT,ACLEAR,0
ALLSEL,ALL
VROTAT,ALL,,,,,,27,28,,

*GET,NMIN,ELEM,,NUM,MIN
*GET,NMAX,ELEM,,NUM,MAX
FVOLU=0
*DO,K,NMIN,NMAX,1
*GET,EVOLU,ELEM,K,VOLU
FVOLU=FVOLU+EVOLU
*ENDDO

KSEL,S,,,28
TYPE,2
REAL,2
KMESH,ALL
ALLSEL

NSEL,S,LOC,Y,-0.415,-0.415
CSYS,5
NSEL,R,LOC,X,0.60,0.64
CSYS,0
NSEL,A,LOC,Y,-0.45,-0.45
NPLOT
CERIG,NODE(0,-0.45,0),ALL,ALL,,,,
ALLSEL
```

```
FINISH
/SOLU

F,NODE(0,-0.45,0),MY,100E3

OMEGA,0,600,0,0

CSYS,5
ALLSEL,ALL
*GET,NMIN,NODE,,NUM,MIN
*GET,NMAX,NODE,,NUM,MAX
*DO,I,NMIN,NMAX,1
TEMP_I=(500-200)/(0.64-0.09)*(NX(I)-0.09)+200
BF,I,TEMP,TEMP_I
*ENDDO
CSYS,0

SFA,4,,PRES,40E6
SFA,70,,PRES,40E6
SFA,26,,PRES,40E6
SFA,48,,PRES,40E6

SFA,5,,PRES,10E6
SFA,71,,PRES,10E6
SFA,27,,PRES,10E6
SFA,49,,PRES,10E6

NSEL,S,LOC,Y,-0.05,-0.05
CSYS,5
NSEL,R,LOC,X,0.11,0.15
CSYS,0
D,ALL,ALL

ALLSEL
SOLVE
FINISH

/POST1
```

```
ALLSEL
NSORT,S,EQV,0,0,ALL
*GET,MAX_EQV,SORT,0,MAX
ALLSEL
NSORT,U,SUM,0,0,ALL
*GET,MAX_U,SORT,0,MAX
FINISH

*CFOPEN,MAXEQV,TXT
*VWRITE,MAX_EQV
%15.2F
*CFCLOS

*CFOPEN,MAXU,TXT
*VWRITE,MAX_U
%10.5F
*CFCLOS

*CFOPEN,VOLUME,TXT
*VWRITE,FVOLU
%10.5F
*CFCLOS
/EXIT
```

8.3.4 输入文件:ImageOutput.txt

```
FINISH
/INPUT,ZHI2,TXT
/PREP7
ET,1,MESH200
KEYOPT,1,1,7
ET,2,21
KEYOPT,2,3,0
R,2,1E-6
ET,3,SOLID95
MP,EX,1,2.0E11
MP,PRXY,1,0.3
MP,DENS,1,8200
MP,ALPX,1,1.40E-5
```

```
MP,PRXY,2,0.3

K,1,AA,0
K,2,BB,-0.20
K,3,CC,-0.35
K,4,0.56,-0.40
k,5,0.60,-0.40
K,6,0.64,-0.40
K,7,0.64,-0.415
k,8,0.60,-0.415
K,9,0.52,-0.415
K,10,0.515,-0.42
K,11,EE-0.035,-0.42
K,12,EE-0.035,-0.4
K,13,EE,-0.4
K,14,FF,-0.35
K,15,GG,-0.20
K,16,HH,0
K,17,0.22,-0.05-DD
K,18,0.15,-0.05-DD
K,19,0.13,-0.05-DD
K,20,0.11,-0.05-DD
K,21,0.09,-0.05-DD
K,22,0.09,-0.05
K,23,0.13,-0.05
K,24,0.22,-0.05
K,25,0.27,0
K,26,0.22,0.01
K,27,0,0
K,28,0,-0.45

BSPLIN,1,2,3,4
L,4,6
L,6,7
L,7,9
LARC,9,10,12,0.005
L,10,11
L,11,12
```

```
L,12,13
BSPLIN,13,14,15,16
L,17,18
L,18,20
L,20,21
L,21,22
L,22,24
LARC,24,25,26,0.05

LARC,16,17,24,0.1
LFILLT,10,16,0.05
LCOMB,16,17
LSBL,9,16,,DELETE,KEEP
LSBL,16,17,,DELETE,KEEP
LDELE,18,18,,1
LDELE,9,9,,1
LFILLT,17,19,0.02
L,1,25
LFILLT,1,16,0.01
LFILLT,8,17,0.005
LFILLT,1,2,0.05
NUMMRG,ALL
AL,ALL
L,5,8
L,19,23

APLOT
/RGB,INDEX,100,100,100,0
/RGB,INDEX,80,80,80,13
/RGB,INDEX,60,60,60,14
/RGB,INDEX,0,0,0,15
/REPLOT

/SHOW,JPEG
APLOT
/SHOW,CLOSE
/EXIT
}
```

参 考 文 献

[1] 刘鸿文. 材料力学[M]. 4 版. 北京：高等教育出版社，2004.

[2] 王国安. 材料力学[M]. 北京：机械工业出版社，2015.

[3] 徐芝纶. 弹性力学简明教程[M]. 北京：高等教育出版社，2002.

[4] 王光钦，丁桂保，杨杰. 弹性力学[M]. 3 版. 北京：清华大学出版社，2015.

[5] 王勖成. 有限单元法[M]. 北京：清华大学出版社，2003.

[6] LOGAN D L. 有限元方法基础教程（国际单位制版）[M]. 5 版. 张荣华，王蓝婧，李继荣，等译. 北京：电子工业出版社，2014.

[7] 关玉璞，陈伟，崔海涛. 航空航天结构有限元法[M]. 哈尔滨：哈尔滨工业大学出版社，2009.

[8] 陈雪峰，李兵，曹宏瑞. 有限元方法及其工程案例[M]. 北京：科学出版社，2014.

[9] 钱令希. 工程结构优化设计[M]. 北京：科学出版社，2011.

[10] 余建星. 工程结构可靠性原理及其优化设计[M]. 北京：中国建筑工业出版社，2013.

[11] 龚曙光，谢桂兰，黄云清. ANSYS 参数化编程与命令手册[M]. 北京：机械工业出版社，2009.

[12] 宋鹏，胡仁喜，康士延. ANSYS 15.0 有限元分析　从入门到精通[M]. 北京：机械工业出版社，2015.

[13] 谭浩强. C 程序设计[M]. 4 版. 北京：清华大学出版社，2010.

[14] 吉顺如，辜碧容，唐政. C 语言程序设计教程[M]. 3 版. 北京：机械工业出版社，2015.